Energie – Grundlagen für Ingenieure und Naturwissenschaftler

Ulrich Blum
Eberhard Rosenthal
Bernd Diekmann

Energie – Grundlagen für Ingenieure und Naturwissenschaftler

Machbarkeiten, Grenzen und Umweltauswirkungen

Ulrich Blum
Fachgruppe Physik/Astronomie
Universität Bonn
Bonn, Deutschland

Bernd Diekmann
Physikalisches Institut
Universität Bonn
Bonn, Deutschland

Eberhard Rosenthal
Zentralinstitut für Engineering, Elektronik und Analytik (ZEA-1), Forschungszentrum Jülich GmbH, Jülich, Deutschland

ISBN 978-3-658-26932-6 ISBN 978-3-658-26933-3 (eBook)
https://doi.org/10.1007/978-3-658-26933-3

Die Deutsche Nationalbibliothek verzeichnet diese Publikation in der Deutschen Nationalbibliografie; detaillierte bibliografische Daten sind im Internet über http://dnb.d-nb.de abrufbar.

Springer Vieweg

Springer Vieweg ist ein Imprint der eingetragenen Gesellschaft Springer Fachmedien Wiesbaden GmbH und ist ein Teil von Springer Nature.
Die Anschrift der Gesellschaft ist: Abraham-Lincoln-Str. 46, 65189 Wiesbaden, Germany

Inhaltsverzeichnis

1 **Physikalische Grundlagen der Energieumwandlung** ... 1
1.1 **Energie im physikalischen Kontext** ... 2

2 **Fossile Energieträger** ... 5
2.1 **Kohlekraftwerke** ... 7
2.2 **Erdöl und Erdgas** ... 10
2.3 **CO_2 Abtrennung und Speicherung** ... 11

3 **Erneuerbare Energien** ... 13
3.1 **Die Sonne** ... 14
3.2 **Solarenergie** ... 18
3.2.1 Konzentration und Prozesstemperatur ... 19
3.2.2 Solarthermische Kraftwerke ... 19
3.3 **Photovoltaik** ... 21
3.3.1 Aufbau von Solarzellen aus unterschiedlichen Halbleitermaterialien ... 23
3.3.2 Photovoltaik Kraftwerke ... 25
3.4 **Windkraftanlagen** ... 26
3.4.1 Aufbau einer Windkraftanlage ... 28
3.4.2 Der Rotor ... 29
3.4.3 Triebstrang und Generator ... 31
3.4.4 Steuerung und Anlagenmanagement ... 32
3.4.5 Turm und Fundamente ... 32
3.5 **Wasserkraft** ... 34
3.5.1 Laufwasserkraftwerke ... 34
3.5.2 Speicherwasserkraftwerk ... 35
3.5.3 Pumpspeicherkraftwerke ... 36
3.5.4 Gezeitenkraftwerke ... 37
3.6 **Biomasse** ... 38
3.7 **Sonstige** ... 42
3.7.1 Aufwindkraftwerk ... 42
3.7.2 Wellenkraftwerke ... 43
3.7.3 Meereswärmekraftwerke ... 44
3.7.4 Osmosekraftwerke ... 45
3.7.5 Tiefe Geothermie ... 45

4 **Energie aus der Kernspaltung** ... 47
4.1 **Grundlagen der Kernspaltung und Kernbrennstoffe** ... 49
4.2 **Radioaktivität** ... 51
4.2.1 Radioaktives Zerfallsgesetz und Masse für radioaktive Zerfälle ... 51
4.2.2 Formen der Radioaktivität ... 52
4.2.3 Wechselwirkung von Radioaktivität mit Materie und deren Maßeinheiten ... 52
4.2.4 Natürliche und künstliche Quellen der Radioaktivität im Vergleich ... 55

4.3 **Grundlagen der Kernspaltung und Kernbrennstoffe** 57
4.3.1 Vorräte und Verbrauch von Kernbrennstoffen 58
4.3.2 *Anreicherung vor dem Einsatz und Herstellung von Brennelementen* 59
4.4 **Kernreaktoren** 60
4.4.1 Grundprinzip 60
4.4.2 Übersicht über in Betrieb befindliche Reaktortypen 60
4.4.3 Schnelle Reaktoren 62
4.4.4 *Graphitmoderierte Reaktoren* 62
4.4.5 Hochtemperaturreaktoren (HTR) 63
4.4.6 Fortentwicklung bestehender Reaktoren 63
4.5 **Wiederaufarbeitung von Kernbrennstoffen** 65
4.6 **Transport und Endlagerung radioaktiver Abfälle** 66
4.6.1 Transport aktiven Materials 66
4.6.2 Endlagerung radioaktiver Abfälle 67
4.6.3 Einlagerung in Gesteinsformationen 68
4.6.4 Partitionierung und Transmutation 70
4.6.5 Transmutationsreaktor 71
4.7 **Zukunft der weltweiten Nutzung nuklearer Energie** 71

5 **Energie aus Kernfusion** 73
5.1 **Grundlagen der Kernfusion** 74
5.2 **Fusionsreaktor Sonne (vgl. Abschn. 3.1)** 76
5.3 **Vorräte und Aufwand zur Erzeugung von Fusionsbrennstoffen** 77
5.4 **Fusion im magnetischen Einschluss und Trägheitsfusion** 77
5.4.1 Tokamak 77
5.4.2 Stellerator 79
5.4.3 Plasmaheizung 80
5.4.4 Modell eines Fusionskraftwerks (magnetischer Einschluss) 80
5.4.5 Sicherheits- und Umweltaspekte der Kernfusion mit magnetischem Einschluss 81
5.5 **Trägheitsfusion** 81
5.5.1 Prinzip der laserinduzierten Fusion 81
5.5.2 Experimente zur laserinduzierten Fusion 82
5.6 **Myon katalytische Fusion** 82

6 **Energiespeicher** 85
6.1 **Elektrische Energiespeicher** 86
6.2 **Elektrochemische Speicher** 88
6.3 **Pump- und Druckluftspeicherkraftwerke** 91
6.4 **Wasserstoff-Speicherung** 91
6.5 **Thermische Speicher** 92
6.5.1 Sensible Wärmespeicher 92
6.5.2 Latentwärmespeicher 93
6.5.3 Thermochemische Speicher 94

7 **Elektrische Energieversorgung** 95
7.1 **Produktion** 96
7.2 **Verteilung** 97

7.2.1 Spannungsebenen ... 98
7.2.2 Kabel und Leitungen ... 99
7.2.3 Hochspannungs-Gleichstromübertragung ... 101
7.2.4 Netzkonfiguration ... 102
7.2.5 Niederspannungsnetz ... 103
7.2.6 Smart Grids ... 104
7.2.7 Sektorenkopplung ... 105

8 **Risiken der Energieerzeugung und Auswirkungen auf Klima und Umwelt** ... 107
8.1 **Der Erntefaktor** ... 109
8.1.1 Energiedichten ... 110
8.2 **Der Begriff Risiko** ... 111
8.2.1 Gesellschaftliche Akzeptanz ... 112
8.2.2 Restrisiko ... 112
8.3 **Auswirkungen auf Atmosphäre und Klima** ... 113
8.3.1 Der Strahlungshaushalt der Erde ... 113
8.3.2 Der natürliche Treibhauseffekt ... 115
8.3.3 Der anthropogene Treibhauseffekt am Beispiel von CO_2 ... 118
8.4 **Natürliche Schwankungen des CO_2-Gehalts und dessen Auswirkungen auf die Temperatur** ... 119
8.5 **Vorhersagen des globalen Klimas der Zukunft durch Computermodelle** ... 120
8.5.1 Klimamodelle ... 121
8.5.2 Vorhersagen des International Commitee on Climate Changes (IPCC) ... 121
8.5.3 Anthropogene Einflussnahmen: Brandrodung und Energieverbrauch ... 122
8.5.4 Umweltbelastungen aus dem Verbrauch fossiler Energien ... 126
8.5.5 Möglichkeiten der Rückhaltung von CO_2 und anderer Treibhausgase ... 128
8.6 **Ozonabbau durch Freisetzung atmosphärisch relevanter Spurengase** ... 130
8.6.1 Ozonschicht und Chapman-Zyklus ... 130
8.6.2 Katalytischer Ozonabbau ... 130
8.6.3 Polares Ozonloch ... 132
8.7 **Politische Maßnahmen zur Schadensbegrenzung bei Treibhauseffekt und Ozonloch** ... 135
8.7.1 Klimarahmenkonvention von 1992 ... 135
8.7.2 Kyoto-Protokoll (Februar 2005) ... 136
8.7.3 Klimaschutzabkommen von Paris (Dezember 2015) ... 136
8.7.4 Montrealer Protokoll ... 137
8.8 **Umweltaspekte der Nutzung der Kernenergie** ... 137
8.8.1 Kerntechnische Anlagen im Normalbetrieb ... 138
8.8.2 Große nukleare Störfälle der Kernenergienutzung ... 138
8.8.3 Risikoanalysen für Störfälle ... 149

Serviceteil
Literatur ... 154
Sachverzeichnis ... 159

Physikalische Grundlagen der Energieumwandlung

1.1 Energie im physikalischen Kontext – 2

U. Blum, E. Rosenthal, B. Diekmann, *Energie – Grundlagen für Ingenieure und Naturwissenschaftler*,
https://doi.org/10.1007/978-3-658-26933-3_1

1.1 Energie im physikalischen Kontext

Energie (vom griechischen en-ergon = innere Arbeit) ist eine fundamentale physikalische Größe, die begrifflich schwer zu fassen ist. Dies ist zum Einen darauf zurückzuführen, dass der Begriff „Energie" in unserer Umgangssprache weit verbreitet und in den verschiedensten Zusammenhängen verwendet wird. Allerdings geschieht dies häufig nicht konform mit dem physikalischen Energiebegriff. Zum Anderen ist der Energiebegriff in allen Teilgebieten der Physik grundlegend und somit allgemein nur sehr abstrakt fassbar. Für den Kontext dieses Buches lässt sich Energie aus physikalischer Perspektive am einfachsten definieren als die Fähigkeit, Arbeit zu verrichten. Die physikalische Grundeinheit für die Energie ist das Joule (J):

$$\begin{aligned} 1\,\text{Joule} &= 1\,\text{Newton} \cdot 1\,\text{Meter} \\ &= 1\,\frac{\text{kg} \cdot \text{m}^2}{\text{sec}^2} = 1\,\text{Watt} \cdot 1\,\text{Sekunde} \end{aligned} \tag{1.1}$$

Energie tritt in den verschiedensten Erscheinungsformen auf (z. B. mechanische Energie, thermische Energie, elektrische Energie, Bindungsenergie, etc.). Alle diese Erscheinungsformen der Energie haben folgende grundlegende Eigenschaften:

- *Unterschiedliche Energieformen können ineinander umgewandelt werden.*
- *Energie kann weder erzeugt noch vernichtet werden (Energieerhaltung).*

So wird z. B. die chemische Energie von Steinkohle in einem Kohlekraftwerk durch Verbrennung zunächst in Wärmeenergie umgewandelt, um anschließend in mechanische und schlussendlich in elektrische Energie überführt zu werden (▶ Abschn. 2.1). Ähnlich wird in einem Kernreaktor mittels einer kontrollierten Kettenreaktion die Bindungsenergie der Atomkerne über Wärmeenergie in mechanische Energie und schlussendlich in elektrische Energie umgewandelt (▶ Abschn. 4.4).

SI-Einheiten

Neben der SI-Einheit Joule haben sich historisch für die einzelnen Erscheinungsformen jeweils eigene und an typische Größenordnungen angepasste Bezeichnungen etabliert:
Kalorie (cal) ist eine veraltete, nicht eindeutig definierte Energieeinheit, die u. a. anhand der thermischen Wirkung definiert wird. Eine Kalorie entspricht demnach der Energie, die benötigt wird, um 1 g Wasser um 1 K zu erwärmen.
Elektronenvolt (eV) ist eine in der Kern- und Elementarteilchenphysik gebräuchliche Energieeinheit. Ein Elektronenvolt entspricht der Energie, die ein Elektron erfährt, wenn es mit einer Spannung von 1 V beschleunigt wird.
Kilowattstunde (kWh) bzw. Terawattjahre (TWa) sind in der Stromwirtschaft gebräuchliche Energieeinheiten, die lediglich angepasste Skalierungen der Grundeinheit Wattsekunde darstellen.
Steinkohleeinheit (SKE) oder Öleinheit (ÖE) sind in der Energiewirtschaft gebräuchliche Energieeinheiten, die sich auf den Heizwert von 1 kg (idealisierter) Steinkohle bzw. von 1 kg (idealisiertem) Rohöl beziehen.
Für diese unterschiedlichen Energieeinheiten gelten die in ◘ Tab. 1.1 genannten Umrechnungsfaktoren:
Häufig verwendete Notationen für die verwendeten Größenordnungen sind in ◘ Tab. 1.2 aufgeführt.

Das Gesetz von der Erhaltung der Energie ist eine Aussage über den Erhalt des Integrals über alle Arten von Energie; es bedeutet natürlich nicht die Erhaltung der Energie in ihrer jeweiligen Form.

Für die im Kontext dieses Buches sehr wesentliche Umwandlung von Wärme in Arbeit, wird die Energieerhaltung manchmal auch in Form des 1. Hauptsatzes der Thermodynamik formuliert:

Tab. 1.1 Umrechnungsfaktoren zwischen einzelnen, in unterschiedlichen Kontexten verwendeten Energieeinheiten

	J	cal	eV	kWh	TWa	kg SKE	kg ÖE
1 J	1	0,24	$0{,}62 \cdot 10^{19}$	$2{,}78 \cdot 10^{-7}$	$3{,}16 \cdot 10^{-20}$	$3{,}41 \cdot 10^{-8}$	$2{,}38 \cdot 10^{-8}$
1 cal	4,19	1	$2{,}62 \cdot 10^{19}$	$1{,}16 \cdot 10^{-6}$	$1{,}33 \cdot 10^{-19}$	$1{,}43 \cdot 10^{-7}$	$1{,}00 \cdot 10^{-7}$
1 eV	$1{,}60 \cdot 10^{-19}$	$3{,}82 \cdot 10^{-20}$	1	$4{,}44 \cdot 10^{-26}$	$5{,}06 \cdot 10^{-39}$	$5{,}46 \cdot 10^{-27}$	$3{,}82 \cdot 10^{-27}$
1 kWh	$3{,}60 \cdot 10^{6}$	$8{,}59 \cdot 10^{5}$	$2{,}25 \cdot 10^{25}$	1	$1{,}14 \cdot 10^{-13}$	0,12	$8{,}59 \cdot 10^{-2}$
1 TWa	$3{,}16 \cdot 10^{19}$	$7{,}58 \cdot 10^{18}$	$1{,}96 \cdot 10^{38}$	$8{,}77 \cdot 10^{12}$	1	$1{,}08 \cdot 10^{12}$	$7{,}53 \cdot 10^{11}$
1 kg SKE	$2{,}93 \cdot 10^{7}$	$6{,}99 \cdot 10^{6}$	$1{,}83 \cdot 10^{26}$	8,14	$9{,}27 \cdot 10^{-13}$	1	0,70
1 kg ÖE	$4{,}19 \cdot 10^{7}$	$1{,}00 \cdot 10^{7}$	$2{,}62 \cdot 10^{26}$	11,64	$1{,}33 \cdot 10^{-12}$	1,43	1

Tab. 1.2 Umrechnungstabelle für Größeneinheiten sowie deren Abkürzungen im Text

Bezeichnung	Wiss. Notation	Im Text	Bezeichnung	Wiss. Notation	Im Text
			Exa	$\cdot 10^{18}$	(E)
Femto	$\cdot 10^{-15}$	(f)	Peta	$\cdot 10^{15}$	(P)
Pico	$\cdot 10^{-12}$	(p)	Tera	$\cdot 10^{12}$	(T)
Nano	$\cdot 10^{-9}$	(n)	Giga	$\cdot 10^{9}$	(G)
Mikro	$\cdot 10^{-6}$	(µ)	Mega	$\cdot 10^{6}$	(M)
Milli	$\cdot 10^{-3}$	(m)	Kilo	$\cdot 10^{3}$	(k)
Centi	$\cdot 10^{-2}$	(c)	Hekto	$\cdot 10^{2}$	(H)
Dezi	$\cdot 10^{-1}$	(d)	Deka	$\cdot 10$	(D)

Die Änderung der inneren Energie dU eines abgeschlossenen Systems setzt sich zusammen aus der ihm zugeführten Arbeit dW und der zugeführten Wärme[1] dQ

$$dU = dW + dQ \tag{1.2}$$

Die kinetische Energie des geworfenen Steins wandelt sich letztlich vollständig in Wärme um. Die aus der chemischen Energie des Benzins erzielte Wärme wird nur zum Teil zu Rotationsenergie umgewandelt. Beide Beispiele zeigen einen fundamentalen Unterschied auf: Die *ordentliche* Energie E_{kin} (alle Steinatome fliegen *im Gleichschritt*) wird vollständig in die *unordentliche* Wärme überführt; umgekehrt ist diese Vollständigkeit nicht gegeben: Energie in *unordentlicher* Form lässt sich nur teilweise in solche in *ordentlicher* Form überführen. Ein Maß für die (Un-)Ordnung eines thermodynamischen Systems ist die sogenannten Entropie. Betrachtet man die verschiedenen thermodynamisch möglichen Zustände eines physikalischen Systems (N = Anzahl der Zustände) sowie die Wahrscheinlichkeit für einen Zustand P, so ist die Entropie S definiert als der Logarithmus der Wahrscheinlichkeit eines thermodynamischen Zustands multipliziert mit der Boltzman-Konstanten k_B:

1 Man beachte die Vorzeichenkonvention: + heißt *zugeführt;* – heißt *entzogen.*

$$S = k_B \ln (P). \tag{1.3}$$

Für eine weitergehende Betrachtung der Entropie wird auf Abschn. 11.3 in [1] verwiesen.

Mit dem Entropiebegriff lautet der 2. Hauptsatz der Thermodynamik:

In realen Prozessabläufen nimmt die Entropie stets zu.

Fossile Energieträger

2.1 Kohlekraftwerke – 7

2.2 Erdöl und Erdgas – 10

2.3 CO_2 Abtrennung und Speicherung – 11

U. Blum, E. Rosenthal, B. Diekmann, *Energie – Grundlagen für Ingenieure und Naturwissenschaftler*,
https://doi.org/10.1007/978-3-658-26933-3_2

Fossile Energieträger sind in allen drei Aggregatszuständen vorrätig: in fester Form als Kohle, in flüssiger Form als Erdöl und als Erdgas. Die fossilen Energieträger sind der in Deutschland meist genutzte Primärenergieträger. Ihre energetische Nutzung wird zunehmend als problematisch angesehen, weil bei der energetischen Umwandlung (Verbrennung) hauptsächlich CO_2 freigesetzt wird, das lange zuvor – beim Wachstum der Ausgangsbestandteile – der Atmosphäre entzogen und gespeichert wurde.

Kohle entsteht durch die anaerobe Umwandlung von Pflanzenbestandteilen, wobei hohe Produktionsraten von Biomasse über einen längeren Zeitraum notwendig sind. Im Gegensatz zur Kompostierung, bei der die organischen Pflanzenbestandteile verwesen und Kohlenstoffdioxid und die anorganischen Stoffe (Mineralstoffe) der Pflanzen übrig bleiben, werden zu Beginn der Inkohlung die abgestorbenen Pflanzenteile mit Sediment abgedeckt, sodass der Kontakt mit (Luft-) Sauerstoff unterbunden ist. Mit steigender Überdeckung der Pflanzenbestandteile, erhöhen sich die Temperatur und der Druck. Das Porenwasser wird aus Pflanzenbestandteilen gedrückt, die durch biochemische Prozesse zunächst in Torf und dann langsam in Braunkohle umgewandelt werden. In der geochemischen Phase sinkt der Wassergehalt des organischen Materials weiter ab und flüchtige Bestandteile, wie z. B. Kohlenstoffdioxid und Methan, werden abgegeben, dabei steigt der prozentuale Kohlenstoffanteil des Materials weiter an. Am Ende der Inkohlung ist Graphit mit einem Kohlenstoffanteil von 100 % entstanden, wobei Graphit nicht mehr zu den Kohlen gezählt wird.

Die Ausgangssubstanzen von Erdöl bestehen hauptsächlich aus Kleinstlebewesen, vor allem Algen sowie pflanzliches und tierisches Plankton. Nachdem die Organismen abgestorben sind, sinken sie auf den Meeresboden wo sie aufgrund des fehlenden Sauerstoff zusammen mit kalk- und tonhaltigem Schlamm einen Faulschlamm (Sapropel) bilden. Durch die Überlagerung des Faulschlamms mit Gesteinsmaterialien entsteht Erdölmuttergestein, in dem mit Hilfe von Bakterien die komplexen organischen Verbindungen (Kohlenhydrate, Eiweiße, Fette) in einfachere flüssige oder gasförmige Kohlenwasserstoffe umgewandelt werden. Durch die fortwährende Überlagerung mit Sedimenten gelangt das Gestein in größere Tiefen, sodass die Temperatur und der Druck im Erdölmuttergestein ansteigen. Bei Temperaturen zwischen 65 °C und 120 °C wird die Bildung von Erdöl begünstigt, während bei höheren Temperaturen zwischen 120 °C und 180 °C die Bildung von Erdgas bevorzugt wird. Durch den Druckanstieg werden die Poren des Gesteins zusammenpresst (Katagenese). Die in den Poren befindlichen flüssigen oder gasförmigen Kohlenwasserstoffe steigen auf, bis sie sich unter einer undurchlässigen Gesteinsschicht, beispielsweise aus Salz, Mergel oder Ton, sammeln. Ist die abdichtende Schicht nach unten glockenförmig gekrümmt und befindet sich unter der sperrenden Schicht ein poröses, speicherfähiges Gestein, kann sich eine Lagerstätte bilden, in der Erdöl oder Erdgas dauerhaft gespeichert wird. Meist entsteht Erdgas in Verbindung mit Erdöl. Es kann jedoch auch während der Inkohlung gebildet werden, wenn ein Kohleflöz in tiefe Erdschichten gelangt, sodass Gase, wie beispielsweise Sauerstoff, Wasserstoff und Methan, aus dem Kohleflöz verdrängt werden. Treffen die Gase auf eine gasdichte Gesteinsschicht, können sich ebenfalls Erdgaslagerstätten bilden.

Fracking

Als Hydraulic Fracturing (Fracking) wird ein Verfahren zur Erzeugung beziehungsweise Erweiterung von Rissen innerhalb einer Erdöl-/Erdgaslagerstätte oder einer Gesteinsschicht bezeichnet. Bei diesem Verfahren wird Wasser zusammen mit Additiven (Fracfluid) unter hohem Druck durch eine Bohrung in eine Lagerstätte gepresst, um dort das Gestein aufzubrechen. Durch eine abgelenkte Bohrungen und Fracking können beispielsweise Erdgasfelder erschlossen

werden, deren Gesteinsporenräume mit Tonmineralien verschlossen sind (Schiefergas). Insbesondere in den USA wird Fracking intensiv genutzt, wodurch sich die Förderraten von Erdöl und Erdgas in den letzten Jahren vervielfacht haben.
In Deutschland ist das Verfahren wegen seiner Umweltrisiken umstritten. Als Fracfluid wird Wasser verwendet, das im einstelligen Prozentbereich mit Stützmitteln und Additiven versetzt wird. Das Stützmittel besteht hauptsächlich aus Keramikkügelchen oder Quarzsand und bleibt in den entstandenen Sprüngen und feinen Klüften zurück, um die Risse offen zu halten. Die chemischen Additive sollen beispielsweise den Transport des Stützmittels verbessern oder die Mineralien des Speichergesteins lösen. Die eingesetzten Fracfluide gelangen teilweise durch das Bohrloch an die Oberfläche (Flowback) und müssen entsorgt und/oder aufbereitet werden. Risiken sind gegeben durch eine mögliche Vermischung des Flowbacks mit Grundwässern oder Oberflächengewässern. Fracking wird auch zur Erschließung der Tiefen-Geothermie eingesetzt, wobei die gesammelte Erfahrungswerte zeigen, dass ein seismisches Risiko durch Fracking nicht ausgeschlossen werden kann.

2.1 Kohlekraftwerke

Weltweit wird etwa sechs bis siebenmal mehr Steinkohle als Braunkohle gefördert und genutzt. Dies gilt jedoch nicht für Deutschland, das eines der Länder mit der weltweit größten Braunkohleförderung pro Jahr ist. Im Gegensatz zur Steinkohle wird Braunkohle fast ausschließlich im Tagebau gefördert. Wegen des hohen Wassergehalts, und dem damit verbundenen niedrigeren Heizwert, eignet sich Braunkohle nicht zum Transport über längere Strecken, sondern wird meistens in direkter Nähe zum Fundort in elektrische Energie umgewandelt.

Dazu wird die fein gemahlene Kohle verbrannt, wobei Bindungsenergie in Form von Wärme frei wird. Die Wärmeenergie wird auf ein Medium (Wasser) übertragen, und es entsteht komprimierter (Wasser-)Dampf. Die potenzielle Energie (Druck) des Dampfs wird in einer Turbine in kinetische Energie (Rotationsenergie) umgewandelt, die von einem elektrischen Generator in elektrische Energie gewandelt wird.

Im Kraftwerksprozess (▫ Abb. 2.1) wird die Kohle bevor sie verbrannt wird, zunächst zu Kohlenstaub zermahlen. Der Kohlenstaub wird zusammen mit der im Luftvorwärmer erhitzten Verbrennungsluft in die Brennkammer des Dampferzeugers eingeblasen. Die große Oberfläche der gemahlenen Kohlepartikel begünstigt den nahezu vollständigen Ausbrand. Der Verbrennungsprozess selbst wird durch die Regulierung der Brennstoff- und Luftzufuhr gesteuert. Die Verbrennung erfolgt homogen bei einer relativ niedrige Verbrennungstemperatur von 1200 °C, wodurch die die Entstehung von Stickoxiden reduziert wird. Bei der Verbrennung entstehen heiße Rauchgase, die in einem Dampferzeuger einen Großteil ihrer Wärmeenergie auf in Rohrbündeln zirkulierendes Wasser im Gegenstrom übertragen. DasRauchgas verlässt den Dampferzeuger mit einer Temperatur von etwa 350 °C und wird anschließend durch einen Luftvorwärmer geleitet, um die angesaugte Verbrennungsluft vorzuwärmen. Das Rauchgas verlässt den Luftvorwärmer mit einer Temperatur von ungefähr 160 °C und wird anschließend in einen elektrostatisch arbeitenden Filter geleitet, in dem die im Gasstrom befindlichen Partikel abgeschieden (Entstaubung) werden. Der sich anschließende Rauchgaskühler überträgt einen Teil der Wärmeenergie des Rauchgases an das kondensierte Wasser im Dampfkreislauf. Aus dem abgekühlten Rauchgas wird im anschließenden Kalksteinnassverfahren in der Entschwefelungs-anlage neben Schwefeldioxid auch Chlorwasser-stoff und Fluorwasserstoff

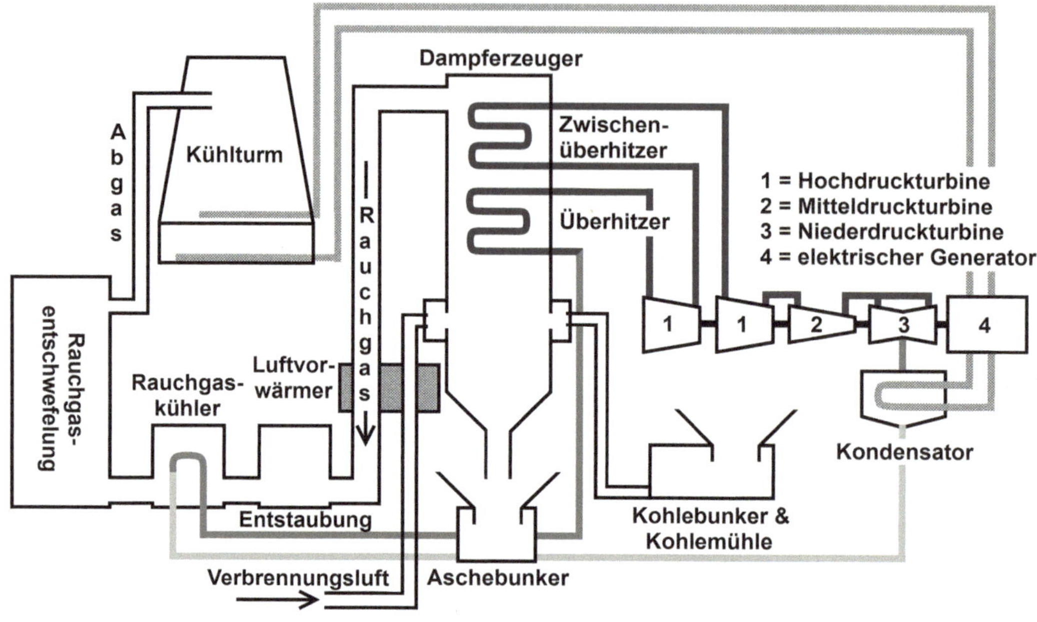

Abb. 2.1 Schematischer Aufbau eines Kohlekraftwerks [1]

ausgewaschen bevor es über den oberen Teil eines Kühlturms in die Atmosphäre abgeleitet wird.

Ein zentraler Bestandteil eines Kohlekraftwerks ist der Dampferzeuger, in dem die Wärmeenergie der heißen Rauchgase auf Wasser übertragen wird. Das Wasser verdampft und wird im Überhitzer über die Verdampfungstemperatur hinaus, auf 600 °C bei einem Druck von mehr als 270 bar (üb-)erhitzt. Anschließend wird der komprimierte Wasserdampf in den Hochdruckteil einer Dampfturbine geleitet, und auf einen Druck von etwa 55 bar entspannt. Von dort aus gelangt der Dampf zurück in den Dampferzeuger, um im Zwischenerhitzer erneut auf eine Temperatur von mehr als 600 °C erhitzt zu werden. Es schließt sich eine zweite Hochdruckturbine sowie eine Mittel- und Niederdruckturbine an, in denen der Wasserdampf vollends entspannt wird. Der Turbine schließt sich ein Kondensator an, indem sich der Dampf als Wasser niederschlägt. Während des Phasenübergangs wird Kondensationswärme frei, die an einem Kühlwasserkreislauf übertragen und anschließend über einen Kühlturm in die Atmosphäre abgeleitet oder als Fernwärme genutzt wird.

Kraftwerksblöcke mit einer typischen elektrischen Leistung von 1100 MW erreichen nach dem heutigen Stand der Technik einen Gesamtwirkungsgrad von rund 45 %. Eine elektrische Regelleistung von maximal 500 MW kann innerhalb von 15 min bereitgestellt werden [Quelle: RWE Power, Das Projekt BOA 2&3].

Im Gegensatz zur Steinkohle befindet sich die Braunkohle in einem frühen Stadium der Inkohlung und weist deshalb noch einen Wasseranteil von 50 bis 60 %, bezogen auf das Gewicht, auf. Das Wasser muss während der Verbrennung verdampft werden (Phasenübergang). Hierfür muss Energie aufgewendet werden, weshalb der Heizwert von feuchter Braunkohle deutlich geringer ist als der von trockener Kohle. Um den Wirkungsgrad eines Kraftwerkes zu steigern, werden in einem herkömmlichen Braunkohlekraftwerk heiße Rauchgase mit einer Temperatur zwischen 900 und 1000 °C aus dem

Brennraum entnommen und in die Kohlemühlen geleitet um die Kohle während der Zerkleinerung zu trocknen. Energetisch günstiger ist es, die Kohle bei Temperaturen knapp oberhalb von 100 °C zu trocknen. Die Wirbelschicht-Trocknung mit interner Abwärmenutzung (WTA) trocknet die Braunkohle mit überhitzten Wasserdampf. Die Kohle wird zunächst fein zermahlen und der Kohlenstaub anschließend im Trockner mit überhitzten Wasserdampf aus dem Kraftwerksprozess verwirbelt. Bei einer Dampftemperatur von 110 °C und einem Druck von 1,1 bar stellt sich ein Gleichgewicht zwischen der Temperatur des Dampfs und der Restfeuchte der Kohle von rund 12 % Feuchte ein [65]. Der bei der Trocknung der Braunkohle austretende Wasserdampf (Brüden) wird zunächst in einem Elektrofilter von Kohlepartikeln befreit und teilweise zurück in den Trockner zur Verwirbelung der Rohbraunkohle geblasen. Dem übrigen Wasserdampf wird in einem Kondensator Wärme entzogen, die dem Kraftwerksprozess zugeführt wird. Alternativ wird die Wärmeenergie des austretenden Wasserdampfs in einem offenen Wärmepumpen-Prozess zurückgewonnen.

Durch die Reduktion des Wassergehalts der Braunkohle von 51 % auf 12 %, bezogen auf das Gewicht der Kohle, kann der Gesamtwirkungsgrad eines Kraftwerks um 4–6 % gesteigert werden. Kraftwerke mit Kohlevergasung, oder nach dem Oxyfuel-Verfahren arbeitende Kraftwerke, setzen aus verfahrenstechnischen Gründen die Trocknung der Braunkohle voraus [38].

Um den Wirkungsgrad zukünftiger Kohlekraftwerke zu steigern, befinden sich drei Verfahren in der Erprobung und Entwicklung: ein Kombiprozess mit Druckwirbelschichtfeuerung (DWSF), ein Kombiprozess mit Druckkohlenstaubfeuerung (DKSF) und der Integrated Gasification Combined Cycle (IGCC). Im Kombiprozess wird der Dampfprozess mit einer vor- oder nachgeschalteten Gasturbine kombiniert. Im Unterschied zur drucklosen Verbrennung in einem herkömmlichen Kraftwerk wird die Kohle in der Brennkammer des Dampferzeugers unter einem Druck zwischen 14 bar und 18 bar verbrannt. Nachdem das komprimierte Rauchgas den größten Teil seiner Wärmeenergie im Dampferzeuger an den Dampfkreislauf abgegeben hat, wird es gereinigt und anschließend in einer Gasturbine entspannt. Zur Stromerzeugung im nachgeschalteten Generator steht nur ein Teil der Rotationsenergie der Gasturbine zur Verfügung, weil zusätzlich Energie zum Verdichten der Verbrennungsluft benötigt wird. Die Gasturbine trägt etwa 20 % zur insgesamt abgegebenen elektrischen Energie des Kraftwerks bei. Der überwiegende Teil der Energie (80 %) wird durch die Dampfturbinen bereitgestellt. Durch die Druckwirbelschichtfeuerung wird der Gesamtwirkungsgrad des Kraftwerks, je nach eingesetztem Brennstoff, auf insgesamt 47 % gesteigert [54]. Eine Weiterentwicklung der Druckwirbelschichtfeuerung ist die Druckkohlenstaubfeuerung. Bei diesem Verfahren wird das gereinigte Rauchgas zuerst in einer Gasturbine entspannt, bevor es in den Dampferzeuger geleitet wird. Entsprechend trägt die Gasturbine mehr zur bereitgestellten elektrischen Energie bei, als die Dampfturbine. Eine technische Herausforderung stellt vor allem die Reinigung des heißen, komprimierten Rauchgases dar, um einen fehlerfreien und verschleißarmen Betrieb der Gasturbine zu gewährleisten. Der Gesamtwirkungsgrad eines Kraftwerks mit Druckkohlenstaubfeuerung könnte zwischen 53 % und 55 % betragen [54]. In einem zukünftigen Kraftwerk mit IGCC wird zunächst der feste (fossile) Brennstoff in ein Synthesegas überführt. Nachdem im Staubabscheider Partikel aus dem Gas entfernt wurden, wird das im Synthesegas enthaltene Kohlenstoffmonoxid in Kohlenstoffdioxid und Wasserstoff umgewandelt (Wassergas-Shift-Reaktion):

$$\mathrm{CO} + \mathrm{H_2O} \quad \rightarrow \quad \mathrm{CO_2} + \mathrm{H_2} \qquad \Delta H = -42\,\frac{\mathrm{kJ}}{\mathrm{mol}} \tag{2.1}$$

Das Kohlenstoffdioxid und andere Sauergase (z. B. H_2S) werden anschließend abgetrennt

2

und einer Speicherung oder Weiterverarbeitung zugeführt. Das nahezu CO_2 -freie Brenngas wird in einer Gasturbine verbrannt, die einen elektrischen Generator antreibt. Zusätzlich wird dem hauptsächlich aus Wasserdampf bestehenden Rauchgas, in einem nachgeschalteten Dampfprozess, (Kondensations-)Wärme entzogen.

2.2 Erdöl und Erdgas

Erdöl ist der in Deutschland am häufigsten eingesetzte Primärenergieträger. Zur Bereitstellung von elektrischer Energie spielen Erdöl beziehungsweise Erdölerzeugnisse nur eine marginale Rolle. Stattdessen findet Erdöl vor allem im Bereich Verkehr, der Bereitstellung von Wärme und in der chemischen Industrie Verwendung.

Der Einsatz von Erdgas zur Bereitstellung von elektrischer Energie nimmt stetig zu und ist momentan vergleichbar mit dem von Steinkohle. Erdgas wird in Gasturbinenkraftwerken und in GuD-Kraftwerken in elekrische Energie umgewandelt. Mit Erdgas betriebene Kraftwerke zeichnen sich dadurch aus, dass ihre elektrische Ausgangsleistung – im Vergleich zu Kohle- und Atomkraftwerken – zeitnah geregelt werden kann, weshalb sie in in Deutschland in erster Linie zur Deckung von Spitzenlasten eingesetzt werden.

Erdgas und Erdöl

Rohöl ist ein Gemisch aus mehr als 500 chemischen Verbindungen, das ortsspezifische Zusammensetzungen aufweist. Bezogen auf das Gewicht enthält es 83 bis 87 % Kohlenstoff, 11 bis 15 % Wasserstoff, 0,1 bis 7 % Schwefel, 0,06 bis 1,5 % Sauerstoff und zwischen 0,1 und 0,5 % Stickstoff. Das typische Volumenmaß für Rohöl ist das US-amerikanische Barrel (bbl):

$$1\,\text{bbl} = 158{,}99\,\text{l} \qquad (2.2)$$

Erdgas besteht hauptsächlich aus Methan (je nach Typ zu 85 bis 98 %). Weitere Bestandteile sind höhere Kohlenwasserstoffe wie Ethan, Propan und Butan sowie Kohlenstoffdioxid, Stickstoff und Schwefelwasserstoff in unterschiedlich hohen Konzentrationen.

In einem Gasturbinenkraftwerk wird die chemische Energie von Erdgas in elektrische Energie umgewandelt. Dazu wird in der Brennkammer einer Turbine Erdgas mit komprimierter Luft vermischt und verbrannt. Die Gasturbine ist eine typische Verbrennungskraftmaschine. Sie saugt Luft aus der Umgebung an und verdichtet sie mithilfe eines Kompressors vom Umgebungsdruck p_1 auf den Druck p_2. Die verdichtete Luft gelangt in die Brennkammer, in die der Brennstoff zusammen mit einem Sekundärluftstrom, eingeleitet und verbrannt wird. Die Verbrennungsgase expandieren und versetzen das Schaufelrad der Turbine in Rotation. Bei einer Turbin mit starrer Welle sind die Schaufelräder und der Kompressor mechanisch gekoppelt. Die drehbaren Bauteile der Turbine rotieren mit einer gemeinsamen Drehzahl, sodass der Kompressor ebenso wie der elektrische Generator durch die Schaufelräder angetrieben wird.

Zur Berechnung des Wirkungsgrades einer Turbine wird der Joule-Vergleichsprozess herangezogen, bei dem die Verbrennung des Kraftstoffs und das Abkühlen sowie der Ausstoß der Abgase durch eine Zufuhr bzw. Abfuhr von Wärme beschrieben wird. Der thermische Wirkungsgrad η einer Gasturbine ergibt sich aus der geleisteten mechanischen Arbeit ΔW geteilt durch die zugeführte Wärme ΔQ. Er ist für diesen einstufigen Kreisprozess abhängig vom Druckverhältnis $\psi = \frac{p_2}{p_1}$, d. h. je höher die Drucksteigerung, desto höher ist der Wirkungsgrad einer Turbine[1] [1]:

1 κ bezeichnet den **Adiabaten**exponenten, das Verhältnis der spezifischen Wärmekapazität bei konstantem Druck zu konstantem Volumen.

$$\Rightarrow \eta = 1 - \frac{1}{\psi^{\frac{\kappa-1}{\kappa}}} \tag{2.3}$$

Die nutzbare mechanische Arbeit einer Turbine steigt mit steigender Eintrittstemperatur der Brenngase und mit zunehmendem Druckverhältnis an. Die Temperatur lässt sich jedoch nicht beliebig steigern, weil die Materialfestigkeiten die maximal Temperatur auf etwa 1300 °C begrenzen, falls hochwarmfeste Werkstoffe genutzt und die Turbinenschaufeln gekühlt werden. Der elektrische Gesamtwirkungsgrad von Gasturbinen liegt in einem Bereich zwischen 26 % und mehr als 42 % [74]. Um den Gesamtwirkungsgrad eines Kraftwerks zu steigern, können die bis zu 600 °C heißen Abgase der Turbinen in einem sich anschließenden Dampfkraftprozess genutzt werden.

Reine Gasturbinenkraftwerke nutzen die Wärme der heißen Abgase nicht oder übertragen sie an einen Fernwärmekreislauf. Gas- und Dampfkraftwerke (GuD-Kraftwerke) kombinieren ein herkömmliches Dampfkraftwerk mit einer oder mehreren Gasturbinen. Die heißen Abgase der Turbine gelangen in einen Dampferzeuger, wo sie einen Teil ihrer Wärmeenergie abgeben. Durch den Dampf wird eine Dampfturbine angetrieben, die ebenfalls zur Stromproduktion beiträgt. Die Kombination einer Gasturbine mit einem Dampfprozess kann den Gesamtwirkungsgrad eines modernen GuD-Kraftwerks auf über 61,5 % steigern [34].

2.3 CO_2 Abtrennung und Speicherung

Bei der Verbrennung von fossilen Energieträgern wird CO_2 freigesetzt, das zuvor langfristig gebunden war. Dies widerspricht jedoch dem 1,5-Grad-Ziel des Pariser Klimavertrags. Die „Carbon Capture and Storage“ (CCS-)Technologie soll als Brückentechnologie den CO_2-Ausstoß von fossilen Kraftwerken senken. Die Technologie besteht aus drei wesentlichen Bausteinen:

- Abscheidung: Bei der Verbrennung von kohlenstoffhaltigen Materialien entsteht CO_2, das entweder vor der eigentlichen Verbrennung durch eine Shift-Reaktion oder nach erfolgter Verbrennung aus dem Abgasstrom abgeschieden wird.
- Transport: Das abgetrennte Kohlenstoffdioxid muss vom Ort der Entstehung (Kraftwerk) zu einer geeigneten Lagerstätte transportiert werden.
- Speicherung: Das CO_2 muss dauerhaft in einer Lagerstätte gespeichert werden, sodass es dem atmosphärischen Kreislauf entzogen wird.

Zur Abscheidung des Kohlenstoffdioxids im Kraftwerk haben sich drei verschiedene Methoden etabliert. Alle drei Verfahren zur CO_2-Abtrennung benötigen Energie und verringern den Gesamtwirkungsgrad eines Kraftwerks. Abhängig vom jeweiligen Verfahren ist mit einem Wirkungsgradverlust zwischen acht und zwölf Prozentpunkten zu rechnen [14].

Bei der „Pre-Combustion“-Technologie wird der Brennstoff zunächst in ein Synthesegas umgewandelt, dessen Hauptbestandteile Kohlenstoffmonoxid und Wasserstoff sind. Im nächsten Schritt wird das Kohlenstoffmonoxid in einer Shift-Reaktion mittels Wasserdampf in CO_2 und Wasserstoff umgewandelt. Aus dem Synthesegas wird CO_2 ausgewaschen, während der Wasserstoff als eigentlicher Brennstoff in einer Gasturbine verbrannt wird. Vorteilhaft bei dem Verfahren ist vor allem die Kombination der CCS-Technologie mit dem hohen Wirkungsgrad einer Gas- und Dampfturbine.

Beim „Oxyfuel“-Verfahren wird die Kohle in einer Atmosphäre aus reinem Sauerstoff verbrannt. Zum einen entsteht deutlich weniger Rauchgas als bei einer Verbrennung der Kohle mit Luft, die zu 78 % aus Stickstoff und nur zu 21 % aus Sauerstoff besteht. Zum anderen enthält das Abgas hauptsächlich Kohlendioxid und Wasserdampf. Durch die Kühlung des Abgases kondensiert der Wasserdampf zu Wasser, sodass der Abgasstrom Kohlendioxid in sehr hoher Konzentration enthält, das direkt gespeichert werden kann. Ein gesonderter Abscheideprozess entfällt.

Die „Post-Combustion"-Technologie setzt nach der Reinigung des Rauchgases an. Nach der Entschwefelung wird das gereinigte Rauchgas in Kontakt mit einer Waschflüssigkeit gebracht, die im Gegenstrom CO_2 aus dem Rauchgas an sich bindet. Im Anschluss wird das um bis zu 90 % CO_2 reduzierte Rauchgas erneut mit Wasser gewaschen und in die Atmosphäre eingeleitet. Zur Regeneration der mit CO_2 gesättigten Waschflüssigkeit wird diese in einen Desorber geleitet, in dem gasförmiges CO_2 mit einer hohen Reinheit freigesetzt wird, das komprimiert und zur Lagerstätte transportiert werden kann.

Als Transportmittel für das abgetrennte CO_2 eignen sich aufgrund der zu transportierenden Gasmenge, der Streckenlängen, der Wirtschaftlichkeit und der Energieeffizienz Pipelines, die die Kraftwerke mit den Lagerstätten verbinden.

Geeignete Lagerstätten müssen eine dauerhafte Speicherung des eingebrachten Kohlenstoffdioxids gewährleisten. Einmal gespeichertes Gas darf weder zurück in die Atmosphäre gelangen, noch darf das Grundwasser beeinträchtigt werden. Werden alle aus heutiger Sicht in betracht kommenden Lagerstätten, beispielsweise ausgeförderte Öl- und Gasfelder sowie Salzwasser führende Gesteinsschichten zur Einlagerung von CO_2 genutzt, so könnte das weltweit emittierte CO_2 der nächsten 80 Jahre gespeichert werden [14]. Heutige Förderungsraten vorausgesetzt, reichen die Braunkohlevorräte im Rheinland schätzungsweise noch 350 Jahre. Folglich kann die CCS-Technologie nur eine „Brückentechnologie" sein. Entweder erschließen sich andere Nutzungspfade für das abgetrennte CO_2, beispielsweise in der chemischen Industrie, oder die benötigte Energie muss spätestens bei gefüllten CO_2-Speichern CO_2-frei bereitgestellt werden.

Erneuerbare Energien

3.1 Die Sonne – 14

3.2 Solarenergie – 18
3.2.1 Konzentration und Prozesstemperatur – 19
3.2.2 Solarthermische Kraftwerke – 19

3.3 Photovoltaik – 21
3.3.1 Aufbau von Solarzellen aus unterschiedlichen Halbleitermaterialien – 23
3.3.2 Photovoltaik Kraftwerke – 25

3.4 Windkraftanlagen – 26
3.4.1 Aufbau einer Windkraftanlage – 28
3.4.2 Der Rotor – 29
3.4.3 Triebstrang und Generator – 31
3.4.4 Steuerung und Anlagenmanagement – 32
3.4.5 Turm und Fundamente – 32

3.5 Wasserkraft – 34
3.5.1 Laufwasserkraftwerke – 34
3.5.2 Speicherwasserkraftwerk – 35
3.5.3 Pumpspeicherkraftwerke – 36
3.5.4 Gezeitenkraftwerke – 37

3.6 Biomasse – 38

3.7 Sonstige – 42
3.7.1 Aufwindkraftwerk – 42
3.7.2 Wellenkraftwerke – 43
3.7.3 Meereswärmekraftwerke – 44
3.7.4 Osmosekraftwerke – 45
3.7.5 Tiefe Geothermie – 45

U. Blum, E. Rosenthal, B. Diekmann, *Energie – Grundlagen für Ingenieure und Naturwissenschaftler*,
https://doi.org/10.1007/978-3-658-26933-3_3

3

3.1 Die Sonne

Der Großteil der sog. erneuerbaren Energien benötigt die Sonne – direkt oder indirekt – als externe Energiequelle, deren Energieeintrag auf verschiedene Art und Weise umgewandelt und nutzbar gemacht wird. Im Falle von Biomasse ist die Sonneneinstrahlung notwendig um Pflanzen wachsen zu lassen, während die Photovoltaik die Solarstrahlung direkt in elektrische Energie umsetzt. Auch Wind und Wasserkraft sind Energieformen, die nur aufgrund des Zusammenspiels von Atmosphäre und Sonneneinstrahlung existieren. Insofern soll im Folgenden kurz auf die Energieumwandlung in der Sonne und die solare Einstrahlung auf der Erde eingegangen werden.

Die Sonne selbst besteht überwiegend aus Protonen (ionisierter Wasserstoff) und bezieht ihre Energie aus der Fusion dieser Atomkerne. Zu Beginn des Entstehungsprozesses der Sonne ballten sich interstellare Gas- und Staubwolken aufgrund ihrer eigenen Schwerkraft zusammen. Die Dichte und damit auch die Temperatur und der Druck stiegen im Zentrum der Wolke so lange an, bis der Strahlungsdruck der einsetzenden Kernfusion dem Gravitationsdruck entgegenwirkte. Zur Abschätzung der mittleren Temperatur $\bar{T}$ im Zentrum der Sonne, wird die durch die Gravitation hervorgerufene mittlere potenzielle Energie $\overline{E_{\text{pot}}}$ gleich gesetzt mit der mittleren thermischen Energie $\overline{E_{\text{kin}}}$ aller N Teilchen, die in der Sonne vorhanden sind [78]:

$$\begin{aligned} \overline{E_{\text{kin}}} &= -\frac{1}{2}\overline{E_{\text{pot}}} \Rightarrow \\ N \cdot \frac{3}{2} k_B \cdot \bar{T} &= \frac{3}{10} \cdot \gamma \cdot \frac{M_{\text{Sonne}}^2}{R_{\text{Sonne}}} \\ &\Rightarrow \bar{T} = \gamma \frac{m \cdot M_{\text{Sonne}}}{5 \cdot k_B \cdot R_{\text{Sonne}}} \\ &\approx 2{,}6 \cdot 10^6\,\text{K} \end{aligned} \quad (3.1)$$

In ► Gl. 3.1 bezeichnet $M_{\text{Sonne}} \approx 1{,}989 \cdot 10^{30}\,\text{kg}$ die Masse der Sonne, $R_{\text{Sonne}} = 6{,}96 \cdot 10^8\,\text{m}$ deren Radius, γ die Gravitationskonstante, k_B die Boltzmann-Konstante und $m = M_{\text{Sonne}}/N \approx 1/2(m_P + m_e) \approx 1/2 \cdot m_P$ die Masse eines Teilchens in der Sonne. Wegen der geringen Elektronenmasse m_e trägt maßgeblich das Gewicht der Protonen m_p zur Gesamtmasse der Sonne bei.

Von allen möglichen Fusionsprozessen in der Sonne ist die Proton-Proton-Reaktion maßgeblich für die Energieumwandlung verantwortlich. Bei diesem Prozess werden zunächst vier Protonen (Wasserstoffkerne) gemäß der Reaktion

$$^1_1\text{H} + {}^1_1\text{H} \rightarrow {}^2_1\text{D} + e^+ + \nu_e + \Delta E(1{,}19\,\text{MeV}) \quad (3.2)$$

zu zwei Deuteriumkernen fusioniert. Diese beiden Kerne wiederum verschmelzen mit zwei weiteren Protonen gemäß der Reaktion

$$^2_1\text{D} + {}^1_1\text{H} \rightarrow {}^3_2\text{He} + \gamma + \Delta E(5{,}49\,\text{MeV}) \quad (3.3)$$

zu zwei $^3_2$He-Kernen. Es folgt die abschließende Fusion der beiden $^3_2$He-Kerne zu einem Heliumkern:

$$\begin{aligned} ^3_2\text{He} + {}^3_2\text{He} \rightarrow {}^4_2\text{He} + {}^1_1\text{H} + {}^1_1\text{H} \\ + \Delta E(12{,}85\,\text{MeV}) \end{aligned} \quad (3.4)$$

Insgesamt werden während der Reaktionskette vier Protonen in einen Heliumkern fusioniert[1]. Die dabei freiwerdende Energie ist gleich:

$$\begin{aligned} \Delta E_{\text{ges}} &= 2 \cdot 1{,}19\,\text{MeV} + 2 \cdot 5{,}49\,\text{MeV} \\ &\quad + 12{,}85\,\text{MeV} = 26{,}2\,\text{MeV} \end{aligned} \quad (3.5)$$

Da die Temperatur innerhalb der Sonne von innen nach außen stark abnimmt, findet die Kernfusion nur im inneren Teil der Sonne (bis ca. $0{,}2 \cdot R_{\text{Sonne}}$) statt, in dem die Umgebungstemperatur zur Zündung einer Fusionsreaktion ausreichend hoch ist.

Das Spektrum, der an der Oberfläche der Sonne emittierten elektromagnetischen Strahlung, kann in guter Näherung durch das Emissionsspektrum eines schwarzen Strahlers beschrieben werden. Entsprechend lässt

1 Der Faktor zwei, der in (► Gl. 3.5) zweimal auftaucht, trägt dem Umstand Rechnung, dass die in (► Gl. 3.2) und (► Gl. 3.3) geschilderten Prozesse jeweils doppelt ablaufen müssen, um zwei $^3_2$He-Kerne zu bilden.

sich die spektrale Verteilung, der von einem Flächenelement dA des schwarzen Strahlers in den gesamten Halbraum emittierten Strahlungsleistung S, durch das Plank'sche Strahlungsgesetz beschreiben:

$$S(T, \nu)\, dA = \frac{2 \cdot h\nu^3}{c^2} \cdot \frac{1}{e^{\frac{h\nu}{k_B T}} - 1}\, dA \qquad \textbf{(3.6)}$$

In Gl. (3.6) beschreibt h das Plancksche Wirkungsquantum, T die Temperatur des schwarzen Körpers, c die Lichtgeschwindigkeit, ν die Frequenz der elektromagnetischen Strahlung und k_B die Boltzmann-Konstante. Durch die Differenziation der Gleichung ergibt sich der Wiensche-Verschiebungssatz, der den Zusammenhang zwischen der Frequenz ν_{max}, bei der die maximale Strahlung emittiert wird, bzw. der Wellenlänge λ_{max} und der Temperatur des schwarzen Körpers herstellt:

$$\lambda_{\text{max}} = \frac{c}{\nu_{\text{max}}} = \frac{h \cdot c}{4{,}965 \cdot k_B \cdot T} \qquad \textbf{(3.7)}$$

Das Maximum der von der Sonne emittierten Strahlung liegt bei einer Wellenlänge von 498 nm, sodass sich gemäß (▶ Gl. 3.7) eine Oberflächentemperatur der Sonne von 5800 K ergibt.

Durch die Integration des Planckschen Strahlungsgesetzes (▶ Gl. 3.6) über alle Frequenzen ergibt sich die, bei einer bestimmten Oberflächentemperatur T des schwarzen Strahlers, emittierte Leistung P (Stefan-Boltzmann-Gesetz):

$$P = \sigma \cdot T^4 \quad \text{mit } \sigma = 5{,}67 \cdot 10^{-8} \frac{\text{W}}{\text{m}^2 \cdot \text{K}^4} \qquad \textbf{(3.8)}$$

Ausgehend von der Oberflächentemperatur der Sonne ergibt sich eine Leistung von $3{,}845 \cdot 10^{26}$ W, die von der Sonne in den gesamten Raum abgestrahlt wird. Unter Berücksichtigung des Abstandes $r_{ES} = 1{,}496 \cdot 10^{11}$ m von Sonne und Erde lässt sich aus (▶ Gl. 3.8) die als Solarkonstante bezeichnete Bestrahlungsintensität I_{Solar} oberhalb der Erdatmosphäre berechnen:

$$I_{\text{Solar}} = \frac{3{,}9 \cdot 10^{26}\ \text{W}}{4\pi \cdot \left(1{,}496 \cdot 10^{11}\ \text{m}\right)^2} = 1367\ \frac{\text{W}}{\text{m}^2} \qquad \textbf{(3.9)}$$

Weil sich die Entfernung von Erde und Sonne jahreszeitlich zwischen $147 \cdot 10^6$ km am 2. Januar und $152 \cdot 10^6$ km am 4. Juli verändert, schwankt die Solarkonstante innerhalb eines Jahres um insgesamt 7 % [55]. Die Tatsache, dass der Zeitpunkt des geringsten Abstands der Erde von der Sonne in den Winter der Nordhalbkugel (2. Januar) fällt, veranschaulicht die geringe Bedeutung dieser Leistungsschwankungen. Dennoch spielen Schwankungen der Geometrie der Erdbahn um die Sonne, u. a. bei der Entstehung von Eis- und Warmzeiten, eine Rolle und können somit sehr wohl Einfluss auf die globale Klimaentwicklung nehmen.

▪ Energiebilanz

Im Gegensatz zur bisherigen Annahme, dass sich die Strahlung homogen auf der Kugeloberfläche der Erde verteilt, existieren tageszeitliche, jahreszeitliche, regionale und globale Unterschiede bezüglich des Strahlungshaushalts.

Etwa 70 % der Erdoberfläche sind mit Wasser bedeckt; die restlichen 30 % bestehen aus Landmasse. Während sich die Landmassen aufgrund ihrer im Vergleich zum Wasser geringeren Wärmekapazitäten bei Sonneneinstrahlung schneller aufheizen, kühlen sie des Nachts schneller aus und zeigen somit einen Tagesgang. Große Wassermassen hingegen reagieren aufgrund ihrer vergleichsweise großen Wärmekapazität träger auf die Sonneneinstrahlung, sodass die Änderung der Wassertemperatur der Meere keinen tageszeitlichen, sondern einen jahreszeitlichen Verlauf aufweist.

3

Tab. 3.1 Wärmekapazitäten und Albedos verschiedener Stoffe und Strukturen [53]

Stoff	$c_P \left[\frac{J}{kg \cdot K}\right]$	Stoff	Albedo (%)
Luft	1005	Wolken	60–90
Neuschnee	2090	Neuschnee	75–95
Eis	2100	Gletschereis	30–45
Wasser	4196	Sandboden	15–40
Beton	1050	Ackerböden	7–17
Felsgestein	710	Laubwälder (Sommer)	15–25
Moor (nass)	3650	Nadelwälder	5–15
Moor (trocken)	1920	Wiesen/Weiden	12–30
Lehmboden (nass)	1550	landwirtschaftliche Kulturen	15–25
Lehmboden (trocken)	890	Beton	14–22
Sandboden (nass)	1480	Wasser (hoher Sonnenstand)	3–10
Sandboden (trocken)	800	Wasser (niedriger Sonnenstand [5°])	≈80

Im Gegensatz zu den Meeren besitzen die Landflächen verschiedene Strukturierungen und Stofflichkeiten mit unterschiedlichen Wärmekapazitäten. Bei gleicher Strahlungsleistung gilt: Je kleiner die Wärmekapazität eines Stoffs ausfällt, desto stärker erwärmt er sich.

Neben den unterschiedlichen Wärmekapazitäten beeinflusst auch das Reflexionsvermögen einer Oberfläche den Strahlungshaushalt der Erde. Tab. 3.1 gibt einen Überblick über Albedo und Wärmekapazität verschiedener Stoffe, bei der c_P die spezifische Wärmekapazität bei gleichbleibendem Druck in $\left[J/(kg \cdot K)\right]$ angibt.

Nicht nur die Oberflächenbeschaffenheit der Erde ist ortsabhängig. Auch die einfallende solare Strahlung variiert mit der geografischen Lage – zusätzlich zudem mit der Zeit. Je größer der Breitengrad ist, desto flacher wird der Einfallswinkel und desto länger ist der Weg, den das Licht durch die Atmosphäre zurücklegen muss. Entsprechend hoch ist die Extinktion der Strahlung. Die jahreszeitlichen Schwankungen der solaren Einstrahlung überlagern dieses Phänomen. Sie sind auf die Neigung der Erdachse zur ihrer Bahn um die Sonne und die damit verbundenen jahreszeitlich und geografisch unterschiedlichen solaren Einstrahlwinkel zurückzuführen. Gleichzeitig verändert sich aufgrund der wellenlängenabhängigen Streuung und Absorption die spektrale Zusammensetzung der Strahlung.

Die Extinktion[2] der Sonnenstrahlung beim Durchgang durch die Atmosphäre ist exponentiell abhängig von der Weglänge l, die von den Photonen zurückgelegt wird, und dem Extinktionskoeffizienten $\kappa = \sigma \cdot \mathrm{n}$, der wiederum das Produkt aus dem totalen Streuquerschnitt σ und der Anzahldichte der streuenden Teilchen n ist. Den Zusammenhang zwischen der Solarkonstante I_{Solar} und der Bestrahlungsintensität $I(l)$, nach dem das Licht die Wegstrecke l zurückgelegt hat, beschreibt das Lambert-Beersche Gesetz:

$$I(l) = I_{\mathrm{Solar}} \cdot e^{\kappa \cdot l} \tag{3.10}$$

Die „air mass“ (AM) ist ein Maß für den Weg, den die Strahlung der Sonne durch die Atmosphäre zurückgelegt hat, bis sie auf Höhe des Meeresspiegels (NN) angekommen ist.

2 Extinktion = Absorption und Streuung.

Als AM = 0 wird die ursprüngliche spektrale Verteilung der Sonnenstrahlung bezeichnet, wobei die Bestrahlungsintensität gleich der Solarkonstante I_{Solar} ist. Unter AM = 1 wird die spektrale Verteilung und die Intensität der Strahlung verstanden, die bei senkrechtem Einfall der Strahlung auf Meereshöhe gemessen wird. Allgemein gilt für den AM-Wert die Beziehung:

$$\text{AM} \approx \frac{1}{\sin\alpha} \quad \text{(3.11)}$$

wobei α den Winkel zwischen der Erdoberfläche und der einfallenden Strahlung beschreibt.

Der AM-Wert für einen bestimmten Ort auf der Erde ist sowohl vom Breitengrad als auch vom Datum und der Zeit abhängig. Jeweils um 12 Uhr mittags beträgt der AM-Wert für Berlin am 22. Juni 1,15 und am 22. Dezember 4,12. Die Bestrahlungsstärke des Standardwerts AM = 1,5, dessen spektraler Verlauf als internationale Norm festgelegt ist, beträgt 1000 W/m^2. Die spektrale Intensitätsverteilung des AM = 1,5-Werts bildet die Grundlage zur standardisierten Untersuchung von Solar- und PV-Modulen [37].

Streu-, Absorptions- und Emissionsprozesse in der Atmosphäre sind dafür verantwortlich, dass nur ein Teil der elektromagnetischen Strahlung auf direktem Weg von der Sonne auf die Erdoberfläche gelangt. Dieser Anteil wird (direkte) Solarstrahlung genannt. Hinzu kommt ein diffuser Anteil, der (diffuse) Himmelsstrahlung genannt wird [55]. Der Anteil der kurzwelligen Strahlung an der Himmelsstrahlung ist aufgrund der wellenlängenabhängigen Streuprozesse besonders groß im Vergleich zum langwelligeren Anteil des Sonnenspektrums. Die Summe aus Solar- und Himmelsstrahlung wird Globalstrahlung genannt. An Tagen mit einer starken Bewölkung ist der Anteil der Himmelsstrahlung nahezu gleich der Globalstrahlung. An wolkenlosen Tagen beträgt ihr Anteil an der Globalstrahlung immerhin noch ca. 20 % [37].

Die mittlere, über das Jahr summierte, Globalstrahlung liegt in Deutschland zwischen 900 und 1200 kWh/(m$^2 \cdot a$). Die höchsten Werte werden südlich der Donau gemessen, während die niedrigsten Werte in Nordfriesland auftreten.

Die Globalstrahlung schwankt sowohl tageszeitlich als auch jahreszeitlich sehr stark. In den Morgenstunden ist ihr Wert gering, steigt gegen Mittag stark an, um zum Abend wieder deutlich abzusinken. Die monatlichen Tageswerte für den Standort Berlin schwanken um einen Faktor 12 zwischen 0,43 kWh/(m$^2 \cdot d$) im Dezember und 5,03 kWh/(m$^2 \cdot d$) im Juli. In Spanien beträgt die mittlere jährliche Globalstrahlung 1750 kWh/(m$^2 \cdot a$), während sie in der Sahara 2450 kWh/(m$^2 \cdot a$) erreicht. Das globale Mittel der Globalstrahlung liegt bei etwa 1470 kWh/(m$^2 \cdot a$) [58].

Streuprozesse
Während Photonen die Atmosphäre passieren, können sie nicht nur absorbiert, sondern auch gestreut werden. Den Zusammenhang zwischen einfallendem Licht und dessen an einem Teilchen gestreuten Anteil hat – ausgehend von den Maxwell'schen Gleichungen zur Ausbreitung elektromagnetischer Wellen – bereits Anfang des 20. Jahrhunderts Gutstav Mie mathematisch beschrieben [79]. Für sphärischen Streuzentren ist diese mathematische Beschreibung analytisch lösbar, für asphärische Streuzentren hingegen müssen numerische Methoden eingesetzt werden [z. B. 80].
Leicht zu handhabende Näherungen sind für den Fall gegeben, dass der Durchmesser d des streuenden Teilchens klein ist gegenüber der Wellenlänge λ (Rayleigh-Streuung) sowie für $d \gg \lambda$ (geometrische Streuung). Der Größenparameter $x = \pi \cdot d / \lambda$ ist definiert als der Quotient aus dem

3

Durchmesser d eines Teilchens, geteilt durch die Wellenlänge λ des gestreuten Lichts. Je nach Größe von x ist die Intensität I des gestreuten Lichts mehr oder weniger abhängig von dessen Wellenlänge
Ist ein Teilchen sehr groß im Vergleich zur Wellenlänge, dann ist die gestreute Intensität nicht abhängig von der Wellenlänge und man spricht von geometrischer Streuung. In diesem Fall ist die Streuintensität proportional zum Quadrat des Teilchendurchmessers ($I \propto d^2$). Bei sehr kleinen Teilchen, beispielsweise den Molekülen der Atmosphäre, ist die gestreute Intensität abhängig von der vierten Potenz der reziproken Wellenlänge $I \propto 1/\lambda^4$. Deshalb wird blaues Licht beim Durchgang durch die Atmosphäre stärker gestreut als rotes Licht. Für Stickstoffmoleküle beträgt der Rayleigh-Streuquerschnitt $\sigma(\lambda_0) = 3 \cdot 10^{-31}\ \mathrm{m}^2$, bei einer Wellenlänge von $\lambda_0 = 600\ \mathrm{nm}$. Ausgehend von $n = 10^{25}$ Molekülen pro Kubikmeter ist die Intensität von blauem Licht ($\lambda = 400\ \mathrm{nm}$) gemäß der Gleichung:

$$l = \frac{1}{n \cdot \sigma}\left(\frac{\lambda}{\lambda_0}\right)^4 \tag{3.12}$$

nach etwa $l \approx 66\ \mathrm{km}$ auf das $1/e$-fache der Anfangsintensität I_0 abgesunken. Für rotes Licht ($\lambda = 700\ \mathrm{nm}$) beträgt die Wegstrecke im Vergleich dazu $l \approx 618\ \mathrm{km}$. Der in der Atmosphäre stärker gestreute blaue Anteil der Solarstrahlung ist dafür verantwortlich, dass der Himmel blau ist.
Ist der Weg der Solarstrahlung durch die Atmosphäre besonders lang, wie beim Sonnenauf- oder -untergang, so wird entsprechend viel der Intensität im kurzwelligen Spektralbereich gestreut. Aufgrund des fehlenden blauen Anteils erscheint einem Betrachter auf der Erde der transmittierte Anteil des Lichts rot, bzw. die Sonne rötlich gefärbt. Dieser Effekt ist besonders ausgeprägt, wenn Wassertröpfchen, Eiskristalle sowie Staubteilchen als zusätzliche Streuzentren in der Atmosphäre vorhanden sind.
Es handelt sich dabei um Teilchen (Aerosole) mit einer typischen Größe zwischen 0,1 und $10\ \mu\mathrm{m}$. Die Näherungen der Mie-Streutheorie lassen sich in diesem Größenbereich des Streuzentrums nur bedingt anwenden. Stattdessen werden die Streufunktionen durch die beiden von der Polarisation abhängigen Winkelintensitätsfunktionen $i_\perp(\theta, m, \alpha)$ und $i_{||}(\theta, m, \alpha)$ beschrieben. Neben dem Streuwinkel θ sind die beiden Winkelintensitätsfunktionen zusätzlich vom Brechungsindex, dem Durchmesser des Partikels und der Wellenlänge des einfallenden Lichts abhängig.
Probleme bei der Berechnung der an Aerosolpartikeln gestreuten Intensitäten bereiten u. a. die Tatsachen, dass es sich bei den Partikeln häufig nicht um sphärische Geometrien handelt und dass ihr Brechungsindex im Allgemeinen nicht bekannt ist.

3.2 Solarenergie

Thermische Solarkollektoren wandeln die einfallende Solarstrahlung in Prozesswärme um. Es wird zwischen zwei unterschiedlichen Anlagentypen unterschieden: den konzentrierenden und den nicht konzentrierenden Systemen. Während die nicht oder nur gering fokussierenden Systeme Prozesstemperaturen in der Größenordnung von 100 °C bereitstellen, lassen sich durch Fokussierung der Solarstrahlung wesentlich höhere

Prozesstemperaturen erreichen. Nicht konzentrierende Systeme, wie beispielsweise Flachkollektoren, können nahezu den gesamten Anteil der Globalstrahlung nutzen. Wegen der hohen Divergenz der diffusen Himmelsstrahlung wandeln fokussierende Systeme vornehmlich den direkten Anteil der Solarstrahlung in Prozesswärme um.

Um die Solarstrahlung mit Hilfe von thermischen Kollektoren effektiv in elektrische Energie umzuwandeln, werden hohe Prozesstemperaturen benötigt, weil der Wirkungsgrad einer Wärmekraftmaschine mit steigender Temperaturdifferenz zwischen kaltem und warmem Reservoir ebenfalls ansteigt. Immer dann, wenn hohe Prozesstemperaturen gefragt sind, kommen konzentrierende Systeme zum Einsatz. In der geometrischen Optik bezeichnet CR[3] den Quotient der Fläche der konzentrierenden Optik A_{Konz}, betrachtet aus der Richtung der Strahlungsquelle, geteilt durch die Fläche A_{Abs} des Absorbers:

$$\mathrm{CR} = \frac{A_{\mathrm{Konz}}}{A_{\mathrm{Abs}}} \tag{3.13}$$

Wird die auf eine große Fläche auftreffende Solarstrahlung auf einen kleinen Absorber gebündelt, so lassen sich deutlich höhere Temperaturen als bei nicht konzentrierenden Systemen erzielen. Abb. 3.1 gibt einen Überblick über verschiedene Anordnungen, die genutzt werden, um die Solarstrahlung auf einen Absorber zu bündeln.

3.2.1 Konzentration und Prozesstemperatur

Der maximal zu erzielende CR-Wert ist begrenzt. Ansonsten könnte die Strahlung einer Quelle beliebig auf einen Punkt konzentriert werden, sodass dort Temperaturen entstehen, die höher als die Temperatur der Quelle sind.

Der Akzeptanzwinkel α_{Sonne}, unter dem das Sonnenlicht nahezu senkrecht auf den Kollektor trifft, beträgt etwa 0,27 Grad. Unter der Annahme, dass ein Absorber über den gesamten Winkelbereich gleichmäßig ausgeleuchtet wird, und dass die Strahlungsdichte über den gesamten Winkelbereich der Sonne konstant ist, ergibt sich eine maximale Konzentration der Solarstrahlung[4] von:

$$\mathrm{CR}_{\mathrm{max}} = \frac{1}{\sin^2(0{,}27^\circ)} \approx 45.000 \tag{3.14}$$

Wegen der Lichtstreuung in der Atmosphäre wird die theoretische maximale Konzentration von $\mathrm{CR}_{\mathrm{max}} \approx 45.000$ nicht erreicht. Reale CR-Werte liegen deutlich niedriger und erreichen einen Wert $\mathrm{CR} \sim 1000$.

Mit dem CR-Wert ist auch die maximal zu erreichende Prozesstemperatur begrenzt. Das Verhältnis der maximalen Temperatur des Absorbers T_{Abs} zur Temperatur T_{Sonne} der Sonnenoberfläche wird bestimmt durch den technisch zu realisierenden Konzentrationsfaktor CR [13]:

$$T_{\mathrm{Abs}} = T_{\mathrm{Sonne}} \cdot \left(\frac{\mathrm{CR}}{\mathrm{CR}_{\mathrm{max}}}\right)^{\frac{1}{4}} \tag{3.15}$$

Optische und thermische Verluste begrenzen die maximale Temperatur von einachsig der Sonne nachgeführten Anlagen auf 200 °C bis 550 °C. Zweiachsig nachgeführte Systeme ermöglichen höhere Prozesstemperaturen von 600 °C bis zu 1200 °C [13]. Mit sehr stark fokussierenden Systemen lassen sich Temperaturen von maximal $T \leq 3800$ °C erzielen, die dem durch die Oberflächentemperatur der Sonne ($T = 5800$ °C), vorgegebenen thermodynamischen Grenzwert bereits sehr nahe kommen.

3.2.2 Solarthermische Kraftwerke

Ein solarthermisches Kraftwerk wandelt solare Strahlungsenergie in elektrische

3 CR: concentration ratio.

4 Herleitung siehe [1].

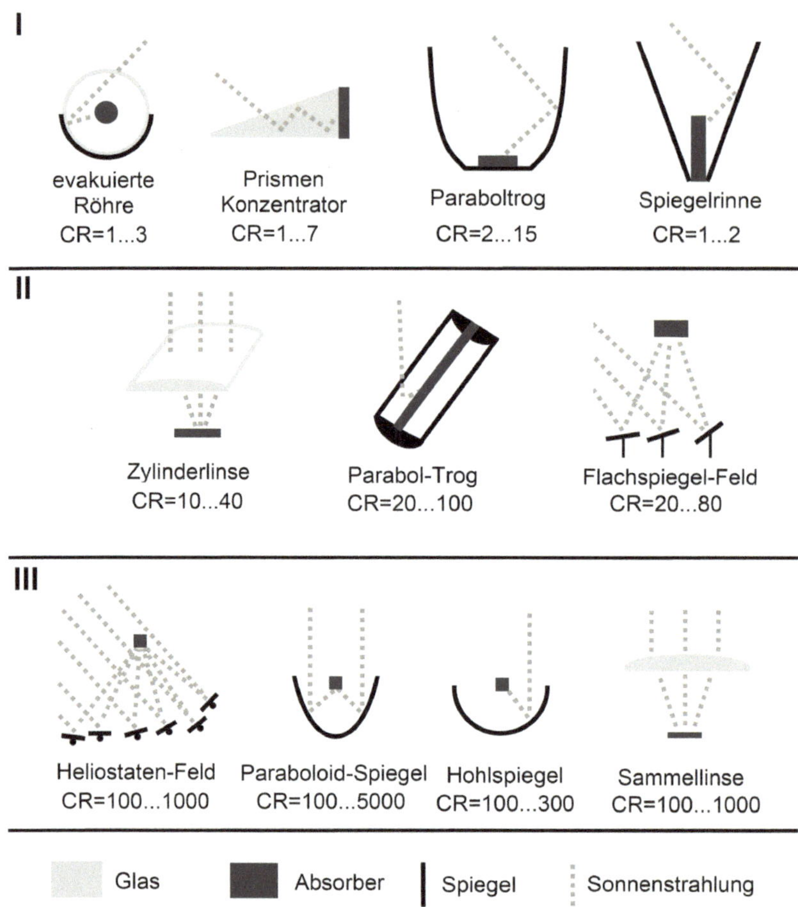

Abb. 3.1 Zusammenstellung konzentrierender Systeme; Gruppe I: feststehende Systeme; Gruppe II: einachsig nachgeführte Systeme; Gruppe III: zweiachsig nachgeführte Systeme [1]

Energie. Es besteht im Allgemeinen aus einem oder mehreren konzentrierenden Kollektoren. Häufig wird die Wärme mithilfe eines Wärmeträgers einer Wärmekraftmaschine zugeführt, die wiederum einen Generator antreibt. Gegebenenfalls besitzt das Kraftwerk zusätzlich einen thermischen Speicher oder eine (fossile) Wärmequelle, um den Betrieb bei verminderter Solarstrahlung (Bewölkung und in der Nacht) aufrecht zu halten.

Ein Solarturm-Kraftwerk ist aus einer Vielzahl von zweiachsig der Sonne nachgeführten Spiegeln (Heliostaten) aufgebaut, die die Solarstrahlung auf einen Absorber fokussieren, der sich auf einem Turm befindet. Die vielen Spiegel ermöglichen einen großen Konzentrationsfaktor des von ihnen gebildeten Kollektors, sodass hohe Prozesstemperaturen und damit auch hohe thermodynamische Wirkungsgrade, der nachgeschalteten Wärmekraftmaschine erreicht werden.

Wesentlicher Bestandteil eines Parabolrinnen-Kraftwerks sind zweidimensional gewölbte Spiegel, die eine Art Rinne bilden. Im Brennpunkt der Spiegelrinne verläuft ein Absorberrohr, in dem ein Medium zirkuliert, das die Wärme zur Turbine bzw. zu einem Wärmetauscher transportiert. Um die Rinne dem Tagesverlauf der Sonne nachführen zu können, verläuft das Absorberrohr in der Spiegelrinne in Nord-Süd-Richtung, während der parabolisch gebogene Spiegel eine Ost-West-Ausrichtung aufweist.

Parabolrinnen- und Solarturm-Kraftwerke können nur dann elektrische Energie abgeben, wenn ausreichend solare Strahlung zur Verfügung steht; es sei denn, ein Teil der eingestrahlten Leistung wurde zuvor in einem thermischen Speicher zwischengelagert. Eine andere Möglichkeit, elektrische Energie unabhängig von der momentan eingestrahlten Leistung bereitzustellen, bietet die Kombination eines fossilen mit einem solaren Kraftwerk. Abhängig von der Einstrahlung wird die benötigte Prozesswärme des Hybrid-Kraftwerks entweder durch die Verbrennung von fossilen Rohstoffen oder durch das Kollektorfeld zur Verfügung gestellt. Der sich anschließende sekundäre Dampfkreislauf ist unabhängig von der Wärmequelle. Er treibt die Dampfturbine und damit den über eine Welle verbundenen elektrischen Generator an.

Solar-Stirling-Kraftwerke[5] sind aus einer Vielzahl einzelner Anlagen aufgebaut, deren Hauptbestandteil ein zweiachsig nachgeführter paraboloider Konzentrator ist. Im Brennpunkt des Konzentrators befindet sich ein Stirlingmotor, mit angeschlossenem elektrischen Generator. Der Konzentrator wird so ausgerichtet, dass die reflektierte Solarstrahlung auf den Absorber des Stirlingmotors trifft und dort das Arbeitsmedium des Motors erhitzt. Geht es ausschließlich darum, Solarstrahlung in elektrische Energie zu wandeln, so besitzen Solar-Stirling-Anlagen zur Zeit mit $\eta_{\text{ges}} = 0{,}31$ den höchsten Wirkungsgrad, aller Systeme zur Wandlung von solarer Strahlung in elektrische Energie [19].

3.3 Photovoltaik

Im Gegensatz zu solarthermischen Kraftwerken wandeln Solarzellen die elektromagnetische Strahlung direkt in elektrische Energie um. Prinzipiell handelt es sich bei einer Solarzelle um eine großflächige (Photo-) Diode. Durch die Bestrahlung des pn-Übergangs der Diode mit (Sonnen-) Licht und der damit verbundenen Anregung von Elektronen vom Valenz- in das Leitungsband, wird sowohl die Elektronendichte im Leitungsband als auch die Löcherdichte im Valenzband vergrößert.

Die Ladungstrennung erfolgt aufgrund einer Diffusionsspannung U_{Diff} über der pn-Grenzschicht, wodurch die Elektronen in den p-Teil und die Löcher in den n-Teil der Solarzelle transportiert werden. Die voneinander getrennten Elektronen und Löcher bewirken ein elektrisches Feld, das der Diffusionsspannung entgegen gerichtet ist. Die Differenz der elektrischen Potenziale eines beleuchteten und unbeleuchteten pn-Übergangs wird Photospannung oder Leerlaufspannung genannt. Die Leerlaufspannung ist abhängig von dem für die Solarzelle verwendeten Halbleitermaterial und dessen Dotierung. Wird eine Solarzelle mit einem endlichen Widerstand belastet, so fließen Elektronen aus dem p-Bereich über den äußeren Stromkreis in den n-Bereich der Diode und verringern so die Leerlaufspannung. Der durch den äußeren Stromkreiß fließende Strom I_{Ph} wird als Photostrom bezeichnet. Strebt der Widerstand im äußeren Stromkreis gegen Null, erreicht der Photostrom seinen maximalen Wert, den Kurzschlussstrom I_K. Sowohl die Leerlaufspannung als auch der Kurzschlussstrom einer Solarzelle sind abhängig von der einfallenden Lichtintensität. Während der Kurzschlussstrom proportional zur eingestrahlten Lichtleistung ist, weist die Leerlaufspannung U_L eine logarithmische Abhängigkeit auf (Abb. 3.2).

Die elektrische Leistung einer Solarzelle ist bestimmt durch das Produkt aus Photostrom und der an den Enden der Solarzelle anliegenden Spannung. Dementsprechend wird der Arbeitspunkts einer Solarzelle durch den Widerstand des äußeren Stromkreises bestimmt. Je kleiner der Widerstand ist, desto größer ist der Photostrom. Gleichzeitig sinkt

5 Auch Dish-Stirling-Kraftwerke genannt.

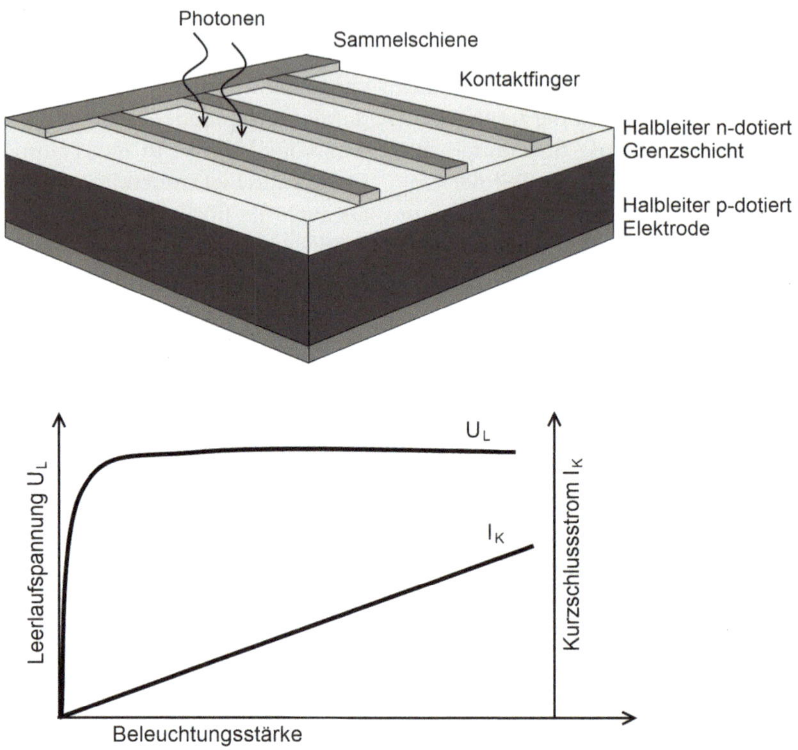

Abb. 3.2 Photodiode: Verlauf von I_K und U_L in Abhängigkeit von der Beleuchtungsstärke [1]

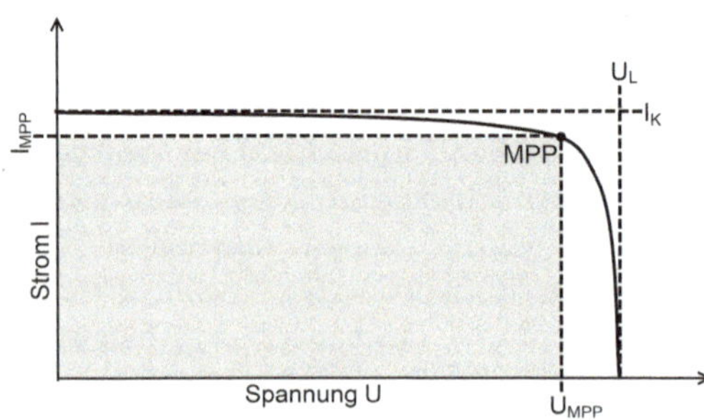

Abb. 3.3 Diodenkennlinie mit dem UI-Rechteck maximaler Fläche, ausgehend vom MPP [1]

jedoch die anliegende Spannung. Der Maximum Power Point (MPP) entspricht dem Punkt auf der Kennlinie, an dem die Solarzelle ihre maximale elektrische Leistung abgeben kann[6] (Abb. 3.3).

Der Quotient aus dem Produkt von Strom und Spannung am MPP geteilt durch das Produkt aus Leerlaufspannung und Kurzschlussstrom wird Füllfaktor genannt. Sein Wert ist immer kleiner als Eins. Bei Solarzellen aus kristallinem Silizium liegt der Füllfaktor typischerweise zwischen 0,75 und 0,85 [37].

Der maximale Wirkungsgrad einer Solarzelle mit einem pn-Übergang lässt sich abschätzen, indem die maximale elektrische Ausgangsleistung durch die von der Sonne eingestrahlte Leistung geteilt wird. Insbesondere ist die elektrische Leistung der Solarzelle abhängig von der Anzahl der Photonen aus dem Sonnenspektrum, deren Frequenz größer ist als eine von der Energie der Bandlücke E_{Gap} abhängige Grenzfrequenz $\nu_{\mathrm{gr}} = \frac{E_{\mathrm{Gap}}}{h}$. Aus diesem Grund ist der der Wirkungsgrad einer Solarzelle abhängig vom verwendeten Halbleitermaterial, wie Abb. 3.4 veranschaulicht.

6 Das UI-Rechteck unter der Kennlinie erreicht seine maximale Fläche.

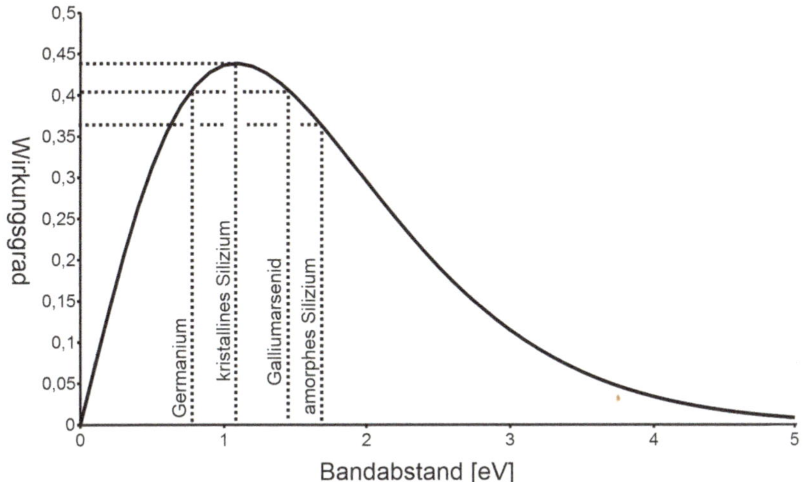

Abb. 3.4 Wirkungsgrad und Bandabstand für verschiedene Halbleitermaterialien [1]

Der reale Wirkungsgrad einer Solarzelle ist neben dem Füllfaktor durch optische und elektrische Verluste begrenzt. Zu den elektrischen Verlusten zählen sowohl die ohmschen Verluste während der Leitung von Ladungsträgern im Halbleiter- und Kontaktmaterial als auch die Rekombinationsverluste im Halbleiter. Optische Verluste werden beispielsweise durch die auf der Oberfläche der Solarzelle aufgebrachten Kontakte verursacht, die einen Teil des darunter liegenden aktiven Materials abschatten. Weitere Verluste entstehen durch die Reflexion des Sonnenlichts an der Grenzfläche zwischen Luft und Halbleitermaterial sowie durch Photonen, die nicht in der aktiven Schicht der Solarzelle mit dem Halbleitermaterial wechselwirken. Eine Antireflexbeschichtung bzw. eine Strukturierung der Oberfläche hilft dabei, die Reflexionsverluste zu minimieren.

3.3.1 Aufbau von Solarzellen aus unterschiedlichen Halbleitermaterialien

Die Energiedifferenz der Bandlücke von monokristallinem Silizium liegt mit 1,1 eV gemäß Abb. 3.4 im Bereich des maximal möglichen Wirkungsgrades eines pn-Überganges. Der Aufbau einer monokristallinen Siliziumsolarzelle besteht aus einer dünnen, aber stark n-dotierten Silizium Schicht, die der Sonnenstrahlung zugewandt ist, um eine große Photonenausbeute zu gewährleisten und gleichzeitig die von der Diffusionslänge abhängigen Rekombinationsverluste gering zu halten. Unter dieser Schicht befindet sich eine dickere und schwächer dotierte p-Schicht. Während die Elektrode auf der Rückseite der Solarzelle vollflächig aufgebracht ist, sind die Kontakte auf der Oberfläche möglichst schmal gehalten, sodass die Abschattung des Halbleitermaterials möglichst gering ist.

Der Energieaufwand zur Herstellung von Solarzellen aus monokristallinem Silizium ist mit 450 kWh pro Quadratmeter recht hoch, wobei der Energieaufwand für den Transport des Rohmaterials und der fertigen Solarzelle, für die Herstellung des Aluminiums aus dem der Rahmen eines Solarmoduls meist gefertigt wird, und für die Produktion der (Glas-) Abdeckung des Moduls unberücksichtigt bleiben [37]. Ausgehend von 1000 Sonnenstunden pro Jahr in Deutschland mit einer Leistung von 1000 W/m^2 und einem durchschnittlichen Wirkungsgrad von 20 % [114]

3

braucht eine solche Solarzelle mehrere Jahre, um die Energie zu wandeln, die zu ihrer Herstellung benötigt wurde. Allgemein wird, je nach Typ, eine energetische Amortisationszeit von 2 bis 5 Jahren für eine Solarzelle veranschlagt [1].

Zur Einsparung von Material, Kosten und Energie werden Solarzellen möglichst dünn gefertigt. Um trotzdem eine vollständige Absorption des Sonnenlichts zu gewährleisten, wird durch die Texturierung der Oberflächen, Lichtfallen im Material und zusätzlich eingelagerte optische Streuzentren, versucht, den Weg der Photonen im Halbleitermaterial zu verlängern.

Polykristallines Silizium wird in einem Blockguss-Verfahren hergestellt und weist deshalb nur eine kleinräumige Kristallorientierung in einem Bereich von einigen Millimetern bis zu wenigen Zentimetern auf. Der Aufbau einer Solarzelle aus polykristallinem Silizium gleicht dem einer Solarzelle aus monokristallinem Silizium; jedoch ist die Diffusionsweite der Minoritätsträger geringer, aufgrund von Fremdstoffen und Gitterunregelmäßigkeiten. Dies wirkt sich auf den Wirkungsgrad der Solarzelle aus, der um einige Prozent geringer ist als bei einer vergleichbaren monokristallinen Solarzelle aus Silizium.

Generell unterscheiden sich amorphe von kristallinen Materialien durch eine fehlende Fernordnung der Atome bzw. Moleküle. Amorphe Silizium-Solarzellen werden hergestellt, indem gasförmiges Silan (SiH_4) auf einem Trägersubstrat (z. B. Glas) aufgedampft wird. Bei diesem Prozess prägt sich keine Kristallstruktur aus, das Material ist jedoch nicht völlig ungeordnet. Amorphe Halbleiter weisen stattdessen eine erkennbare Ordnung im Nahbereich (Größenordnung: 5 . . . 6 Nachbaratome) auf. Nichtsdestotrotz gibt es bei einem amorphen Halbleiter mannigfaltige Koordinationsdefekte. Die Defekte sind u. a. für die Vergrößerung der Energie der Bandlücke[7] auf 1,65 eV, bei einer Temperatur von 300 K, verantwortlich [37]. Des Weiteren schränken sie die Beweglichkeit der Ladungsträger auf den Bereich weniger Atome ein.

Durch die Einschränkung auf ein Raumgebiet und die damit verbundene Unschärfe der Wellenzahl ist amorphes Silizium, im Gegensatz zu kristallinem Silizium, ein quasi-direkter Halbleiter. Entsprechend groß ist der Absorptionskoeffizient, sodass nur geringe Schichtdicken benötigt werden, um die Sonnenstrahlung vollständig zu absorbieren.

Solarzellen aus amorphem Silizium zählen wegen ihrer geringen (Schicht-)Dicke zu den Dünnschicht-Solarzellen, ebenso wie Solarzellen die aus Verbindungshalbleitern aufgebaut sind, die aus der *III*. und *V*. Hauptgruppe, z. B. Galliumarsenid (GaAs) und Indiumphosphid (InP), oder aus der *II*. und *VI*. Hauptgruppe stammen. Beispiele hierfür sind Cadmiumtellurid (CdTe), Zinkselenid (ZnSe) und Cadmiumsulfid (CdS). Bei den zuvor genannten Verbindungshalbleitern handelt es sich um binäre Verbindungen, also um eine Verbindung aus zwei chemischen Elementen. Es werden aber auch ternäre Verbindungen z. B. Aluminiumgalliumarsenid (AlGaAs) und quarternäre Verbindungen genutzt z. B. (AlGaAsP).

CIGS-Dünnschichtsolarmodule bestehen aus Kupfer-Indium-Gallium-Diselenid-Schichten, die sich nicht nur auf ein Glassubstrat, sondern auch auf Kunststofffolien aufbringen lassen wodurch die Solarzelle flexibel wird. Durch den schichtweisen Aufbau der Module lassen sich mehrere Dünnschichtsolarmodule monolithisch übereinander anordnen, mit einer entsprechenden Steigerung des Gesamtwirkungsgrades. Während bei Mehrfach- oder Tandemzellen die Energie von Photonen ab einer Schwelle, die durch die Energie der niedrigsten Bandlücke bestimmt wird, genutzt werden können, erlaubt die *Up-conversion*-Strategie auch eine Nutzung von niederenergetischen Photonen. Eine Schicht auf der Rückseite der Solarzelle absorbiert dabei mehrere Photonen im infraroten Bereich des Spektrums und emittiert ein Photon, dessen

7 Die Bandlücke wird bei amorphen Halbleitern auch Beweglichkeitslücke genannt.

Tab. 3.2 Vergleich der Wirkungsgrade von Solarzellen, hergestellt aus unterschiedlichen Materialien

Material	Industrieller Wirkungsgrad (%)	Labor-wirkungsgrad (%)
Monokristallines Silizium	15 bis 18	25
Polykristallines Silizium	13 bis 16	20
Amorphes Silizium	5 bis 7	10
Mikromorphes Silizium	11,9	
CIGS	11 bis 15	20,3
Cadmiumtellurid	5 bis 12	16
GaInP/GaInAs/Ge		41,1
Kohlenw.-Verbindungen	≤3	8,3

Energie oberhalb der Bandlücke liegt und von der Solarzelle in elektrische Energie gewandelt werden kann.

Organische Solarzellen sind aus hochmolekularen Kohlenwasserstoffverbindungen aufgebaut. Es handelt sich dabei um kristalline Substanzen, wie Pentacen oder Thiophen, deren elektrische Eigenschaften mit anorganischen Halbleitern vergleichbar sind. Sie sind jedoch nicht wie anorganische Halbleiter kovalent oder ionisch, sondern durch van der Waals-Kräfte gebunden, die eine deutlich geringere Reichweite besitzen. In den organischen Halbleitern entstehen deshalb keine ausgeprägten Energiebänder, sondern lediglich diskrete Werte der höchsten besetzten und der niedrigst unbesetzten Molekülorbitale, die dem Valenzband bzw. dem Leitungsband entsprechen. Abhängig von den Abständen zwischen den Molekülorbitalen werden Photonen in einem schmalen Energiebereich zwischen 1,4 und 2,5 eV absorbiert [37]. Organische Solarzellen lassen sich günstig in einem *Roll to Roll*-Verfahren herstellen, ähnlich wie beim fotografischen Film. Ob organische Solarzellen das Potenzial besitzen, sich eines Tages als Anstrich z. B. auf eine Hausfassade aufbringen zu lassen, bleibt abzuwarten.

Bei der Betrachtung des Wirkungsgrades einer Solarzelle muss zwischen dem Wirkungsgrad eines Labormusters und dem Wirkungsgrad einer in Serienfertigung hergestellten Solarzelle gleichen Typs unterschieden werden. Im Allgemeinen ist der Wirkungsgrad eines Labormusters deutlich höher als der einer vergleichbaren, in großen Stückzahlen gefertigten Solarzelle. Dies liegt vor allem am Herstellungsprozess selbst, da während der Serienfertigung Kristallfehler und Verunreinigungen häufiger auftreten als bei einer Einzelfertigung (Tab. 3.2).

Wichtiger als der Wirkungsgrad einer Solarzelle ist deren Wirtschaftlichkeit, weil diese direkt den Preis der photovoltaikisch gewandelten Energie bestimmt. Sie ist definiert als der Quotient aus dem aus der Leistung einer Solarzelle folgendem Ertrag geteilt durch die Kosten für die Solarzelle (Anschaffung, Unterhalt, Zinsen bei Finanzierung). Insbesondere bei der Errichtung von Photovoltaikkraftwerken müssen auch der Flächenbedarf und die mit der Fläche steigenden Investitionskosten berücksichtigt werden, die mit sinkendem Wirkungsgrad der Solarzellen, bei gleichbleibender elektrischer Kraftwerksleistung, ansteigen.

3.3.2 Photovoltaik Kraftwerke

Photovoltaikanlagen eignen sich sowohl für den Insel- als auch für den Netzbetrieb. Während beim Inselbetrieb der elektrische Strom zwischengespeichert und vor Ort verbraucht wird, wird beim Netzbetrieb der elektrische Strom direkt in das elektrische Versorgungsnetz eingespeist. Aufgrund der hohen Kosten für den elektrischen Speicher wird meist der Netzbetrieb bevorzugt.

Wichtigster Anlagenbestandteil von Photovoltaikanlagen sind Photovoltaik-Module, die wiederum aus einzelnen Solarzellen aufgebaut sind. Die Solarzellen werden abhängig von der gewünschten Ausgansspannung sowohl parallel als auch seriell verschaltet, in eine Kunststoffschicht eingebettet und mit einer Glasplatte und einem (Aluminium-) Rahmen hermetisch gekapselt.

Die einzelnen Module werden bei einem Photovoltaik-Kraftwerk in Reihe auf Untergestellen montiert und elektrisch verbunden zu sogenannten Strings zusammengefasst. Die Reihen sind nach Süden ausgerichtet und werden hintereinander in einem verschattungsfreien Abstand zueinander angeordnet. Sie bilden den Photovoltaik-Generator des gleichnamigen Kraftwerks. Der PV-Generator ist mit einem oder mehreren Wechselrichtern verbunden, die Gleichstrom der Module in einen netzkonformen Wechselstrom transformieren.

3.4 Windkraftanlagen

Eine Windkraftanlage wandelt einen Teil der kinetischen Energie des Windes in Rotationsenergie um. Diese Umwandlung kann nicht vollständig vonstatten gehen, weil ansonsten die Luft hinter der Windkraftanlage still stehen würde. Dies hätte einen Stau der Luftmoleküle hinter dem Rotor der Windkraftanlage zur Folge, sodass keine weitere Luft nachströmen kann. Aus dieser Überlegung folgt, dass die Luft nach dem Rotor noch eine gewisse Windgeschwindigkeit v_{nach} besitzen muss, um abfließen zu können. Für die Windgeschwindigkeit v_{Rot} am Rotor ergibt sich [1]:

$$v_{\text{Rot}} = \frac{1}{2}(v_{\text{vor}} + v_{\text{nach}}) \tag{3.16}$$

Die vom einem Rotor mit der Fläche A_{Rot} aufgenommene Leistung entspricht [1]:

$$P_{\text{Rot}} = \frac{1}{4} \cdot \rho \cdot A_{\text{Rot}} \cdot (v_{\text{vor}} + v_{\text{nach}}) \cdot \left(v_{\text{vor}}^2 - v_{\text{nach}}^2\right) \tag{3.17}$$

Als Wind wird eine gerichtete Strömung von Luftmolekülen bezeichnet. Jedes einzelne Molekül mit einer Masse m_i besitzt eine kinetische Energie: $E_{\text{kin}} = \frac{1}{2} m_i \cdot v^2$. Unter der Annahme, dass alle Moleküle die gleiche Geschwindigkeit besitzen, ergibt sich für die Gesamtenergie des Windes:

$$E_{\text{kin}} = \frac{1}{2} \cdot \sum m_i \cdot v^2 \tag{3.18}$$

Die Gesamtmasse $\sum m_i$ aller Luftmoleküle entspricht der Menge Luft der Dichte ρ, die in der Zeit t mit einer Geschwindigkeit v durch eine Fläche A geschoben wird. Die Windleistung P_{Wind} pro Flächeneinheit A ist demnach gegeben durch:

$$\frac{P_{\text{Wind}}}{A} = \frac{E_{\text{kin}}}{A \cdot t} = \frac{1}{2} \cdot \rho \cdot v^3 \tag{3.19}$$

Um den Wirkungsgrad η einer Windkraftanlage zu berechnen, wird die aufgenommene Leistung des Rotors ins Verhältnis zur Leistung des Windes gesetzt wird:

$$\eta = \frac{1}{2} \cdot \frac{(v_{\text{vor}} + v_{\text{nach}}) \cdot \left(v_{\text{vor}}^2 - v_{\text{nach}}^2\right)}{v_{\text{vor}}^3} \tag{3.20}$$

Zur Berechnung des maximal erreichbaren Wirkungsgrad einer Windkraftanlage wird der Wirkungsgrad η nach v_{nach} abgeleitet und gleich Null gesetzt [1]:

$$\eta_{\max} = \frac{P_{\text{Rot}_{\max}}}{P_{\text{Wind}}} \Rightarrow P_{\text{Rot}} = 0{,}593 \cdot P_{\text{Wind}} \tag{3.21}$$

Entsprechend der Gl. (3.21) sind maximal 59,3 % der im Wind enthaltenen Leistung von einer Windkraftanlage nutzbar.

Wind

Unter dem Begriff *Wind* wird im Allgemeinen ein (horizontal) gerichteter Massenstrom von Luftmolekülen verstanden. Als treibende Kraft sind Druckunterschiede dafür verantwortlich, dass die Luftmassen der Atmosphäre ständig in Bewegung sind. Während Turbulenzen und Konvektionen kleinräumige Vertikalbewegungen der Luft verursachen, führen Zyklone (Tiefdruckgebiete) und Antizyklone (Hochdruckgebiete) im Wesentlichen zu einer horizontalen Bewegung der Luftmassen. Abhängig von der Beschaffenheit der Oberfläche erwärmt sich der Erdboden durch Sonneneinstrahlung unterschiedlich. Damit verbunden ist eine lokale Erwärmung der Luft in Bodennähe. Die Dichte der Luft nimmt ab, sodass die erwärmten Luftmassen in der kälteren Umgebungsluft aufsteigen (Thermik) und ein Tiefdruckgebiet entsteht. Umgekehrt erhöht eine Abkühlung die Dichte der Luft. Die Luftmassen sinken ab und der Luftdruck am Boden erhöht sich (Hochdruckgebiet). Kleinräumige Windsysteme entstehen beispielsweise in Küstennähe, wenn sich die Erdmassen tagsüber schneller erwärmen als das Wasser des Meeres, so dass sich über Land ein Gebiet mit tieferem Luftdruck bildet, verglichen mit dem Luftdruck über der Wasserfläche. Um die lokalen Druckunterschiede auszugleichen, strömen Luftmassen vom Meer in Richtung Küste (auflandiger Wind). Nachts kühlen die Landmassen, aufgrund ihrer geringeren Wärmekapazität, schneller ab als das „trägere" Meerwasser, sodass eine entgegengesetzte Luftströmung einsetzt (ablandiger Wind). Ursache für jede Luftbewegung ist die Druckkraft. Der durch einen Druckgradienten hervorgerufene Euler-Wind wird durch die senkrecht zur Bewegungsrichtung der Luftströmung wirkende Corioliskraft abgelenkt. In Strömungsrichtung bewirkt die Corioliskraft auf der Nordhalbkugel der Erde eine Ablenkung der Winde nach rechts. Der geostrophische Wind zeichnet sich durch ein Gleichgewicht zwischen Corioliskraft und Druckkraft aus und weht parallel zu den Linien gleichen Luftdrucks (Isobaren). Innerhalb der planetarische Grenzschicht verringert sich durch die Bodenreibung die Windgeschwindigkeit mit abnehmender Höhe, sodass der Wind nicht mehr parallel zu den Isobaren strömt, sondern eine Geschwindigkeitskomponente in Richtung des Tiefdruckgebietes erhält. Das Tiefdruckgebiet wird innerhalb von Tagen *aufgefüllt*.

Gl. (3.19) verdeutlicht, dass zwischen Windgeschwindigkeit und Flächenleistung des Windes ein nicht linearer Zusammenhang besteht. Aus diesem Grund muss bei der Leistungsberechnung einer Windkraftanlage nicht nur die mittlere Windgeschwindigkeit, sondern auch die Streuung der realen Windgeschwindigkeit um den Mittelwert berücksichtigt werden. Das folgende Beispiel vergleicht die zur Verfügung stehende Energie des Windes anhand zweier Szenarien. Im ersten Fall weht der Wind ganzjährig mit einer Geschwindigkeit von $v = 5\,\mathrm{m/s}$. Im zweiten Fall weht der Wind nur im Winterhalbjahr, dafür aber mit einer Geschwindigkeit von 10 m/s. In beiden Fällen ist die mittlere Windgeschwindigkeit über ein Jahr betrachtet gleich ($\bar{v} = 5\,\mathrm{m/s}$). Die Energie des Windes pro Fläche und Jahr unterscheidet sich jedoch voneinander. Im ersten Fall ergibt sich durch Einsetzen in Gl. (3.19) $2{,}37 \cdot 10^9 \frac{\mathrm{W \cdot s}}{\mathrm{m^2}}$ und im zweiten Fall $9{,}46 \cdot 10^9 \frac{\mathrm{W \cdot s}}{\mathrm{m^2}}$. Obwohl in beiden Fällen die über das Jahr gemittelte Windgeschwindigkeit gleich ist, steht im zweiten Fall die vierfache Windenergie zur Verfügung! Das Verhältnis von der absoluten im Wind verfügbaren Leistung zu der Leistung, die sich

3

Tab. 3.3 Rauhigkeitslängen in Metern für typische Geländeoberflächen [48]

z_0 [m]	Geländeoberfläche
1	Stadt
0,3	Bebautes Gelände
0,2	Viele Bäume oder Sträucher
0,1–0,03	Landwirtschaftlich genutztes Gelände
$5 \cdot 10^{-3}$	Glatte Erde
10^{-3}	Glatte Schneeoberfläche
$3 \cdot 10^{-4}$	Glatte Sandoberfläche
10^{-4}	Wasseroberfläche

aus der dritten Potenz der gemittelten Windgeschwindigkeit ergibt wird als Energy Pattern Factor E_{PF} bezeichnet. Für das vorherige Beispiel ergibt sich ein $E_{PF} = 4$. Der Energy Pattern Factor ermöglicht es, aus der gemittelten Windleistung die reale zu erzielende Windleistung zu kalkulieren. Er stellt deshalb eine wichtige Größe zur Berechnung der Wirtschaftlichkeit von Windkraftanlagen dar.

Ein weiteres wichtiges Phänomen zum wirtschaftlichen Betrieb einer Windkraftanlage ist die Zunahme der Windgeschwindigkeit mit der Höhe über Grund. Ein möglicher Ansatz zur Beschreibung des Höhenprofils der Windgeschwindigkeit ist die Verwendung eines logarithmischen Windprofiles. Streng genommen ist die folgende Gleichung jedoch nur für neutrale Schichtungen und innerhalb der Prandtl-Schicht gültig:

$$\bar{v}(h) = \bar{v}(h_{\mathrm{ref}}) \cdot \frac{\ln\left(\frac{h}{z_0}\right)}{\ln\left(\frac{h_{\mathrm{ref}}}{z_0}\right)} \qquad (3.22)$$

Hierbei bezeichnet $\bar{v}(h)$ die mittlere Windgeschwindigkeit in einer Höhe h und $\bar{v}(h_{\mathrm{ref}})$ die in einer Referenzhöhe h_{ref} gemessene mittlere Windgeschwindigkeit, die als Referenzgröße fungiert. Die Rauhigkeitslänge z_0 ist ein Parameter, der die Rauhigkeit der Erdoberfläche am Messort widerspiegelt. Tab. 3.3 gibt einen Überblick über typische Geländeoberflächen und deren Rauhigkeitslängen.

Ebenso wie die Windgeschwindigkeit verändert sich auch die Obergrenze der bodennahen Grenzschicht der Atmosphäre, der sog. Prandtl-Schicht, aufgrund veränderter meteorologischer Bedingungen. Windräder mit einer Nabenhöhe von 60 m liegen je nach Standort beispielsweise bereits 70 % der Jahresstunden außerhalb der Prandtl-Schicht. Bei einer Nabenhöhe von 100 m steigt, bei gleichem Standort, der Anteil, in dem sich die Nabe außerhalb der Prandtl-Schicht befindet, bereits auf 93 % der Jahresstunden an [39].

Der Wind auf dem Meer weht im Vergleich zum Festland kontinuierlicher und mit einer höheren durchschnittlichen Geschwindigkeit. Insbesondere zählt die Nordsee zu den windreichsten Regionen der Welt. In mehr als 90 % der Zeit eines Jahres ist die Windgeschwindigkeit größer als 4 m/s, sodass Windkraftanlagen auf dem Meer eine hohe Verfügbarkeit besitzen.

3.4.1 Aufbau einer Windkraftanlage

Eine Windkraftanlage besteht aus den Komponenten Fundament, Turm, Gondel, Rotor und Triebstrang. Das Fundament stabilisiert den Turm und trägt die auf die Windkraftanlage wirkenden statischen und dynamischen Lasten auf den Untergrund ab. Die Länge des Turms gibt die Nabenhöhe der Anlage vor, in der sich der Mittelpunkt des Rotors befindet. Dieser wandelt die kinetische Energie des Windes in Rotationsenergie um. Je nach Bauart umfasst der Triebstrang einer Windkraftanlage ein Getriebe, eine mechanische Bremse und einen elektrischen Generator oder einen Ringgenerator, der die mechanische Energie in elektrische Energie wandelt. Abb. 3.5 gibt einen Überblick über beide Varianten. Die Gondel umschließt den Triebstrang und stellt das Maschinenhaus der Windkraftanlage dar. Ja nach Bauart beherbergt sie darüber hinaus die Steuerelektronik der Anlage,

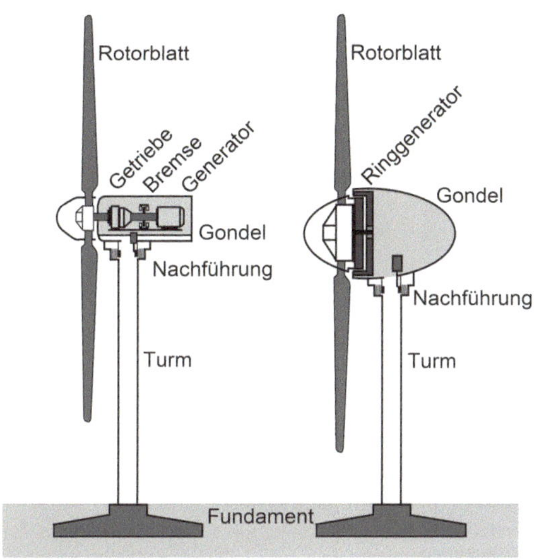

Abb. 3.5 Prinzipskizze einer Windkraftanlage, links: mit Getriebe und Generator, rechts: mit einem Ringgenerator [1]

die Stellmotoren für die Rotorblattverstellung (Pitch-Steuerung) und Windnachführung, Kühl- und Schmiereinrichtungen sowie weitere Komponenten zum Schutz und zum Betrieb der Anlage.

3.4.2 Der Rotor

Der Rotor einer Windkraftanlage überführt einen Teil der kinetischen Energie des Windes in Rotationsenergie. Im Allgemeinen besteht der Rotor aus einem oder mehreren Rotorblättern. Es wird unterschieden zwischen Rotoren, die sich um eine vertikal oder um eine horizontal ausgerichtete Achse drehen. Zum ersten Typ gehören sowohl der Darrieus-Rotor als auch der Savonius-Rotor. Beide Rotoren werden für spezielle Anwendungsfälle, beispielsweise auf Hausdächern, eingesetzt. Gebräuchlicher ist eine horizontale Ausrichtung der Drehachse. Typische Vertreter sind die klassische Windmühle, der Western-Rotor sowie moderne Windkraftanlagen zur Produktion elektrischer Energie.

Befindet sich ein Körper in einer Strömung mit der Geschwindigkeit v_{Anstr}, so entsteht eine Druckdifferenz Δp zwischen der Seite des Körpers, die der Strömung zugewandt ist und seiner Rückseite, die proportional zu $\frac{\rho}{2} \cdot v_{\text{Anstr}}^2$ ist. Durch die Reibung zwischen dem Körper und der Strömung ergibt sich zusätzlich eine Widerstandskraft F_W:

$$F_W = c_W \cdot \frac{\rho}{2} \cdot A \cdot v_{\text{Anstr}}^2 \qquad (3.23)$$

Der Proportionalitätsfaktor c_W wird auch Widerstandskoeffizient, Widerstandsbeiwert oder einfach c_W-Wert genannt. Er charakterisiert den Widerstand, den ein Körper mit der Fläche A einer Luftströmung entgegensetzt. Entspricht das Profil eines Rotorblattes dem einer Tragfläche, z. B. eines Flugzeuges, entsteht eine Auftriebskraft F_A, deren Größe proportional zum Quadrat der Strömungsgeschwindigkeit v_{Anstr} und zur angeströmten Fläche A des Blattes ist. In Analogie zur Definition der Widerstandskraft wird eine Proportionalitätskonstante, der sogenannte Auftriebsbeiwert c_A eingeführt:

$$F_A = c_A \cdot \frac{\rho}{2} \cdot A \cdot v_{\text{Anstr}}^2 \qquad (3.24)$$

Bei einer modernen Windkraftanlage dient die vom Luftwiderstand verursachte Widerstandskraft F_W nicht dem Antrieb, sondern wirkt sich vielmehr bremsend aus. Eine wichtige Kenngröße eines Rotorblattes ist die Gleitzahl ε. Sie ist definiert als das Verhältnis zwischen Auftriebsbeiwert c_A und Widerstandsbeiwert c_W:

$$\varepsilon = \frac{c_A}{c_W} \qquad (3.25)$$

Die Gleitzahl ist ein Maß für die Güte eines Rotorblattes. Moderne Rotorblätter einer Windkraftanlage erreichen Gleitzahlen von $\varepsilon \geq 60$ [68].

Durch eine Änderung des Anstellwinkels lässt sich das Verhältnis von Auftriebs- zu Widerstandskraft beeinflussen. Windkraftanlagen, die ihre Rotorblätter um die Längsachse drehen können, werden pitchgeregelte Windkraftanlagen genannt. Neben der optimalen

3

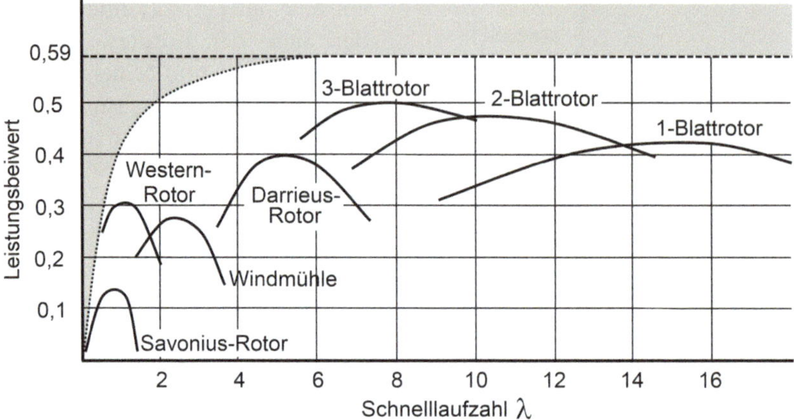

Abb. 3.6 Leistungsbeiwert c_p als Funktion der Schnelllaufzahl λ für verschiedene Rotortypen. Der im Diagramm zur Verfügung stehende Funktionsbereich wird durch den oberen theoretischen Wirkungsgrad von $c_p = 0{,}59$ und durch Drallverluste, bei geringen Schnelllaufzahlen eingeschränkt (grauer Bereich) [1]

Anpassung an die vorherrschende Windgeschwindigkeit wird die Pitchsteuerung auch zur Begrenzung der maximalen Leistung eingesetzt, um eine Beschädigung der Windkraftanlage zu vermeiden. Dazu wird der Anstellwinkel so verändert, dass die Auftriebskraft F_A ab- bzw. die Widerstandskraft F_W zunimmt. Bei sehr hohen Windgeschwindigkeiten muss eine Windkraftanlage vollständig abgeschaltet werden. Dazu dient die aktive Stallregelung. Die Rotorblätter werden so gedreht, dass es zu einem Strömungsabriss kommt (Stalleffekt). Dies bewirkt, dass der Wind keine oder nur eine geringe Leistung an die Windkraftanlage abgibt.

Die Profilierung der Rotorblätter einer Windkraftanlage ändert sich mit zunehmendem Abstand zur Drehachse. Grund hierfür ist, dass die Anströmgeschwindigkeit $\vec{v}_{\text{Anstr}}$ mit wachsendem Abstand zur Drehachse linear ansteigt, bei gleichbleibender Winkelgeschwindigkeit des Rotorblattes und konstanter Windgeschwindigkeit. An der Spitze des Rotorblattes ist die Anströmgeschwindigkeit maximal. Um eine hohe Gleitzahl ε zu gewährleisten, ist hier das Profil sehr dünn. In der Nähe der Drehachse ist die Anströmgeschwindigkeit entsprechend geringer. Das Profil ist dort dicker, um die Kräfte des gesamten Rotorblattes besser aufnehmen zu können.

Die Schnelllaufzahl λ ist definiert als das Verhältnis der Geschwindigkeit der Rotorspitzen zur Windgeschwindigkeit. Rotoren, die ausschließlich die Widerstandskraft des Windes nutzen, können sich nicht schneller drehen als der Wind weht. Bei Windkraftanlagen mit einem oder mehreren profilierten Rotorblättern kann die Schnelllaufzahl durchaus Werte größer 1 annehmen. Der reale Wirkungsgrad eines Rotors wird durch den Leistungsbeiwert c_p beschrieben. Er ist nicht nur von der Windgeschwindigkeit abhängig sondern unter anderem auch von der Schnelllaufzahl. Die c_p-Kennlinie des Rotors ist profilspezifisch abhängig von der Schnelllaufzahl und dem Anstellwinkel (Abb. 3.6).

Für moderne Rotoren mit drei Blättern wird ein Leistungsbeiwert von $c_p = 0{,}5$ erzielt, der dem theoretischen Wirkungsgrad von 0,59 schon sehr nahe kommt.

Passiert ein Rotorblatt den Turm der Windkraftanlage, so sinkt die Leistungsabgabe kurzzeitig, bedingt durch den Windstau vor bzw. durch den Windschatten nach dem Turm. Je geringer die Anzahl der Rotorblätter ist, desto geringer ist dieser Effekt. Weist der

Rotor eine gerade Anzahl Rotorblätter auf, befindet sich beim Durchgang des unteren Rotorblattes durch den Windstau des Turms, in dessen Verlängerung ein oberes Rotorblatt. Da die Leistungsaufnahme des unteren Rotorblattes geringer ist als die Leistungsaufnahme des oberen Rotorblattes, bewirken die beiden Rotorblätter ein Drehmoment, das durch die Lager der Achse kompensiert werden muss. Bei einer ungeraden Anzahl Rotorblätter fällt dieses Drehmoment entsprechend geringer aus. In der Praxis haben sich nicht zuletzt deshalb dreiblättrige Rotoren durchgesetzt. Da der Windstau eine geringere Leistungseinbuße bewirkt als der Windschatten, befindet sich der Rotor einer Windkraftanlage im Allgemeinen auf der dem Wind zugewandten Seite des Turms.

3.4.3 Triebstrang und Generator

Der Triebstrang stellt die Verbindung zwischen dem Rotor und dem Generator dar. Sein Aufbau und seine Komponenten sind maßgeblich abhängig vom verwendeten elektrischen Generator. Die Bauteile sind in der Gondel der Windkraftanlage untergebracht, die drehend auf dem Turm der Anlage gelagert ist.

Bei einer Windgeschwindigkeit von $v_{\text{Wind}} = 10\,\text{m/s}$, einer Schnelllaufzahl $\lambda = 7$ und einem Durchmesser des Rotors von $d = 100\,\text{m}$ beträgt die Drehzahl des Rotors $n_{\text{rot}} = 13{,}4\,\frac{\text{U}}{\text{min}}$. Elektrische Generatoren benötigen hingegen, abhängig von ihrer Bauart, eine Drehzahl in der Größenordnung von $1000\,\text{U}/\text{min}$, um einen guten Wirkungsgrad zu erzielen bzw. sich an die Frequenz des Versorgungsnetzes anzupassen [67]. Dies gilt sowohl für Synchron- als auch für Asynchrongeneratoren herkömmlicher Bauart, sodass viele Hersteller Getriebe einsetzen, um die Drehzahl des Rotors entsprechend herauf zu setzen.

Doppelt gespeiste Asynchrongeneratoren zeichnen sich dadurch aus, dass sie direkt mit dem Versorgungsnetz gekoppelt sind. Lediglich ein Teil des elektrischen Stroms, fließt durch einen Umrichter. Im Gegensatz zum Asynchrongenerator zeichnet sich der doppelt gespeiste Asynchrongenerator durch einen dynamischen Drehzahlbereich aus, in dem er einen hohen Wirkungsgrad erzielt.

Bei einem Synchrongenerator ist die Frequenz des abgegebenen elektrischen Stroms proportional zur mechanischen Drehzahl der Generatorwelle. Folglich ist die Frequenz des Wechselstroms abhängig von der Drehzahl des Rotors der Windkraftanlage, sodass der Synchrongenerator nicht direkt mit dem Versorgungsnetz verbunden werden kann. Vielmehr wird der erzeugte Wechselstrom zunächst gleichgerichtet, um dann mithilfe eines Umrichters in das Versorgungsnetz eingespeist zu werden. Im Gegensatz zum doppelt gespeisten Asynchrongenerator fließt beim Einsatz eines Synchrongenerators der gesamte in das Versorgungsnetz eingespeiste Strom über einen Umrichter. Dementsprechend höher sind die Umwandlungsverluste.

Mit dem Einsatz eines Ringgenerators kann auf ein Getriebe im Triebstrang verzichtet werden. Bei einem Ringgenerator handelt es sich grundsätzlich um einen Synchrongenerator mit einer hohen Polzahl. Um der niedrigen Drehzahl gerecht zu werden, weist der Rotor des Ringgenerators, nicht zuletzt wegen einer hohen Polzahl, einen großen Durchmesser auf. Entsprechend schnell werden die Erregerspulen bzw. Magnete an den Statorwicklungen vorbeigeführt. Aufgrund seiner vergleichsweise großen Bauweise kann der Ringgenerator luftgekühlt werden, während die anderen beiden vorgestellten Generatorsysteme aktiv gekühlt werden müssen. Um die elektrische Energie des Ringgenerators in das Versorgungsnetz einspeisen zu können, muss – vergleichbar mit dem Synchrongenerator – der gesamte Strom umgerichtet werden.

Beide Varianten, mit und ohne Getriebe, besitzen Vor- und Nachteile. Ein Getriebe stellt ein mechanisches Bauteil dar, das gewartet werden muss und das einem gewissen Verschleiß unterliegt. Es ermöglicht aber den

Einsatz standardisierter elektrischer Generatoren, welche, bauartbedingt, eine höhere Drehzahl benötigen. Sie besitzen geringere Abmessungen und weisen ein kleineres Gewicht auf als ein vergleichbarer Ringgenerator, sie müssen aber aktiv gekühlt werden. Kommt ein doppelt gespeister Asynchrongenerator zum Einsatz, so sind die mit dem Umrichten verbundenen elektrischen Verluste kleiner als bei Synchrongeneratoren. Ein Ringgenerator muss speziell für jede Baureihe einer Windkraftanlage angepasst und konstruiert werden. Entsprechend hoch sind die Kosten verglichen mit standardisierten elektrischen Generatoren. Auf ein Getriebe sowie weitere mechanische Bauteile kann jedoch verzichtet werden, was insbesondere die Kosten für die Wartung der beweglichen Bauteile reduziert.

3.4.4 Steuerung und Anlagenmanagement

Stellmotoren ändern bei modernen Windkraftanlagen den Anstellwinkel jedes Rotorblattes in Abhängigkeit von der Windgeschwindigkeit und des vom elektrischen Generators erzeugten Drehmoments (aktive Pitchregelung). Treten Windgeschwindigkeiten oberhalb der Nenngeschwindigkeit auf, werden die Rotorblätter einige Grade aus dem Wind gedreht, um dadurch die Drehzahl und folglich auch die Leistung der Anlage zu verringern. Bei Windgeschwindigkeiten unterhalb der Nenngeschwindigkeit wird ein Anstellwinkel gewählt, bei dem die elektrische Leistungsabgabe maximal ist. Abhängig vom Anlagen-Typ wird bei der Pitchregelung entweder das gesamte Rotorblatt oder auch nur das äußere Ende des Rotorblattes gedreht. Ist die Windgeschwindigkeit zu niedrig oder überschreitet einen maximalen Wert, der typischerweise bei mehr als 30 bis 35 m/s liegt, muss eine Windkraftanlage abgeschaltet werden. Auch eine Vereisung der Rotorblätter, Wartungs- und Reparaturarbeiten, ein ungünstiger Schattenwurf, durch den Anwohner gestört werden, oder eine Störung des elektrischen Netzes können zur Abschaltung führen. Bei Anlagen mit Pitchregelung werden dazu die Rotorblätter in eine sogenannte Fahnenstellung gedreht (Anstellwinkel nahezu 90°). An älteren kleineren Anlagen mit Stallregelung kann es bei hohen Windgeschwindigkeiten zu einem Strömungsabriss an den Rotorblättern kommen, wodurch sich der Leistungsbeiwert verringert, was wiederum die Leistung der Anlage begrenzt. Mit beginnender Vereisung der Rotorblätter, muss eine Windkraftanlage abgeschaltet, oder, falls vorhanden, eine Rotorblattheizung aktiviert werden.

Die Windrichtungsnachführung übernehmen meist Stellmotoren (Azimuthantrieb), die den Rotor samt Gondel senkrecht zur Windrichtung ausrichten. Um ein zu starkes Verdrehen der Kabel zu vermeiden, werden die Drehungen in eine Richtung auf drei bis vier Umdrehungen begrenzt. In Schwachwindzeiten wird die Gondel in umgekehrter Richtung gedreht, um die Kabel zu entdrillen.

Um eine Windkraftanlage zu regeln, wird elektrische Energie benötigt, die im regulären Betrieb aus dem elektrischen Netz entnommen wird. Bei einem Netzausfall ermöglichen Notfallsysteme mit Energiespeichern eine Abschaltung der Anlagen; beispielsweise Federn, die direkt an den Pitchlagern befestigt sind, um die Rotorblätter in Segelstellung zu drehen.

Windkraftanlagen müssen zwei voneinander unabhängige Bremssysteme besitzen. Zusätzlich zu der aerodynamischen Bremse durch Blattverstellung werden meistens mechanische Scheibenbremsen eingesetzt. Die mechanische Bremse wird genutzt, falls die aerodynamische Bremse versagt oder um die Rotorblätter für Reparaturarbeiten festzustellen [20].

3.4.5 Turm und Fundamente

Das Fundament trägt die statischen und dynamischen Lasten einer Windkraftanlage auf dem Untergrund ab. Die Auslegung des

Fundaments hängt von der Bodenbeschaffenheit, den meteorologischen Bedingungen und von der Windkraftanlage selbst ab. Das Fundament einer Offshore-Windkraftanlage unterscheidet sich deutlich von dem einer Windkraftanlage an Land, weil zusätzlich zu den bereits genannten Kriterien die Wassertiefe, Strömungen, Eisgang und mögliche Wellenhöhen zu berücksichtigen sind. Grundsätzlich bestehen Fundamente für Windkraftanlagen an Land aus stahlbewehrtem Beton und werden vor Ort gegossen. Im Falle weicher Untergründe kommen zusätzlich zur Kreis-, Kreuz- oder mehreckigen Flachgründung senkrecht in den Boden eingelassene Betonpfähle zum Einsatz, um die Anlage zu stabilisieren. Bei Offshore Windkraftanlagen mit einer elektrischen Leistung von bis zu 3 MW und einer Wassertiefe von bis zu 20 m, sowie Anlagen mit einer elektrischen Leistung von bis zu 5 MW und einer Wassertiefe von bis zu 15 m, werden vorwiegend in den Meeresgrund gerammte oder gebohrte Rohrtürme aus Stahl eingesetzt (Pfahlgründung). Sind die Wassertiefen größer, werden Dreibein- oder Fachwerkkonstruktionen eingesetzt, die entweder mit Pfählen im Meeresgrund befestigt oder durch Schwerkraftgründung auf dem Meeresboden fixiert sind [29].

Herausforderung Offshore

Neben der aufwendigeren Gründung einer Windkraftanlage auf See, erhöhen auch der Korrosionsschutz, die Verlegung von Seekabeln und eine aufwendigere Wartung die Kosten für Offshore-Anlagen. Die Anlagen sind über ihre gesamte Lebenszeit salzhaltigem Wasser und ebensolcher Luft ausgesetzt. Die äußeren metallischen Oberflächen müssen durch eine spezielle Mehrfachbeschichtung vor Korrosion geschützt werden. Um das Eindringen von salzhaltiger Luft in den Turm und in die Gondel zu verhindern, kommen Luftaufbereitungssysteme zum Einsatz, die einen Überdruck innerhalb der Anlage erzeugen. Auch zur Kühlung der Komponenten werden gekapselte Luft-Luft- bzw. Fluid-Luft-Wärmetauscher verwendet [42].

Wetterbedingt ist die Erreichbarkeit einer Offshore-Anlage eingeschränkt. Bei starkem Wind und/oder hohem Wellengang ist der Zugang mit einem Schiff oder Helikopter nicht möglich. Bei der Auslegung von Offshore-Anlagen sind deshalb lange Wartungsintervalle und eine hohe Ausfallsicherheit zu berücksichtigen.

Angebunden an das Stromnetz werden Offshore-Windparks über Seekabel, die die elektrische Energie an die Küste transportieren, wobei durchschnittlich eine Strecke von 50 bis 120 km überwunden werden muss. Aufgrund der hohen kapazitiven Blindleistung von Seekabeln müssen bei der Drehstromübertragung etwa alle 50 km induktive Kompensatoren zwischengeschaltet werden, was insbesondere auf dem Meer zu einem erheblichen Mehraufwand führt [42]. Mit steigender Kabellänge bietet sich deshalb die Hochspannungs-Gleichstrom-Übertragung (HGÜ) zum Energietransport an.

Der Turm stellt das Bindeglied zwischen dem Fundament und der Gondel dar. Neben dem Gewicht von Gondel und Rotor, dass der Turm tragen muss, sind die Türme insbesondere bei Windböen hohen Biegemomenten ausgesetzt. Als Werkstoff findet meisten Stahl Verwendung. Hohe Türmen sind häufig als Hybridtürme aufgebaut, deren Unterteil aus Beton und deren Oberteil aus Stahl gefertigt ist. Gittertürme aus Stahl sind in Europa wegen ihrer arbeitsintensiven Fertigung nur selten anzutreffen. Wegen geringer Materialermüdung könnte Holz als zukünftiger Werkstoff für den Turmbau an Land eine Rolle spielen.

3.5 Wasserkraft

Wasserkraftwerke nutzen einen kleinen Teil der Wassermenge, die in höher als das Kraftwerk gelegenen Gebieten als Niederschlag gefallen ist. Durch den Höhenunterschied besitzt das Wasser eine potenzielle Energie, die, wenn es fließt, in kinetische Energie umgewandelt wird. Die Turbine eines Wasserkraftwerks wandelt einen Teil dieser Energie in elektrische Energie um. Die zu erzielenden elektrische Leistung P ist abhängig vom Volumenstrom des Wassers Q, der Dichte des Wassers ρ, der Erdbeschleunigung g, der nutzbaren Fallhöhe h, sowie dem Wirkungsgrad η der Anlage:

$$P = \eta \cdot \rho \cdot g \cdot Q \cdot h \quad (3.26)$$

Um eine möglichst große elektrische Leistung zu erzielen, sind sowohl ein hoher Volumenstrom als auch eine große Fallhöhe wünschenswert. Beide Voraussetzungen sind gleichzeitig nur selten anzutreffen. Während Flussläufe in der Ebene häufig einen hohen Volumenstrom besitzen, weisen Gebirgsflüsse zumeist große Fallhöhen auf. Um an beiden Standorten die Energie des Wassers zu nutzen, werden an großen Flüssen Laufwasserkraftwerke und in den Bergen Speicherkraftwerke errichtet. Eine Wasserturbine kann die im Wasser enthaltene Energie nahezu vollständig in Rotationsenergie umwandeln. Ein realer Wirkungsgrad von bis zu 95 % unterscheidet Wasserkraftturbinen wesentlich von Wärmekraftmaschinen, deren Wirkungsgrad deutlich geringer ausfällt. Dies gilt nicht nur für die in Speicherwasserkraftwerken eingesetzten Peltonturbinen, sondern auch für die in Laufwasserkraftwerken verwendeten Francis- und Kaplanturbinen (◘ Abb. 3.7).

3.5.1 Laufwasserkraftwerke

Laufwasserkraftwerke wandeln einen Teil der Energie eines Gewässers mit stetigem und konstantem Wasserdurchflusses in elektrische Energie um und dienen zur Deckung der Grundlast. Ist das Gefälle eines Flusses groß genug, genügt es, diesen durch ein Stauwehr um mehrere Meter aufzustauen. Bei nicht ausreichendem Gefälle wird der Fluss gestaut und in einen Kanal umgeleitet, wobei ein Teil des Wassers durch das alte Flussbett abfließt. Flussschleifen bieten einen guten Standort für Laufwasserkraftwerke. Zu Beginn der Schleife wird ein Teil des Wassers abgeleitet und durch einen Kanal oder Stollen zum Ende der Schleife geleitet, wobei der Höhenunterschied zwischen dem Punkt der Ableitung und dem der Einleitung des Wassers genutzt wird.

Bei einer geringen Fallhöhe und einem hohen Volumenstrom werden hauptsächlich Kaplanturbinen eingesetzt, um die Energie des strömenden Wassers in elektrische Energie umzuwandeln. Das Laufrad einer Kaplanturbine gleicht einem Propeller, bei dem der Anstellwinkel der Schaufeln verstellt werden

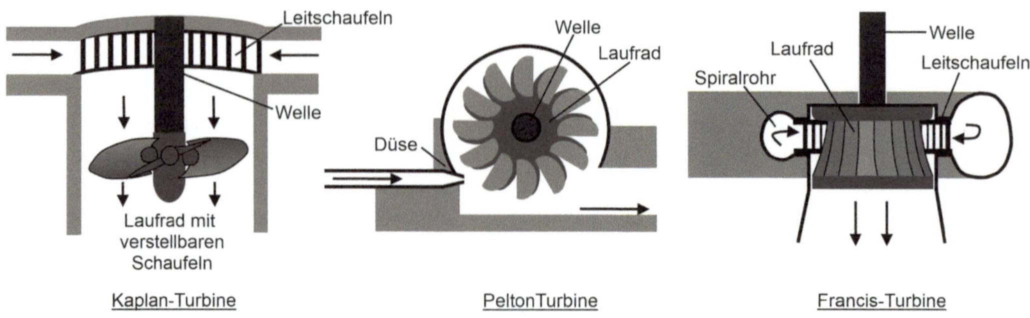

◘ **Abb. 3.7** Schematische Darstellung des Aufbaus einer Kaplan- (links), Pelton (mitte) bzw. Francis-Turbine (rechts) [1]

kann. Das Wasser strömt das Laufrad axial an. Der Einbau erfolgt meist vertikal, sodass das Wasser von oben nach unten die Turbine durchströmt. Bevor das Wasser auf das Laufrad gelangt, passiert es zunächst ein Leitrad, das den Volumenstrom reguliert und für die optimale Anströmung des Propellers sorgt. Große Anlagen besitzen zusätzlich eine Einlaufspirale, die das Wasser gleichmäßig und drallbehaftet auf das Laufrad lenkt.

Fließt ein Fluss durch ein Tal, so kann dieser durch einen Staudamm zu einem Stausee aufgestaut werden (Talsperre). Je nach Höhe der Staumauer lassen sich beachtliche Höhendifferenzen zur Stromproduktion nutzen. Wenn größere Fallhöhen bei einem hohen Volumenstrom genutzt werden können, finden Francisturbinen Verwendung. In eine Francisturbine strömt das Wasser radial bzw. halbaxial durch ein schneckenförmiges Rohr (Spirale) ein. Durch die Schnecke erhält das Wasser einen zusätzlichen Drall und wird anschließend über ein Leitrad auf die Schaufeln des Laufrades gelenkt. Anschließend strömt das Wasser axial aus der Turbine heraus. Die Regelung der Turbine erfolgt mithilfe der verstellbaren Schaufeln des Leitrades. Durch die Anpassung des Winkels der Schaufeln, wird der Volumenstrom und der Drall des Wassers so verändert, dass die Drehzahl des Laufrades unabhängig von der Leistungsaufnahme des Generators konstant bleibt.

Ein Beispiel für ein Laufwasserkraftwerk mit Talsperre ist der Drei-Schluchten-Damm in Zentralchina. Mit einer 185 m hohen und 2309 m langen Staumauer wird der Jangtse-Strom zu einem Stausee mit einer Fläche von etwa 1000 km^2 aufgestaut. Insgesamt wandeln 26 Francisturbinen mit einer maximale elektrische Leistung von 18,2 GW die Energie des Wassers in elektrische Energie um [77].

3.5.2 Speicherwasserkraftwerk

Speicherwasserkraftwerke nutzen zur Bereitstellung von elektrischer Energie den Höhenunterschied zwischen dem in einem Speichersee aufgestauten Wasser und einem tiefer gelegenen Kraftwerk. In einem meist künstlich durch den Bau einer Staumauser oder eines Staudammes in einem Hochtal angelegten Speichersee, wird Wasser aus natürlichen Zuflüsse (Bergbächen) gesammelt. Zur Steigerung des Zuflusses wird häufig durch ein weitläufiges Beileitungssystem zusätzliches Wasser, auch aus benachbarten Tälern, in den Speichersee geleitet. Aus dem Speichersee fließt das Wasser ohne größeren Höhenverlust durch ein Triebwasserstollen bis zu einem Druckschacht, durch denn das Wasser auf dem kürzesten Weg zu den sehr viel tiefer gelegenen Turbinen gelangt. Im Gegensatz zu einem Laufwasserkraftwerk ist der Volumenstrom bei einem Speicherwasserkraftwerk gering, dafür steht das Wasser am unteren Ende des Druckschachtes aber unter einem sehr hohen Druck.

Zur Umwandlung der Energie des Wassers in elektrische Energie werden Freistrahlturbinen eingesetzt. Das unter hohem Druck stehende Wasser wird durch eine oder mehreren Düsen gepresst und trifft auf die Mittelschneide der beiden becherförmigen Schaufeln des Laufrades der Peltonturbine. In den beiden Bechern wird das Wasser jeweils um fast 180° abgelenkt, wobei es nahezu seine gesamte kinetische Energie an die Schaufeln des Laufrades abgibt. Eine Umlenkung des Strahls um genau 180° ist nicht möglich, da ansonsten die Rückseite der nachfolgenden Schaufel durch den Wasserstrahl getroffen und damit abbremsen würde. Die Leistung der Turbinen wird durch eine Veränderung des Volumenstroms bzw. der Durchflussgeschwindigkeit des Wassers im Druckschacht geregelt. Hierdurch kommt es zu Druckschwankungen, die sich auch in den Triebwasserstollen fortpflanzen können. Zum Ausgleich der Druckschwankungen in den Stollen ist das oberer Ende des Druckschachtes mit einem Wasserschloss verbunden, einer senkrechten, nach oben offenen Röhre (Schacht), in der der Wasserspiegel abhängig vom Druck ansteigt bzw. abfällt.

Deshalb muss die Oberkante eines Wasserschlosses immer deutlich höher liegen als der maximale mögliche Pegel des Speicherbeckens.

Aspekte der Wasserkraftnutzung

Die Errichtung einer Wasserkraftanlage stellt einen Eingriff in den natürlichen Lebensraum dar und wirkt sich nicht nur auf die Ökologie eines Flusslaufs, sondern auch auf die anwohnenden Menschen aus. Schätzungen zu Folge hat der Bau von großen Staudämmen weltweit zur Umsiedlung von 40 bis 80 Mio. Menschen geführt. Während des Baus des Drei-Schluchten-Damms in China mussten 1,2 Mio. Menschen umgesiedelt werden. Insgesamt wurden 13 große und 140 kleinere Städte sowie 1350 Dörfer überflutet [8]. Neben der Energieerzeugung dienen Talsperren auch dem Hochwasserschutz sowie der Regulierung von tiefer gelegenen Flusspegeln. Damit ein Stausee das volle Rückhalte-Potenzial für ein Hochwasser entfalten kann, muss der Speicher möglichst leer sein, d. h. das minimale Stauziel muss unterschritten werden, bei dem die Turbinen noch effektiv arbeiten. Es besteht folglich ein Interessenkonflikt zwischen Hochwasserschutz und der Energiebereitstellung.

Durch den Eingriff in den natürlichen Wasserhaushalt führt das Unterwasser einen geringeren aber konstanteren Pegel als das Oberwasser, wodurch Auen ihre Funktion verlieren. Treibholz und andere Materialien werden von Treibgutrechen zurückgehalten. Die Ufervegetation des Unterwassers verändert sich und Nistplätze für Wasservögel im ufernahen Bereich gehen verloren.

Im Staubereich führt eine verringerte Fließgeschwindigkeit des Wassers zu einer verstärken Sedimentation von mitgeschwemmten Materialien. Der Lebensraum am Boden des Beckens verändert sich und das Speichervolumen nimmt ab. Schätzungen zufolge gehen weltweit jährlich 0,5 bis 1 % der Speicherkapazität der Stauseen durch Versandung verloren [23].

Gleichzeitig fehlen Nährstoffe und die zum Teil fruchtbaren Schlämme im Unterwasser.

3.5.3 Pumpspeicherkraftwerke

Ein Pumpspeicherkraftwerk stellt einen Speicher für elektrische Energie dar. Zur Speicherung wird Wasser aus einem tiefer gelegenen Reservoir in den Speichersee eines Speicherwasserkraftwerkes gepumpt, wobei elektrische Energie aufgewendet und in potenzielle Energie (Lageenergie des Wassers) umgewandelt wird. Zur Bereitstellung von elektrischer Energie wird ein Pumpspeicherkraftwerk als konventionelles Speicherwasserkraftwerk betrieben.

Ein Pumpspeicherkraftwerk benötigt neben den Turbinen zusätzliche Pumpen um Wasser in den höher gelegenen Speichersee zu fördern. Werden anstelle separater Pumpen Pumpenturbinen eingesetzt, lassen sich die Investitionskosten um bis zu 30 % senken. Grundsätzlich können sowohl Kaplanturbinen als auch, bei großen Fall- bzw. Förderhöhen, Francisturbinen als Pumpturbinen arbeiten, wenn ihr elektrischer Generator durch einen Motor-Generator ersetzt wird, der sowohl Strom produzieren als auch die Pumpenturbine antreiben kann. Bei gleicher Drehzahl weist eine Pumpenturbine im Pumpbetrieb einen um 3 bis 4 % niedrigeren Wirkungsgrad auf als im Turbinenbetrieb, was durch ein Umschaltgetriebe oder einen Polschalter ausgeglichen werden kann. Ein Nachteil von Pumpenturbinen ist der notwendige Stillstand des Laufrades beim Umschalten zwischen Pump- und Turbinenbetrieb, was einen schnellen Lastwechsel verhindert. Die Isogyre-Pumpturbine ist eine Sonderform der Francispumpenturbine, die neben dem normalen Turbinenlaufrad ein zweites Pumpenlaufrad besitzt, sodass eine Umkehr der Drehrichtung überflüssig wird. Je nach Betriebszustand leiten zwei Ringschieber das Wasser entweder auf das eine oder das andere Laufrad.

Prinzipiell läßt sich jedes Speicherwasserkraftwerk zu einem Pumpspeicherkraftwerk ausbauen, solange die Höhedifferenz zwischen Speichersee und Krafterk effizient von den Pumpturbinen überbrückt werden kann. Ein Beispiel hierfür ist die Erweiterung der österreichischen Kraftwerksgruppe Glockner-Kaprun, wo zwischen den Speichern Mooserboden und Wasserfallboden das Pumpspeicherkraftwerk Limberg II errichtet wurde. Zwei Pumpturbinen mit jeweils 240 MW Turbinen- bzw. Pumpleistung nutzen eine Fallhöhe von 365 m zwischen den beiden Speichern aus, um Strom aus dem europäischen Verbundnetz zu speichern [73].

Die Energiedichte ρ_E eines Pumpspeicherkraftwerkes ist unabhängig von der Größe des Speichersees durch die Fallhöhe h den Gesamtwirkungsgrad η eines Kraftwerks und die Erdbeschleunigung g bestimmt:

$$\rho_E = \eta \cdot \frac{\rho \cdot V_{\max} \cdot g \cdot h}{\rho \cdot V_{\max}} = \eta \cdot g \cdot h \left[\frac{\mathrm{Ws}}{\mathrm{kg}}\right] \quad (3.27)$$

Im Fall des voran stehenden Beispiels beträgt die Energiedichte mit einem typischen Gesamtwirkungsgrad von $\eta = 0{,}8$ lediglich $\rho_E = 0{,}0029\ \frac{\mathrm{MJ}}{\mathrm{kg}}$ und ist damit um rund einen Faktor 225 kleiner als die Energiedichte eines Lithium Ionen Akkumulators. Entsprechend groß ist der Raumbedarf für einen Speichersee, um ausreichend Energie über einen längeren Zeitraum zu speichern.

3.5.4 Gezeitenkraftwerke

Gezeitenkraftwerke sind eine spezielle Art von Laufwasserkraftwerken. Die Gezeiten entstehen durch die Anziehungskräfte, die der Mond und andere Gestirne (Sonne), auf die beweglichen Wassermassen auf der Erdoberfläche ausüben sowie durch die Rotation von Erde und Mond um ihren gemeinsamen Schwerpunkt. Der tägliche Verlauf von Ebbe (tiefster Wasserstand) und Flut (höchster Wasserstand) wird durch die Rotation der Erde um ihren eigenen Mittelpunkt verursacht. Die Differenz zwischen dem Pegel bei Ebbe und Flut wird Tidenhub genannt. Die potenzielle Energie des Tidenhubs wird genutzt, indem ein Becken vom Meer abgetrennt wird. Bei Flut strömt Wasser über Turbinen, die einen elektrischen Generator antreiben, in das Becken hinein und bei Ebbe wieder hinaus. Idealerweise wird ein natürliches Becken (Flussmündung, Bucht) mit großem Tidenhub genutzt, das durch einen künstlichen Damm vom Meer abgetrennt wird.

Als Turbinen werden häufig Rohrturbinen, eine Sonderform der Kaplanturbine, eingesetzt. Turbine und Generator sind in einem wasserdichten Gehäuse untergebracht und befinden sich in einem vom Wasser durchströmten Rohr, d. h. der Einlaufschacht, die Turbine und der Saugschlauch sind in einer Linie angeordnet, wodurch eine höhere Energieausbeute erzielt wird.

Eine andere Bauart ermöglicht es, den Generator oberhalb der Wasserlinie zu platzieren, indem die Welle der Rohrturbine durch ein Kegelrad um 90° umgelenkt wird. Die Straight-Flow-Turbine (Straflo-Turbine) ist eine Weiterentwicklung der Rohrturbine, bei der sich der Stator des Generators nicht innerhalb des Gehäuses der Turbine befindet, sondern ringförmig außerhalb des Strömungsrohres angeordnet ist. Auf dem Außenkranz des Laufrades befinden sich die magnetischen Pole des Generators, die durch das Laufrad in Rotation versetzt werden und im Stator eine Spannung induzieren. Die Turbinen können beidseitig angeströmt sowie als Pumpe eingesetzt werden, um Meerwasser in ein Becken zu befördern. In dieser Betriebsart wird das Gezeitenkraftwerk zu einem Pumpspeicherkraftwerk.

Ein anderes Verfahren zur Nutzung der Kraft der Gezeiten beruht auf einer Art

„Unterwasserwindrad“, das von den durch die Gezeiten verursachten Strömungen angetrieben wird. Dieser Anlagentyp befindet sich zur Zeit in der Erprobung.

3.6 Biomasse

Der Begriff Biomasse umfasst die Massen von lebenden Pflanzen, von Mikroorganismen und Tieren, von bereits abgestorbenem Holz, Laub, Stroh und die Massen von organischen Nebenprodukten (z. B. Exkremente). Der gezielte Anbau von Biomasse zur Bereitstellung von Energie dient vor allem zur Substitution fossiler Energieträger. Die Ressource „Biomasse“ ist auch zukünftig auf maximal 10 % der weltweit benötigten Primärenergie beschränkt [16], sodass ein energetisch und wirtschaftlich sinnvoller Einsatz geboten ist. Im Idealfall wir während der energetischen Umwandlung von Biomasse die Menge an CO_2 freigesetzt, die während der Wachstumsphase aus der Atmosphäre aufgenommen wurde. Insbesondere bei komplexen Nutzungspfaden verschlechtert sich die CO_2-Bilanz zum Teil deutlich. Der einfachste Nutzungspfad zur Bereitstellung von Wärmeenergie ist die Verbrennung von (getrockneter) Biomasse. Wird Holz in modernen Kleinfeuerungsanlagen als Brennstoff zur Erzeugung von Wärme eingesetzt, können bis zu 85 % Treibhausgasemissionen im Vergleich zu Heizöl und Erdgas eingespart werden. Es existieren unterschiedliche Verfahren, um Biomasse in flüssige oder gasförmige Energieträger wie beispielsweise Pflanzenöl, (Bio-) Diesel, Ethanol und Synfuels oder (Bio-) Methan und Synthesegas umzuwandeln. Die mit den Biokraftstoffen erzielten Treibhausgasminderungen fallen mit 50 % für Rapsöl sowie Biodiesel und 30 % bis 70 % für Bioethanol aus Getreide, bezogen auf den jeweiligen fossilen Kraftstoffe, deutlich geringer aus. Die Bereitstellung von Wärme aus Holz, bzw. die Erzeugung von Wärme und Strom in einer KWK[8]-Anlage, stellen zur Zeit den kostengünstigsten und mit einer Einsparung von 85 % der Treibhausgasemissionen, im Vergleich zu fossilen Energieträgern, den klimafreundlichsten Nutzungspfad von Biomasse dar.

Im Rahmen dieses Buches ist vor allem die Umwandlung von Biomasse in elektrische Energie von Interesse. Eine umfassende Beschreibung aller anderen Nutzungspfade (■ Abb. 3.8) kann in [1] gefunden werden.

Zur Bereitstellung von elektrischer Energie in modernen (Kohle-)Großkraftwerken kann getrocknete halmgutartige und holzartige Biomasse fossile Brennstoffe teilweise substituieren. Die Abgasreinigungsanlagen der Großkraftwerke tragen effizient dazu bei, die bei der Verbrennung von Biomasse entstehenden Emissionen zu mindern.

Biomasseheizkraftwerk sind auf den Brennstoff Biomasse angepasste (Biomasse-) Dampfkraftwerke[9] mit einer zusätzlichen Nutzung der Wärme (Kraft-Wärme-Kopplung). Modere Biomasseheizkraftwerke besitzen einen Anlagenwirkungsgrad von etwa 85 %, wobei 20 % bis 30 % der Energie in Form von Strom und 70 % bis 80 % in Form von Wärme abgegeben werden. Aufgrund dieser Gewichtung ist die Nutzung der Wärme, beispielsweise durch ein Fernwärmenetz, oder die Bereitstellung von Prozesswärme, wichtiger als eine Fokussierung auf die Bereitstellung elektrischer Energie.

▪ Biogas

Pflanzliche Materialien und organische Reststoffe mit einem hohen Wassergehalt eignen

8 Kraft-Wärme-Kopplung, wobei 20 % bis 30 % der Energie in Form von Strom und 70 % bis 80 % in Form von Wärme abgegeben werden.

9 Auf eine ausführliche Beschreibung der Technologie wird an dieser Stelle verzichtet, da sie der in ▶ Abschn. 2.1 beschriebenen Technik eines fossilen Dampfkraftwerkes stark ähnelt.

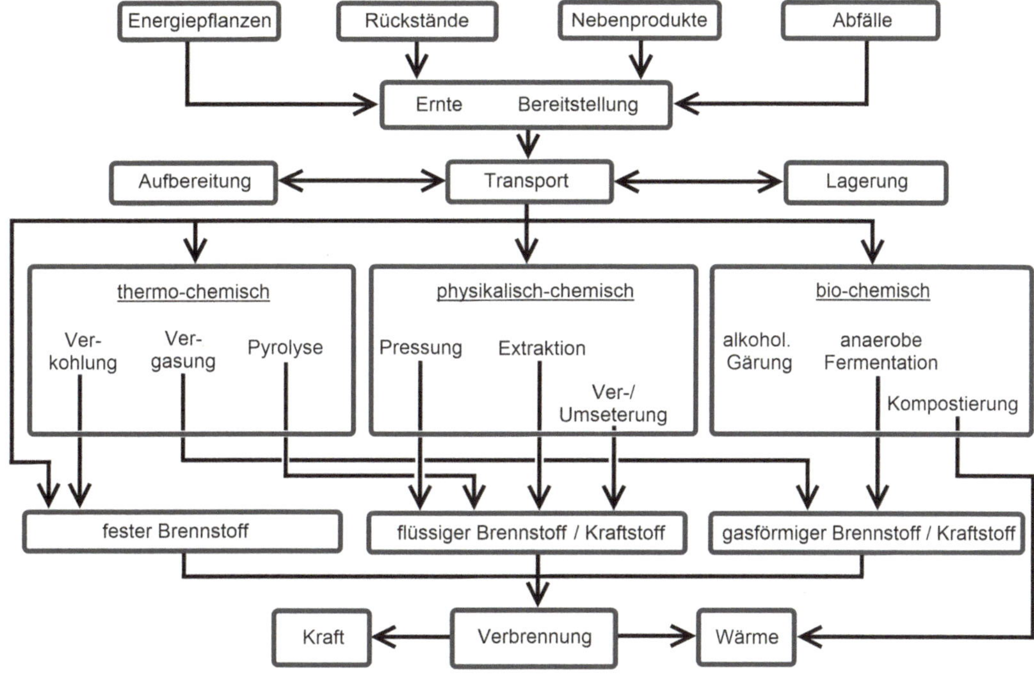

Abb. 3.8 Nutzungspfade von Biomasse [30]

sich ohne vorherige Trocknung nicht für die Verbrennung. Stattdessen können sie in einer Biogasanlage in einem mehrstufigen Prozess unter anaeroben Bedingungen mithilfe von Mikroorganismen in Biogas bzw. Biomethan umgewandelt werden.

Biogas
Hauptbestandteil von Biogas ist mit einem Anteil von 50 bis 75 Volumenprozent CH_4 (Methan). Der überwiegende Rest des Gasgemisches besteht aus Kohlendioxid. Des Weiteren sind im Biogas geringe Mengen Wasser (2 Vol. % bis 7 Vol. %), Schwefelwasserstoff (ca. 2 Vol. %), Stickstoff (<2 Vol. %), Wasserstoff (<1 Vol. %), Ammoniak und andere Spurengase enthalten [6]. Insbesondere die Konzentration von Schwefelwasserstoff gilt es zu minimieren, da es einerseits die Aktivität der an dem Prozess der Biogaserzeugung beteiligten Mikroorganismen hemmt und sich andererseits für Korrosion an Teilen der Anlage verantwortlich zeigt.

Im Gegensatz zu Windkraft- oder Photovoltaikanlagen können Biogasanlagen mit rund 8000 Volllaststunden zur Deckung der Grundlast beitragen, unabhängig von der Tageszeit oder den meteorologischen Rahmenbedingungen.

Hauptbestandteil einer Biogasanlage (Abb. 3.9) sind die Fermenter genannten gasdichten Behälter, die mit flüssiger Biomasse, dem Substrat, gefüllt sind. Die Behälter sind mit gasdichten Folienhauben verschlossen, die wiederum durch Tragluftdächer vor Umwelteinflüssen geschützt werden. Der Raum zwischen Substratoberfläche und der

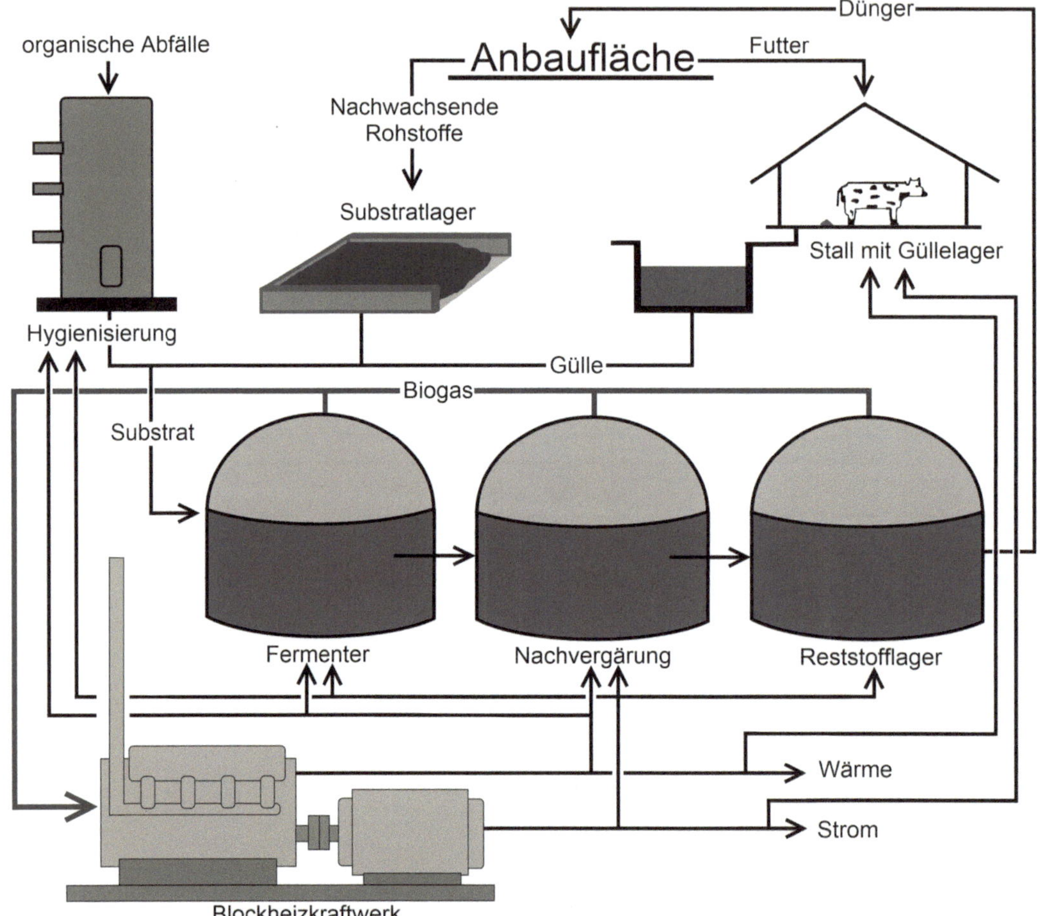

Abb. 3.9 Schematischer Aufbau einer Biogasanlage [1]

dehnbaren inneren Foliehaube bildet den eigentlichen Gasspeicher, der sich abhängig von der vorhandenen Gasmenge ausdehnt oder zusammenzieht. Durch langsam in Intervallen rotierende Rührwerke innerhalb des Fermenters wird eine Durchmischung der Mikroorganismen und des Substrats erreicht, ohne die Entwicklung von Lebensgemeinschaften zu stören. Die Mikroorganismen benötigen eine konstante Temperatur, weshalb die Fermenter mit einer Wärmedämmung und einem Heizsystem ausgestattet sind. Um den biologischen Abbau des Substrats zu erleichtern, wird die Biomasse außerhalb des Fermenters zerkleinert und je nach Verfügbarkeit mit Gülle, flüssigen Gärresten, Prozesswasser oder in Ausnahmefällen auch mit Frischwasser vermischt. Nachdem das pumpfähige Substrat in eine Vorgrube geleitet und durchgerührt wurde, wird es in den Fermenter eingebracht. Dies kann entweder diskontinuierlich, quasikontinuierlich oder kontinuierlich erfolgen. Während bei der kontinuierlichen Beschickung mehrmals täglich frisches Substrat aus der Vorgrube in den Fermenter gepumpt und die gleiche Menge an Reststoffen aus dem Fermenter in ein Gärrestlager geleitet wird, erfolgt bei der quasikontinuierlichen Beschickung die Einbringung von frischem Substrat in den Fermenter (einmal) täglich. Die Verweilzeit des Substrats im Fermenter kann nicht genau bestimmt werden, da nicht ausgeschlossen werden kann, dass geringe Mengen des frischen Substrats vorzeitig in das Gärrestlager ausgetragen werden.

Bei der diskontinuierlichen Beschickung wird der (leere) Fermenter einmalig mit frischem Substrat gefüllt. Dieses verbleibt über den gesamten Zeitraum der Vergärung im Fermenter und wird dann vollständig ausgetragen. Die Verweilzeit des Substrats kann auf diese Weise sehr genau bestimmt werden, jedoch schwankt die Menge des produzierten Biogases über den Zeitraum der Vergärung. Um eine gleichbleibende Menge Biogas zu erhalten, müssen mehrere Fermenter eingesetzt werden, die zeitlich versetzt mit frischem Substrat gefüllt werden. In der Praxis hat die diskontinuierliche Beschickung keine Bedeutung.

Die biologischen Prozesse während der Biogasproduktion lassen sich in vier Phasen unterteilen. Während der ersten Phase (Hydrolyse) werden die komplexen Verbindungen des Substrates, wozu neben Kohlenhydraten auch Proteine und Eiweiße zählen, in einfachere organische Bausteine zerlegt. Enzyme spalten die großen Moleküle der Ausgangsmaterialien in Aminosäuren, Fettsäuren und Einfachzucker auf. Dabei bestimmt die Reaktionsgeschwindigkeit der Hydrolyse maßgeblich die Geschwindigkeit der gesamten Prozesskette. Während der zweiten Phase (Acidogenese) bauen säurebildende Bakterien die Zwischenprodukte der ersten Phase in Propion-, Butter-, Valerian- und Milchsäure sowie in geringe Mengen Alkohole, Aldehyde und Ameisensäure ab. Gleichzeitig entstehen Essigsäure sowie die Gase Wasserstoff und Kohlendioxid. Während der dritten Phase (Acetogenese) werden die gebildeten Säuren weiter zu Essigsäure, Wasserstoff und Kohlendioxid umgesetzt. In der vierten Phase (Methanogenese) werden die Vorläufersubstanzen zu Methan umgewandelt, wobei nur 30 % des Methans durch die Methanisierung der Gase Wasserstoff und Kohlendioxid gebildet werden. Der überwiegende Teil entsteht durch die Verwertung der zuvor gebildeten Essigsäure.

Tab. 3.4 Zu erwartende Biogas- und Methanerträge unterschiedlicher Substrate mit einer Frischmasse von einer Tonne [30]

Substrat	Biogasertrag	Methan-Ertrag
	$\left[\frac{m^3}{t}\right]$	$\left[\frac{m^3}{t}\right]$
Rindergülle	25	14
Schweinegülle	28	17
Geflügelmist	140	90
Maissilage	200	106
Getreidekörner	620	329
Grassilage	180	98
Zuckerrüben	130	72
Sudangras	128	70
Biertreber	118	70
Obstschlempe	15	9
Getreideschlempe	39	22
Rapspresskuchen	660	317
Kartoffelpülpe	80	47
Melasse	315	229
Apfeltrester	148	100
Rebentrester	260	176
Grünschnitt	175	105

Grundsätzlich laufen in einem Fermenter alle vier Phasen der Methanbildung gleichzeitig ab. Die gebildete Menge Biogas ist maßgeblich durch die eingesetzten Substrate und deren Abbau im Fermenter bestimmt. Für eine Vielzahl unterschiedlicher Substrate wurde der mittlere zu erwartende Biogas- und Methan-Ertrag bereits experimentell bestimmt (Tab. 3.4).

Das entstandene Biogas wird in den Gasspeichern der Fermenter zwischen dem Substrat und der Folienhaube gelagert und entweder in einem Blockheizkraftwerk in direkter Nähe zur Biogasanlage verbrannt oder in ein Erdgasnetz eingespeist.

Um das Gasgemisch in einem Blockheizkraftwerk zu verbrennen, muss es zuvor getrocknet und entschwefelt werden. Zur Umwandlung der chemischen Energie des Gases in elektrische Energie und Wärme werden meist Gas-Otto-Motoren oder Zündstrahlmotoren verwendet, die einen Generator antreiben. Dem Abgas und dem Kühl- und Schmierölkreislauf wird Wärme entzogen, die zum Teil zur Beheizung des oder der Fermenter benötigt wird. Hierfür werden etwa 20 % bis 40 % der anfallenden Wärme verwendet [30]. Der restliche Teil kann in ein Nah- bzw. Fernwärmenetz eingespeist werden oder steht als Prozesswärme zur Verfügung. Der Gesamtwirkungsgrad eines Blockheizkraftwerks setzt sich aus dem elektrischen und thermischen Wirkungsgrad zusammen und liegt bei optimaler Abwärmenutzung in der Größenordnung von etwa 80 % bis 90 %. Der elektrische Wirkungsgrad setzt sich aus dem mechanischen Wirkungsgrad des Motors und dem Wirkungsgrad des Generators zusammen. Während der Wirkungsgrad eines Zündstrahlmotors zwischen 30 % und 43 % liegt, erreichen Gas-Otto-Motoren einen Wirkungsgrad zwischen 34 % und 40 %. Ausgehend von einem Wirkungsgrad von über 90 % des elektrischen Generators liegt der elektrische Gesamtwirkungsgrad eines Biogas betriebenen Blockheizkraftwerks in der Größenordnung von 30 % bis 36 %.

Während der Wachstumsphase entziehen Pflanzen der Luft Kohlendioxid, das bei der Umwandlung des entstandenen Biogases wieder freigesetzt wird. Um die Emissionen, insbesondere von Kohlendioxid und anderen Treibhausgasen bei der Herstellung von Biogas zu ermitteln, muss die gesamte Produktionskette betrachtet werden. Dies fängt bei der Bereitstellung der (nachwachsenden) Rohstoffe, deren Lagerung und Transport zur Biogasanlage an und beinhaltet, neben der eigentlichen Biogasproduktion in der Anlage, auch die Lagerung und Ausbringung der Reststoffe. Bei gleichzeitiger Nutzung der anfallenden Wärme (aber auch nur dann) lassen sich durch Biogasanalgen, die sich auf dem aktuellen Stand der Technik befinden und betrieben werden rund 80 % der klimarelevanten Emissionen einsparen [1].

Alternativ zur Verstromung kann das entstandene Biogas in das Erdgasnetz eingespeist werden. Neben der Trocknung und Entschwefelung muss zusätzlich das im Biogas enthaltene Kohlendioxid abgeschieden werden. Zur Substitution von Erdgas muss der Brennwert des Biogases angepasst werden. Dazu wird dem Biogas zur Absenkung des Brennwerts Luft oder aber zur Anhebung des Brennwertes ein Propan-Butan-Gemisch (Flüssiggas) beigemischt. Des Weiteren wird ein Odoriermittel hinzugefügt und der Druck des Biogases an den Druck des Erdgasnetzes angepasst. Wird das Biogas nach dem aktuellen Stand der Technik hergestellt und durch eine Aminwäsche aufbereitet, beträgt sein CO_2-Äquivalent rund 49 g pro Kilowattstunde. Die CO_2-Einsparungspotenziale einer Substitution von Erdgas durch Biogas sind vergleichbar mit der Verstromung von Biogas: Im schlimmsten Fall entsteht mehr CO_2-Äquivalent als bei der Verbrennung von (fossilem) Erdgas; im besten Fall lassen sich 80 % CO_2-Äquivalent einsparen [1].

3.7 Sonstige

3.7.1 Aufwindkraftwerk

Aufwindkraftwerke wandeln einen Teil der Energie einer künstlich durch Thermik hervorgerufenen Luftströmung in elektrische Energie um. Dazu wird Luft unter einer Glas- oder Folienkonstruktion (Kollektor) erwärmt, sodass sie zu einem hohen mittig im Kollektorfeld angeordneten Kamin strömt und durch diesen abgeleitet wird. In dem Kamin oder um ihn herum angeordnete Windkraftanlagen wandeln die Energie der Luftströmung zum Teil in elektrische Energie um. Die Leistung eines Aufwindkraftwerks ist proportional zur Höhe des Kamins sowie zur Temperaturspreizung zwischen der Umgebungsluft und der unter dem Kollektor erwärmten Luft. Bisher konnte jedoch nur in kleinen Modellprojekten die technische Realisierbarkeit eines Aufwindkraftwerkes gezeigt werden.

3.7.2 Wellenkraftwerke

Für das Auftreten von Wasserwellen gibt es im Allgemeinen zwei verschiedene Ursachen. Gezeitenwellen[10] entstehen durch Gravitationskräfte, die Rotation von Mond und Erde um ihren gemeinsamen Schwerpunkt und der Rotation der Erde um ihren eigenen Schwerpunkt. Sie besitzen eine Periodendauer von etwa 12 h und 15 min.

Wellen mit einer kleineren Periodendauer werden hauptsächlich durch die Interaktion zwischen Wind und Wasseroberfläche hervorgerufenen. An ihrer Grenzfläche müssen beide Medien die gleiche Strömungsgeschwindigkeit besitzen, weshalb im Allgemeinen die schnelleren Luftmoleküle durch Reibung Bewegungsenergie auf die langsameren Wassermoleküle übertragen. Kleine Störungen der Grenzfläche bewirken eine Auslenkung von Wassermolekülen: Die Meeresoberfläche beginnt sich zu kräuseln, wodurch die Luftströmung in Grenzschichtnähe wiederum turbulenter wird. Je rauer die Wasseroberfläche wird, desto größer werden die in der Luftströmung auftretenden Druckunterschiede, die sich durch eine weitere Auslenkung der Wasseroberfläche ausgleichen. Folgerichtig vergrößert sich die Amplitude der Auslenkungen und es entstehen Wasserwellen. Die Auslenkung einer Wasserwelle kann nicht beliebig groß werden. Übersteigt der Quotient aus Wellenhöhe und Wellenlänge, der Wellensteilheit genannt wird, einen gewissen Wert, so bricht die Welle. Die von einem Meter Wellenfront bereitgestellte Leistung ist sowohl vom Standort des Kraftwerks als auch von der Jahreszeit abhängig. Wellen auf der offenen Nordsee können eine Leistung von bis zu 75 kW/m besitzen. Aufgrund der Reibung am Meeresboden und durch das Brechen der Wellen, verringert sich diese Leistung bei der Ankunft der Wellen an der Küste auf 5 bis 15 kW/m.

Befindet sich ein Kraftwerk auf dem offenen Meer, so steht eine größere Leistung pro Meter Welle zur Verfügung als an der Küste. Dies gilt jedoch auch bei Stürmen, was in der Vergangenheit häufig zu Beschädigungen und zum Ausfall von Prototypen und Demonstrationsanlagen geführt hat. Vorteile von küstennahen Wellenkraftwerken sind geringere Investitions- und Wartungskosten, eine höhere Ausfallsicherheit und ein einfacherer Transport des elektrischen Stroms an Land, verglichen mit Kraftwerken auf offener See. Insgesamt gibt es mehr als 100 Anlagenkonzepte, um die Energie der Meereswellen in elektrische Energie zu wandeln, die auf 5 Grundprinzipien beruhen:

1. Oscillating Water Column (OWC): Auf Höhe des niedrigsten Gezeitenwasserstands befindet sich eine Kammer, die teilweise mit Meerwasser gefüllt ist. Die Kammer ist mit dem Meer verbunden, wobei die meerseitige Öffnung permanent unter dem Meeresspiegel liegt. Abhängig von der Höhe der Welle im Bereich der Öffnung steigt oder fällt der Wasserstand in der Kammer und komprimiert oder entspannt die in ihr enthaltende Luft. Die Luft strömt je nach Wasserstand durch eine landseitig offene Röhre aus der Kammer heraus oder wird bei sinkendem Wasserstand wieder in die Kammer hinein gesogen. In der Röhre befindet sich eine spezielle, in beide Strömungsrichtungen arbeitende Windkraftanlage, die die Energie der Luftströmung teilweise in elektrische Energie umwandelt
2. Point Absorber: Ein Schwimmkörper, dessen Ausmaße klein gegen die Länge einer Meereswelle sind, treibt auf oder kurz unter der Wasseroberfläche. Indem

10 Kraftwerke zur Umwandlung der Energie von Gezeitenwellen sind in ▸ Abschn. 3.5.4 beschrieben.

3

der Schwimmkörper der Auf- und Abbewegung der Welle folgt, kann er die Energie der Welle zum Teil aufnehmen. Dabei bewegt er sich gegen einen Widerstand, z. B. ein (träges) Gewicht unter Wasser, und nutzt diese Relativbewegung, um die Energie der Welle in elektrische Energie zu wandeln.
3. Surge Devices: Eine Klappe, deren oberes Ende aus dem Wasser ragt und deren Drehgelenk sich in Höhe des Meeresbodens befindet, bewegt sich im Takt der Welle. Die (Dreh-)Bewegung der Klappe wird genutzt, um mechanische Energie in elektrische Energie zu wandeln.
4. Attenuator/Contouring Devices: Ein lang gestreckte Schwimmkörper aus mehreren Segmenten wird parallel zur Ausbreitungsrichtung der Welle positioniert und „reitet“ auf der Welle, wobei die einzelnen Segmente gegeneinander bewegt werden. Die Relativbewegung wird ausgenutzt, um die Energie der Meereswellen in elektrische Energie umzuwandeln.
5. Overtopping Devices: Über eine Rampe wird das Wasser einer Welle in ein höher gelegenes Becken geleitet. Durch den Höhenunterschied besitzt das Wasser in dem oberen Becken eine potenzielle Energie gegenüber dem Meereswasser bei mittlerem Wasserstand, die mithilfe von Wasserturbinen in elektrische Energie umgewandelt wird.

3.7.3 Meereswärmekraftwerke

Meereswärmekraftwerke (OTEC[11]), wandeln die Temperaturdifferenz zwischen warmen und kaltem Meerwasser in eine andere Energieform um. Das warme Meerwasser stammt vornehmlich aus oberflächennahen Schichten, während das kalte Meerwasser aus tiefen Schichten an die Meeresoberfläche gepumpt werden muss. Weltweit gibt es rund 10 geeignete Standorte für OTEC-Kraftwerke, an denen in einem Abstand von 1 bis 25 km zur Küste die Temperaturdifferenz zwischen dem Meereswasser aus 1000 m Tiefe und dem Oberflächenwasser mehr als 20 K beträgt. OTEC-Kraftwerke können sowohl an Land als auch schwimmend auf dem Meer aufgebaut werden. Befindet sich das Kraftwerk an Land, so ist das Rohr zur Förderung des kalten Wassers deutlich länger als bei der schwimmenden Version. Größere Reibungs- und Wärmeverluste sind die Folge. Ist das Kraftwerk schwimmend aufgebaut, so stellt sich der Stromtransport an Land problematisch dar, da ein Seekabel in Tiefen von bis zu 2000 m verlegt werden muss [21].

Ein OTEC-Kraftwerk kann aus einem offenen, aus einem geschlossenen oder einer Kombination aus beiden Kreisläufen aufgebaut sein. Bei einem geschlossenen Kreislauf wird das warme Oberflächenwasser durch einen Wärmetauscher gepumpt. Dort verdampft es ein Arbeitsmedium, das sich in einem zweiten Kreislauf befindet. Das gasförmige Arbeitsmedium wird in einer Turbine entspannt, wobei es sich abkühlt. Das immer noch gasförmige Medium wird in einem zweiten Wärmetauscher am kalten Meereswasser kondensiert und zurück in den ersten Wärmetauscher gepumpt; der Kreislauf beginnt erneut. Als Arbeitsmedium eignen sich Stoffe mit einem niedrigen Siedepunkt, wie z. B. Ammoniak, Freon oder Propan.

In einem offenen Kreislauf wird das warme Oberflächenwasser selbst als Arbeitsmedium verwendet. Unter Vakuum wird das warme Wasser verdampft und in der Turbine entspannt. Anschließend wird der Wasserdampf, in einem von kaltem Meerwasser durchflossenen Wärmetauscher kondensiert. Neben der Wandlung von Wärmeenergie in mechanische Energie entsteht zusätzlich aus dem warmen Meerwasser Süßwasser, sozusagen als *Abfallprodukt*. Eine Kombination aus beiden Kreisläufen ist möglich. So kann z. B. das warme Oberflächenwasser zunächst seine Wärme an einen geschlossenen Kreislauf

11 Englisch: Ocean Thermal Energy Conversion.

abgeben, um dann zur Süßwassergewinnung verdampft zu werden. Auch eine vorgeschaltete Verdampfung ist denkbar, bei der der Wasserdampf seine Wärme an den geschlossenen Kreislauf abgibt.

Bisher wurden OTEC-Versuchskraftwerke nur zu Demonstrations- und Forschungszwecken errichtet.

3.7.4 Osmosekraftwerke

Das Funktionsprinzip eines Osmosekraftwerks beruht auf der Vergrößerung der Entropie nach einer Mischung von Meer- und Süßwasser, die sich aus den unterschiedlichen Konzentrationen der gelösten Salze ergibt. Kraftwerke, die den osmotischen Druck zur Energiewandlung nutzen, bestehen aus unterschiedlichen Kammern für Süß- und Salzwasser, die durch eine semi-permeable Membran voneinander getrennt sind. Die Membran ist für Wassermoleküle durchlässig, jedoch nicht für die gelösten Salze. Zum Ausgleich der Salzkonzentration diffundiert Süßwasser durch die Membran in die Kammer mit Salzwasser, sodass die Anzahl der Wassermoleküle und damit der Druck in der Kammer steigen. Eine Turbine wandelt den Wasserdruck in elektrische Energie um und lässt das Wasser aus der Kammer abfließen.

3.7.5 Tiefe Geothermie

Geothermie bezeichnet die Nutzung von gespeicherter Wärmeenergie unterhalb der Erdoberfläche. Um die Wärme nutzen zu können, müssen Löcher in die Erdkruste gebohrt (abgeteuft) werden. Im Durchschnitt nimmt in Deutschland die Temperatur um etwa 3 K pro 100 m Tiefe zu. Ausnahmen sind Gebiete um Bad Urach (schwäbische Alb), bei Landshut und in einzelnen Bereichen im norddeutschen Becken, wo eine Zunahmen der Temperatur zwischen 5 K und 10 K pro 100 m zu verzeichnen sind. Weitere interessante Regionen zur Nutzung der Geothermie sind der Oberrheingraben, wo in einer Tiefe von 2500 m bis 4000 m Untergrundwasser mit einer Temperatur von mehr als 150 °C zu finden ist und einige Bereiche südlich von München sowie am Chiemsee mit einer Wassertemperatur zwischen 100 °C und 130 °C, in einer Tiefe von etwa 4000 m. Des Weiteren sind im norddeutschen Becken große Wasservorkommen in einer Tiefe von 4000 m bis 5000 m, mit einer Temperatur zwischen 130 °C und 160 °C vorhanden [43].

Bis zu einer Temperatur von 60 °C lässt sich die Wärme nur in Kombination mit einer Wärmepumpe oder in Niedrigtemperaturprozessen nutzen. Liegt die Temperatur oberhalb von 60 °C bietet sich auch der direkte Einsatz zu Heizzwecken an. Erst ab einer Temperatur von mehr als 100 °C ist die Produktion elektrischen Stroms mit Hilfe von ORC[12]- oder Kalina-Anlagen technisch möglich. Wärmereservoirs, die sich wirtschaftlich erschließen lassen und sich zur direkten Stromproduktion eignen sind in Deutschalnd nicht vorhanden.

Je nach Tiefe der Abteufung wird zwischen oberflächennaher (150 m bis 400 m) und tiefer Geothermie unterschieden. Die oberflächennahe Geothermie entzieht der Erde mithilfe von Erdwärmekollektoren, Erdwärmesonden, Grundwasserbohrungen und Energiepfählen Wärme, die sich außer bei Niedrigtemperaturprozessen nur in Kombination mit Wärmepumpen nutzen lässt.

Die Abteufungen der tiefen Geothermie reichen meist mehr als 1000 m tief, um Schichten mit Temperaturen von mehr als 60 °C zu erschließen. Zur energetischen Nutzung eignen sich insbesondere wasserführende Gesteinsschichten (Aquifere). Dazu wird Wasser an

12 ORC = Organic-Rankine Cycle. Dabei wird die Wärme des aus der Tiefe geförderten Wassers an einen zweiten Kreislauf übertragen, mit einem organischen Medium (z. B. Silikonöl). Bei einer analog arbeitenden Kalina-Anlage treibt der zweite Kreislauf, durch das niedrig-siedende Medium, eine Dampfturbine an.

die Erdoberfläche gepumpt, um ihm Wärme zu entziehen. Das abgekühlte Wasser wird anschließend in dieselben Aquifere zurückgepresst, wobei die unterirdischen Endpunkte von Förder- und Injektionsbohrung weit genug voneinander entfernt sein müssen, um hydraulische oder thermische „Kurzschlüsse" zu vermeiden. Ansonsten besteht die Gefahr, dass innerhalb des Nutzungszeitraums des Aquifers das abgekühlte und in die Injektionsbohrung gepresste Wasser die Temperatur des geförderten Wassers absenkt.

Auch nicht wasserführende, heiße Gesteinsformationen (HDR[13]-Systeme) lassen sich energetisch nutzen, allerdings sollte für eine wirtschaftliche Bereitstellung von Strom das Gestein eine Temperatur von etwa 200 °C und mehr aufweisen. Durch eine Bohrung wird Wasser in das heiße Gestein injiziert, wo es durch Risse und Poren in das Gestein eindringt und sich erwärmt. Mittels einer zweiten Bohrung gelangt das erhitzte Wasser in das oberirdische Kraftwerk. Sollte die natürliche Kluftdichte des Gesteins nicht ausreichen, so kann seine Durchlässigkeit durch Stimulation (Fracking[14]) vergrößert werden. Aufgrund der geringen Wärmeleitfähigkeit ($1{,}2 - 6{,}5\,\mathrm{W}/(\mathrm{m} \cdot \mathrm{K})$) und einer spezifischen Wärmekapazität des Gesteins zwischen 0,7 und $1{,}1\,\mathrm{kJ}/(\mathrm{kg} \cdot \mathrm{K})$, empfiehlt sich eine Mindestgröße für die Wärmeaustauschfläche im Gestein von mehr als $2\,\mathrm{km}^2$. Ansonsten besteht die Gefahr, dass das Gestein durch die Nutzung dauerhaft abkühlt.

Verglichen mit dem Wärmebedarf, besitzt die Nutzung der tiefen Geothermie in Deutschland nur eine geringe Bedeutung. Sind die Kosten für eine Nutzung der vorhandenen geothermalen Wärme-Potenziale in Deutschland bereits (zu) hoch, steigen sie wegen des schlechten thermodynamischen Wirkungsgrades nochmals um einen Faktor 10 für die Bereitstellung von elektrischer Energie aus Geothermie an [1]. Oberflächennahe Erdwärme wird hingegen recht häufig in Kombination mit Wärmepumpen beispielsweise zur Beheizung von Gebäuden genutzt.

13 Hot-Dry-Rock.

14 Fracking in ▶ Kap. 2.

Energie aus der Kernspaltung

4.1 Grundlagen der Kernspaltung und Kernbrennstoffe – 49

4.2 Radioaktivität – 51
4.2.1 Radioaktives Zerfallsgesetz und Masse für radioaktive Zerfälle – 51
4.2.2 Formen der Radioaktivität – 52
4.2.3 Wechselwirkung von Radioaktivität mit Materie und deren Maßeinheiten – 52
4.2.4 Natürliche und künstliche Quellen der Radioaktivität im Vergleich – 55

4.3 Grundlagen der Kernspaltung und Kernbrennstoffe – 57
4.3.1 Vorräte und Verbrauch von Kernbrennstoffen – 58
4.3.2 Anreicherung vor dem Einsatz und Herstellung von Brennelementen – 59

4.4 Kernreaktoren – 60
4.4.1 Grundprinzip – 60
4.4.2 Übersicht über in Betrieb befindliche Reaktortypen – 60
4.4.3 Schnelle Reaktoren – 62
4.4.4 Graphitmoderierte Reaktoren – 62
4.4.5 Hochtemperaturreaktoren (HTR) – 63
4.4.6 Fortentwicklung bestehender Reaktoren – 63

4.5 Wiederaufarbeitung von Kernbrennstoffen – 65

4.6 Transport und Endlagerung radioaktiver Abfälle – 66
4.6.1 Transport aktiven Materials – 66
4.6.2 Endlagerung radioaktiver Abfälle – 67

U. Blum, E. Rosenthal, B. Diekmann, *Energie – Grundlagen für Ingenieure und Naturwissenschaftler*,
https://doi.org/10.1007/978-3-658-26933-3_4

4.6.3 Einlagerung in Gesteinsformationen – 68
4.6.4 Partitionierung und Transmutation – 70
4.6.5 Transmutationsreaktor – 71

4.7 Zukunft der weltweiten Nutzung nuklearer Energie – 71

4.1 Grundlagen der Kernspaltung und Kernbrennstoffe

In diesen Kapiteln bestimmen zwei – neben Gravitation und Elektromagnetismus – weitere Formen der Wechselwirkung das Geschehen: Die starke Wechselwirkung zwischen den Bausteinen der Atomkerne, Protonen und Neutronen sowie die schwache Wechselwirkung als Ursache der endlichen Lebensdauer eines Teils der Bausteine und somit letztlich als Ursache deren radioaktiven Zerfalls. Beide sind erst im letzten Jahrhundert theoretisch erkannt und experimentell nachgewiesen worden.

Kern- und Teilchenphysikern ist es dabei gelungen sowohl die starke Wechselwirkung im Rahmen der sogenannten Quantenchromodynamik (QCD) zu parametrisieren als auch die schwache Variante in ihrer Wechselbeziehung zur elektromagnetischen Form präzise zu quantifizieren.

Normiert man die durch die starke Wechselwirkung zwischen Teilchen in einem bestimmten Abstand bewirkte Kraft auf die Stärke 1, so *wirkt* die elektromagnetische Wechselwirkung in gleichem Abstand mit 10^{-2}, die schwache mit 10^{-5} und die Gravitation mit 10^{-40}!

Für die Anwendung im Rahmen der Kernenergienutzung ist das Gegenspiel von starker und elektromagnetischer Kraft in den Kernen entscheidend. Dabei nutzt man die Tatsache, dass Kernbausteine auf sehr kurzen Distanzen (10^{-15} m = 1 Fermi, fm) starke Bindungsneigung verspüren. Gelingt es, diesen Drang zu steuern, so kann diese Bindungsenergie genutzt werden. Ähnlich dem Zusammenführen von C und O_2 zu CO_2, welches Bindungsenergie freisetzt, könnte dies auch durch ein entsprechendes Manöver zwischen Kernbaustein X und Y geschehen; jetzt allerdings nicht mehr in der energetischen Größenordnung eV, sondern wegen der Stärke der Wechselwirkung und der Kleinheit involvierter Abstände, in der Größenordnung von MeV.

Das Deuteron – bestehend aus jeweils einem Proton und einem Neutron – bildet den leichtesten zusammengesetzten Kern.

Mit $m_p \cdot c^2 = 938{,}272$ MeV, $m_n \cdot c^2 = 939{,}565$ MeV und $m_D \cdot c^2 = 1876{,}12$ MeV ergibt sich ein Massendefekt in Form von Bindungsenergie von $E_b = 2,226$ MeV. Hier und im Folgenden werden Massen und Energien in MeV angegeben, indem das c der Einsteinschen Relation $E = mc^2$ zu 1 normiert wird und somit die Energieeinheit MeV und die Masseneinheit MeV/c^2 gleiche Zahlenwerte erhalten. Die Verwendung von $c = 3 \cdot 10^8$ m/s erlaubt die Rückrechnung.

Allgemein gilt für die Masse eines Kerns K mit A Nukleonen (Protonen + Neutronen):

$$\begin{aligned} m_K(Z,N) &= Z \cdot m_p + \\ N \cdot m_n &- E_b(Z,N)[MeV] \end{aligned} \tag{4.1}$$

Normiert man diese Bindungsenergie auf die Zahl der Nukleonen, ergibt sich zunächst aus der Kurzreichweitigkeit der Kernkräfte eine lineare Abhängigkeit von E_b und A. Wäre die starke Wechselwirkung also von größerer Reichweite, so wäre ein Nukleon nicht nur von seiner direkten Umgebung, sondern von allen im Kern befindlichen Nukleonen beeinflusst:

$$E_v \propto A \; bzw. \; E_v = a_v \cdot A \tag{4.2}$$

Dieser Hauptbeitrag wird durch Zusatzterme korrigiert: An der Oberfläche der Kerne finden Nukleonen weniger Bindungspartner; dieser Zusatzeffekt wächst mit der Kernoberfläche.

$$E_O = a_O \cdot A^{\frac{2}{3}} \tag{4.3}$$

Die Protonen (bestehend aus zwei Quarks der Sorte *up* mit Ladung 2/3 und einem *down* mit der Ladung −1/3) tragen die Ladung +1, die Neutronen *(down, down, up)* sind – daher der Name – elektrisch neutral. Hierbei und im Folgenden sind Zahlenangaben zu Ladungen immer als Vielfache der Elementarladung $e_0 = 1{,}6 \cdot 10^{-19}$ C zu verstehen. Die elektrische Abstoßung der Protonen erfolgt nach dem Coulombgesetz gemäß

$$E_C \propto \frac{1}{r} \, bzw. \, E_c = a_c \cdot A^{-1/3} \cdot Z^2 \quad \textbf{(4.4)}$$

Der Beitrag der kinetischen Energie der Nukleonen hängt vom Verhältnis Z zu N ab: man kann zeigen, dass für diesen manchmal auch Asymmetrieterm genannten Term gilt:

$$E_A = a_A \cdot \frac{(N - Z)^2}{4A} \quad \textbf{(4.5)}$$

Lässt man weitere Beiträge, wie den durch die Wechselwirkung der Kerneigendrehimpulse (Spins) verursachten Paarungsenergieterm, unberücksichtigt, fasst (4.2) bis (4.5) zusammen und setzt das sich ergebende E_b in (4.1) ein, erhält man die Weizsäckersche Massenformel; sodann bestimmt man die Größe der Konstanten durch Fit an die experimentellen Daten:

$$a_V = 15{,}67 \text{ MeV} \quad a_O = -17{,}23 \text{ MeV}$$
$$a_C = -0{,}71 \text{ MeV} \quad a_A = -93{,}15 \text{ MeV}.$$

(4.2) bis (4.5) sind in Abb. 4.1 bezogen auf die Nukleonenzahl schematisch dargestellt, Abb. 4.2 zeigt die tatsächlichen Daten, die – abgesehen von einigen „Ausreißern" bei niedrigem, durch $A = 4$ (Helium α) teilbarem A – durch die einfache Formel überraschend gut wiedergegeben werden.

Aus Abb. 4.1. erkennt man das Prinzip der Nutzung von Kernenergie: Mittelschwere Kerne ($A = 60$, Eisen) sind am stärksten gebunden.

Sowohl bei der Verschmelzung zweier leichter Kerne zu einem schwereren als auch bei der Spaltung eines sehr schweren Kerns in zwei mittelschwere wird Bindungsenergie frei. Für ^{235}U gilt, dass pro Nukleon bei Spaltung in zwei Kerne mit $A \approx 120$ etwa 1 MeV freigesetzt wird, pro Kernspaltung also 200 MeV, pro Kilogramm spaltbaren Materials also theoretisch etwa 22 Mio. kWh.

Einen weiteren, insbesondere für die Kernspaltung wesentlichen Umstand, ersieht man aus der Differentiation von (4.1) nach Z und anschließender Nullsetzung der ersten

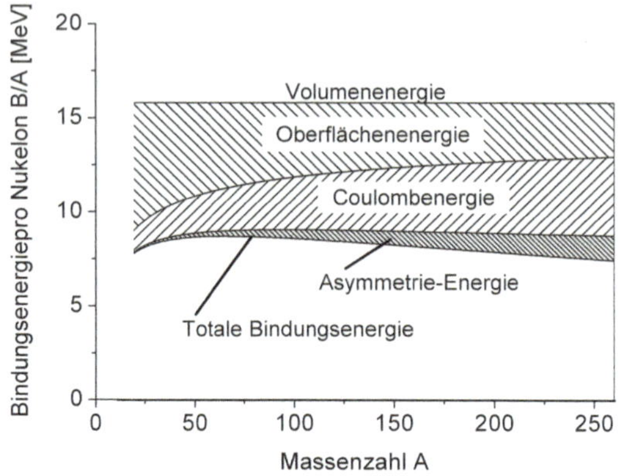

Abb. 4.1 Prinzipieller Aufbau der Weizsäcker-Massenformel [1]

Ableitung zur Auffindung der stabilsten N-, Z -Konfiguration für konstantes A:

$$\frac{d(m(Z,N))}{dZ} = 0 \text{ d. h. } Z_S = \frac{1}{2} \cdot \frac{A}{1 + A^{\frac{2}{3}} \frac{a_C}{a_A}} \quad \textbf{(4.6)}$$

Hierbei ist $m_p = m_n$ gesetzt worden. Das Ergebnis zeigt, dass für kleine A der zweite Term im Nenner unwichtig ist, dass also $N = Z_S$ gilt. Leichte Kerne enthalten gleich viele Protonen und Neutronen. Für schwere Kerne leitet sich aus (4.5) jedoch ein Neutronenüberschuss ab. Für $A = 235$ gilt z. B.: $Z_S = 92$. Im Urankern befinden sich 51 Neutronen ohne Protonpendant. Für $A = 120$ gilt $Z_S = 51$ und somit pro Kern 18 alleinstehende Neutronen; pro Spaltung eines Urankerns sind also 15 Neutronen freisetzbar und zur Induzierung weiterer Spaltungen verfügbar.

Der genaue Mechanismus solcher Spaltungsinduzierung wird in ▶ Abschn. 4.3 erläutert.

Bei einem energiefreisetzenden Spaltungs- oder Fusionsprozess wird der mittelschwere Kern im Allgemeinen nicht in seiner stabilsten Konfiguration gebildet, sondern zunächst eines seiner Isotope (Geschwister mit gleichem Z aber unterschiedlichem N), die ihrerseits auf die stabilste Konfiguration hin zerfallen. Solche radioaktiven Zerfälle sind somit ein unvermeidlich mit der Kern-

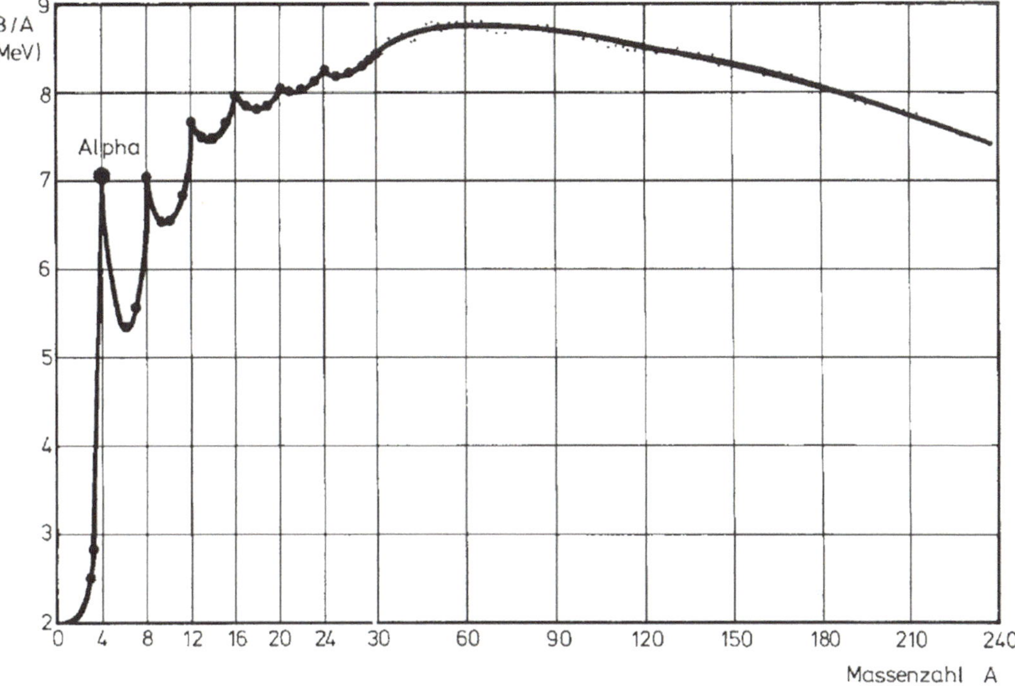

Abb. 4.2 Experimentelle Daten zum Verlauf der Bindungsenergie pro Nukleon [51]

energienutzung jedweder Form verknüpftes Phänomen. Insbesondere diejenigen Zerfälle, die unter dem Regime der schwachen Wechselwirkung ablaufen, sind wesentlich, da erst sie die Steuerung des gesamten Prozessablaufs ermöglichen, d. h. den *Dompteur* der Kernkraft spielen, diese also (im Gegensatz zu den ansonsten analogen Abläufen in einer nuklearen Bombe) kontrollierbar machen.

4.2 Radioaktivität

Unter Radioaktivität versteht man die Emission energiereicher, ionisierender Strahlung aus Kernumwandlungsprozessen. Die typische (kinetische) Energie der entsprechenden Partikel liegt im keV- bis MeV-Bereich. Die Gesamtenergie setzt sich aus dieser und der Ruheenergie (= Masse) zusammen. Diese radioaktive (Partikel-)Strahlung kann elektrisch neutral sein (Neutronen, γ-Quanten) oder geladen auftreten (Protonen, Kern, α, β).

4.2.1 Radioaktives Zerfallsgesetz und Masse für radioaktive Zerfälle

Stammt die Strahlung aus dem Zerfall instabiler Kerne, führt man die Begriffe *Lebensdauer* und *Halbwertszeit* als charakteristische Größen des Zerfalls ein. Es gilt das radioaktive Zerfallsgesetz für ein statistisch unabhängiges Ensemble von Atomkernen:

$$\begin{aligned} dN &= -N \cdot \lambda \cdot dt \textit{ oder} \\ N &= N(t = 0) \,.\, \exp(-\lambda \cdot t) \\ &= N_0 \cdot \exp(-\lambda \cdot t) \end{aligned} \tag{4.7}$$

Die Proportionalitätskonstante $\lambda =$ (mittlere Lebensdauer)$^{-1}$ gibt an, nach welcher Zeit die Anzahl der Kerne auf $1/e$ abgefallen ist. Bei Reduktion auf 1/2 heißt die Konstante Halbwertszeit. Im Minuszeichen des Exponenten steckt die Tatsache, dass die Zahl der Kerne mit der Zeit durch Zerfälle abnimmt.

4

Maßeinheit für die Anzahl der Zerfälle ist das Becquerel (Bq):

1 Bq = 1 Zerfall pro Sekunde

1 g ^{226}Ra enthält $2{,}66 \cdot 10^{21}$ Atome, die mit $t_{1/e} = 7{,}27 \cdot 10^{10}$ s (über α-Zerfälle in ^{222}Rn) zerfallen. Aus der Differenziation von (4.7) nach der Zeit ergibt sich für die Anzahl der Zerfälle pro Sekunde, aus dem Quotienten von Anzahl der Atome pro Gramm und Lebensdauer: $3{,}7 \cdot 10^{10} \cdot /s$ Dies definiert die (früher gebräuchliche) Einheit 1Curie (Ci) = $3{,}7 \cdot 10^{10}$ Bq .

4.2.2 Formen der Radioaktivität

Spontane Spaltungen von Kernen, $X \rightarrow Y + Z$, sind nach Anwendung des Energiesatzes erst ab $Z^2 / A > 37$ möglich. Als Hauptformen der Radioaktivität werden bezeichnet:

α-Strahlung: Der Kern emittiert einen Heliumkern ($N = Z = 2$), der als α-Teilchen bezeichnet wird. Der Kern des Tochternuklids[1] weist folglich eine um 2 geminderte Ladung und um 4 geminderte Masse auf (jeweils in Einheiten von Elementarladung bzw. Nukleonenmasse). Dies ist energetisch dann möglich, wenn die Massendifferenz des Kerns des Mutternuklids und des Tochternuklids größer ist als die Masse des α-Teilchens; dies ist für Kerne mit $A > 150$ der Fall.

Die Häufigkeit eines solchen Zerfalls hängt von der Höhe der Coulombbarriere und der energetischen Position des α-Teilchens im Potenzialtopf ab.

β-Strahlung: Im Kern wandelt die schwache Wechselwirkung ein Neutron in ein Proton sowie ein Elektron (β^--Teilchen) und ein so genanntes Antineutrino um:

$$n \rightarrow p + e^- + \bar{\nu}_e \tag{4.8}$$

Das Elektron verlässt den Kern; der Tochterkern weist somit ein um 1 erhöhtes Z bei gleichem A auf. Da das Neutron schwerer ist als Proton und Elektron zusammen, ist dieser Prozess immer möglich. Bindungsenergiegewinne können es aber auch dem (in freier Natur stabilen, $t_{1/2} > 10^{33}$ Jahre) Proton erlauben, im inversen β-Zerfall in ein Neutron, ein Positron (Antiteilchen des Elektrons, β^+) sowie ein Neutrino überzugehen:

$$p \rightarrow n + e^+ + \nu_e \tag{4.9}$$

Die Halbwertszeiten hängen von der verfügbaren Energie und der Wellenfunktion der Reaktionspartner ab.

γ-Strahlung: Ähnlich den Spektren angeregter Atome können angeregte Kerne unter Aussendung hochenergetischer Photonen (γ -Quanten) in weniger angeregte Zustände übergehen.

Die ex origine diskreten Quantenenergien rangieren wiederum im MeV Bereich.

4.2.3 Wechselwirkung von Radioaktivität mit Materie und deren Maßeinheiten

α- und β-Strahlung wechselwirken mit Materie direkt durch Ionisation oder Anregung von Hüllenelektronen, während γ -Strahlung über Photoionisation (Photoeffekt), elastische Stöße an Hüllenelektronen (Comptoneffekt) oder Materialisierung in Elektron-Positron-Paare (Paarbildung) mit Materie in Wechselwirkung tritt. Der letztgenannte Effekt setzt eine Mindestenergie von 1,022 MeV also der Summe der Ruheenergie von e^- und e^+ von jeweils 511 keV vorraus.

Bei Elektronen (β) sind Stöße mit Hüllenelektronen sowie (bei steigenden Energien mit zunehmender Bedeutung) Bremsstrahlung zu nennen.

Neutronen wechselwirken über elastische und inelastische Stoßreaktionen mit Kernen, durch Einfang in den Kern sowie Spallation (Aufbrechen des Kerns in diverse Reaktionsprodukte). Für sehr niedrige Energien

1 Ein Nuklid beschreibt eine durch die Anzahl der Protonen und der Neutronen definierte *Sorte* von Atomkernen.

(<100 keV) dominieren Einfangreaktionen, bis ca. 5 MeV elastische Stöße.

Ionen interagieren bei niedrigen Energien durch Elektroneneinfang, bei mittleren Energien durch über die elektrischen Felder der Stoßpartner vermittelten Stöße mit Elektronen.

Quantifiziert werden die Mechanismen durch den Energieverlust in Materie:

$$1 \text{ Radiation absorbed dose (rad)} = \frac{1\,\text{Joule}}{100\,\text{kg}} \tag{4.10}$$

Die 100 kg sollten ursprünglich etwa dem Gewicht eines Menschen entsprechen; heute verwendet man stattdessen die SI-Einheit:

$$\begin{aligned} 1\text{Gray(Gy)} &= 1\,\text{J/1 kg}, \\ \text{i.e.}100\text{ rad} &= 1\text{ Gy} \end{aligned} \tag{4.11}$$

Eine zweite Möglichkeit der Quantifizierung von Strahlenwirkung nimmt die Anzahl erzeugter Ionenpaaren als Maß: 1 Röntgen (R). Sie wird häufig in der Strahlentherapie verwendet, für Weichgewebe gilt 1 R ≈ 1 rad. Insbesondere für höhere γ-Energien (>300 keV) gilt in guter Näherung: Ionendosis in [R] = Strahlungsdosis in [rad]

Der Nachweis von Radioaktivität verläuft in der Regel so, dass die „freigeschlagenen" Elektronen bzw. die ionisierten Atome geeigneter Nachweismedien durch elektrische Felder auf Ladungsmessgeräte geführt werden. Spezielle Formgebungen solcher „Ladungsantennen" bewirken hohe Feldstärken in ihrer Nähe und somit Sekundärionisationen, d. h. Lawinenbildungen. Nach diesem Grundschema arbeitet z. B. das Geiger-Müller-Zählrohr (Geigerzähler).

In letzter Zeit kommen häufiger Halbleiterdetektoren beim Nachweis von Radioaktivität zum Einsatz. Hierbei wird eine Halbleiterdiode in Sperrrichtung betrieben, wobei die innerhalb des Materials erzeugten Elektronen-Loch-Paare durch die angelegte äußere Spannung *abgesaugt* und mit einem ladungsempfindlichen Verstärker nachgewiesen werden.

Eine andere Möglichkeit besteht im Nachweis der elektromagnetischen Strahlung, die durch, vom Primärpartikel erzeugte Anregungsprozesse ausgelöst wurde. In Szintillationszählern z. B. führen diese Prozesse zur Emission von Licht seitens geeigneter, in ein transparentes Material eingelagerter Moleküle, das über Sekundärelektronenvervielfacher (Photomultiplier) nachgewiesen wird.

Zurück zur *Energiedeposition:* Nicht nur ihr Betrag sondern auch ihre Abhängigkeit von der Eindringtiefe sind für die Bewertung der Wechselwirkung von Strahlung mit – insbesondere lebender, biologisch aktiver – Materie wesentlich.

Für z. B. β- und γ-Strahlung nimmt die Intensität durch die oben genannten Mechanismen exponentiell mit der Eindringtiefe ab: $I = I_0 \cdot e^{-\mu x}$. Als Reichweite in Materie bezeichnet man die Strecke, nach der die Intensität um eine Größenordnung gesunken ist.

Bei Protonen oder α-Teilchen nimmt der Energieverlust dE/dx mit abnehmender Geschwindigkeit rasch zu. Kurz vor dem Abbremsen erreicht dE/dx ein scharfes Maximum. Die Reichweite wird damit weitgehend intensitätsunabhängig und stattdessen energieabhängig.

Wird anstelle toten Materials lebende, biologisch aktive Substanz bestrahlt, unterscheidet die strahlenbiologische Wirkungskette folgende Phasen:

(a) physikalische Phase mit einer Dauer von 10^{-18} bis 10^{-12} s. Es erfolgt die Ionisation bzw. Anregung der Atome und Moleküle.
(b) physikochemische Phase mit einer Dauer von 10^{-12} bis 10^{-9} s. Es erfolgt die Rekombination eines Teils der ionisierten Atome bzw. Moleküle.
(c) chemische Phase mit einer Dauer von 10^{-9} bis 1 s. Es erfolgt die Radiolyse von H_2O und die Bildung von Peroxiden, die Veränderung von Aminosäuren und Enzymen sowie der Bruch von Molekülbindungen und Chromosomen.
(d) biologische Phase mit einer Dauer von 1 bis 10^9 s.

(a) und (b) werden *repariert* oder die Zelle stirbt ab und es kommt zu somatischen und genetischen Schäden.

Zur Quantifizierung der Relativen Biologischen Wirksamkeit (RBW) verschiedener Formen radioaktiver Strahlung wurde historisch zunächst aus Erfahrungswerten der Strahlenbiologie der sogenannte RBW-Faktor eingeführt. Anfang der 70er Jahre wurde dieser auf Empfehlung der internationalen Strahlenschutzkommision (ICRP) durch einen Qualitätsfaktor QF abgelöst, der- ebenso wie der RBW-Faktor für β- und γ-Strahlung = 1 ist, für p,n oder α-Strahlen aber Werte bis zu 20 annehmen kann. Letzterer wiederum wurde schließlich durch die Strahlungswichtungsfaktoren w_R abgelöst. Dieser entspricht für β- und γ-RBW bzw. QF und errechnet sich für Neutronen gemäß

$$w_R = 5 + 7 \cdot \exp\left(-\ln\left(\left(2 \cdot \frac{E_n^2}{6}\right)\right)\right) \tag{4.12}$$

Gür E_n wird die Neutronenenergie in MeV eingesetzt. Bei p beträgt er im MeV Bereich 5, bei α ebendort auch 5!

Die Äquivalentdosis ergibt sich als Produkt von Energiedosis und Strahlungswichtungsfaktor w_R. Deren Maßeinheit bezeichnet man als *radiation equivalent men* (rem)

$$1 \text{ rem} = 1 \text{ rad} \cdot w_R \tag{4.13}$$

bzw. wiederum unter Bezug auf 1 kg bestrahlte Masse:

$$1 \text{ Sievert}(Sv) = 1\ Gy \cdot w_R \tag{4.14}$$

Nur für locker ionisierende Strahlen entspricht die Energiedosis der Äquivalentdosis, ansonsten geht die Größe w_R ein.

Zweifelsfrei sind die vielen verschiedenen Einheiten ziemlich verwirrend, insbesondere da dem Menschen mangels eines direkten Sinnesorganes kein Vergleichsmaßstab zur Verfügung steht.

Bei Strahlenwirkung auf Menschen unterscheidet man externe und interne Strahlung, je nachdem, ob der Strahler sich außerhalb oder innerhalb des Körpers befindet.

Bei externer α-, β- oder γ-Strahlung auf den Menschen spielen – wegen ihres Eindringvermögens – nur γ-Strahlen eine Rolle. β-Strahlen verbleiben oberflächennah und können Verbrennungen bewirken, α-Partikel werden schon durch ein Blatt Papier abgeschirmt. Natürlich zeigen z. B. nicht aus dem Zerfall radioaktiver Kerne, sondern aus künstlichen Quellen – wie Teilchenbeschleunigern oder nuklearen Waffen – stammende Protonen oder Neutronen, ebenfalls Strahlenwirkung bei externer Bestrahlung.

Ganz anders stellt sich die Situation bei Inhalation oder Ingestion radioaktiver Stoffe dar. Körperorgane erkennen nur das Element, nicht das Isotop und lagern z. B. ^{131}Iod in der Schilddrüse oder radioaktive Plutonium- und Cäsiumisotope in Knochen ein. α-Emittenten können bei externer Strahlenbelastung bereits durch die Haut abgeschirmt werden. Werden sie allerdings eingeatmet, so erzeugen sie in der Lunge lokale Brandherde, sogenannte *hot spots*.

Um ein Gefühl für die Umrechnung Zerfälle-Dosis zu erhalten, sei angenommen, ein 75 kg schwerer Mensch nehme eine mit 1000 Bq und 1 MeV strahlende Nahrung zu sich, die sich über den Körper gleichmäßig verteile und – unter der Annahme kontinuierlicher Nachlieferung der ausgeschiedenen Anteile – ein Jahr dort verbleibe (w_R sei 1):

Energiedosis $= 1000\,\text{sec}^{-1} \cdot 1,6 \cdot 10^{-13}\text{J} \cdot 3,15 \cdot 10^7$ s/a/75 kg = 67 µGy

Äquivalentdosis = 67 µSv ($w_R = 1$).

Inhalation von ^{131}I (1000 Bq) führt bei Kleinkindern zu einer Schilddrüsendosis von 1,4 mSv, bei Erwachsenen 0,15 mSv, bei Ingestion lauten die Dosen 3,6 bzw. 0,43 mSv[2].

Als Effektivdosen bezeichnet man eine Berechnungsform, die strahlungsempfindlichen Organen (z. B. Keimdrüsen) ein höheres Gewicht zuweist als z. B. Knochen und mit diesen Faktoren gewichtete Teilbestrahlungen auf Ganzkörperdosen umrechnet. Schilddrüsen schlagen mit <1 % Volumen/Massenanteil im Körper zu Buche, werden aber mit einem Faktor von 5 % gewichtet.

2 Berechnet mit dem Dosiskoeffizienten (Sv/Gy) aus [105], für die Inhalation wurde das Vorliegen in der schwebstoffgebundenen Form unterstellt.

Tab. 4.1 Auswirkung radioaktiver Strahlung auf den Menschen [50]

Strahlendosis [Gy]	Symptome
<0,5	nur geringfügige Blutbildveränderungen nachweisbar
0.5–1	ca. 5 bis 10 % der exponierten Personen leiden unter Erbrechen, Übelkeit und Müdigkeit
3,5 … 5	Erbrechen und Übelkeit bei allen exponierten Personen, ca. 50 % der exponierten Personen versterben innerhalb eines Monats nach der Exposition
5. … 7,5	Erbrechen und Übelkeit bei allen exponierten Personen innerhalb einer Zeitspanne von 4 h, kaum Überlebende
10	wahrscheinlich keine Überlebenden unter den exponierten Personen
100	alle exponierten Personen versterben innerhalb einer Woche
1000	instantane Zerstörung des Nervensystems (sogenannt *Sekundentod*)

Bevor im folgenden Abschnitt diverse, natürliche und zivilisatorische Strahlenbelastungen quantifiziert werden, sei der Kenntnisstand über die Ursache/Wirkungsrelation für Strahlung und die durch sie bewirkten Schäden auf Menschen rekapituliert. Hierbei muss man sich immer eine gewisse Unsicherheit dieser „Dosis-Risiko-Beziehung" vor Augen halten. Zum einen sind die involvierten Mechanismen sehr komplex, zum anderen ist das Datenmaterial (aus der Natur der Sache) nur bedingt z. B. aus Tierversuchen heraus extrapolierbar oder, falls es aus Unfallanalysen oder Rekonstruktionen von Atombombentests stammt, in seinen präzisen Randbedingungen nur unzulänglich bekannt.

Versagt das oben erwähnte Reparatursystem durch zu hohe Dosen und/oder empfindliche Organismen, können somatische (körperliche) Frühschäden (inklusive Fruchtschäden) oder Spätschäden, z. B. Krebs oder genetische Schäden mit Manifestation in Folgegenerationen die Folge sein.

Relativ genau bekannt sind Auswirkungen radioaktiver Strahlung für große, innerhalb kurzer Zeiträume (verglichen mit den Zeitkonstanten der Reparaturmechanismen) applizierte Dosen (s. Tab. 4.1).

Das hohe Zellteilungstempo in Föten im Frühstadium bewirkt für Fruchtschäden eine besonders hohe Strahlenempfindlichkeit.

Sehr viel problematischer ist die Extrapolation zu kleinen Strahlendosen bei Frühschäden.

Die Annahme einer linearen Dosis-Risiko-Beziehung (DRB) würde bei Verwendung des Risikos, welches von der internationalen Strahlenschutzkommission (ICRP) mit $0{,}05/1\,Sv$ angegeben wird, bedeuten, dass von 10.000 Personen, bei einer Dosis von 5 Sv, 2500 Personen mit einer strahleninduzierten Krebserkrankung zu rechnen hätten. Bei 5 mSv beträgt diese Zahl 2,5.

4.2.4 Natürliche und künstliche Quellen der Radioaktivität im Vergleich

Natürliche Quellen der Radioaktivität sind kosmische Strahlung und radioaktive Strahlung des Erdgesteins und in der Nahrungskette.

Kosmische Strahlung: Protonen von der Sonne und entlegeneren Quellen des Weltraums treffen auf die Gasmoleküle der Erdatmosphäre und erzeugen in Proton-Kern-Reaktionen mittelschwere, sogenannte π-Mesonen, die ihrerseits unter dem Regime der schwachen Wechselwirkung nach einigen Nanosekunden in Myonen zerfallen. Auch diese „schweren Geschwister" der Elektronen sind kurzlebig ($t_{\mu,1/2} \approx 1$ µs), erreichen aber die Erdoberfläche. Einen Menschen in Meereshöhe treffen pro Sekunde etwa 10 *kosmische* Myonen mit $E_{\text{kin}} > 100$ MeV und immerhin noch 6 pro Minute mit $E > 10$ GeV. Die resultierende Strahlenbelastung beträgt ca. 300 µSv Ionisierungseffekte solcher Myonen sind gering, man spricht von Minimalionisation.

Die Dosis steigt aus genannten Gründen mit der Höhe: in 1500 m Höhe kann sie doppelt so hoch werden, eine sechsstündige Flugreise über den Atlantik die Dosis um etwa 48 µSv erhöhen.

Radioaktive Strahlung des Erdgesteins und in der Nahrungskette: Die in ► Kap. 3 vorgestellten radioaktiven Isotope ^{40}K, ^{238}U und ^{232}Th, führen zu etwa gleichen Teilen in 1 m Höhe zu einer Dosis von ca. 600 µ Sv.

Natürlich in der Atemluft vorhandenes, gasförmiges Radon liefert den größten Beitrag zur natürlichen Strahlenexposition des Menschen. Seine Konzentration beträgt in der Atemluft deutscher Wohnhäuser im Mittel etwa 50 Bq/m^3.

Als Faustregel lässt sich für effektive Ganzkörperdosen aus den natürlichen Quellen ein Wert um 1–2 mSv/a angeben!

In Kerala (Indien) führen natürliche Thoriumvorkommen sogar zu mittleren Effektivdosen von 4 mSv/a [46, 25]. In einem (dünn besiedelten) Gebiet um Ramsar (Iran) ergibt ein hoher Radiumgehalt 260 mSv/a. Gesundheitsanomalien bei den betroffenen Einwohnern sind – entgegen der im sogenannten Sternglass Report in den 70er Jahren gemachten Aussagen – auf statistisch gesichertem Niveau nicht beobachtet worden. Das besondere Interesse an der Gültigkeit bzw. Nichtgültigkeit solcher Aussagen liegt darin begründet, ob und wie die diversen Hypothesen der Extrapolation einer DRB von hohen zu niedrigen Dosen *experimentelle* Stützung findet.

Zivilisatorische Quellen der Radioaktivität:: Bei Strahlenbelastungen aus anthropogenen Quellen unterscheidet man solche, die die Gesamtbevölkerung betreffen und solche, die für bestimmte Personengruppen – berufsbedingt oder z. B. aus Gründen medizinischer Therapierung – relevant sind. Letztere können die natürlichen Dosen beträchtlich überschreiten.

Im Zusammenhang mit Energieerzeugung und diesbezüglicher radioaktiver Belastungen der Gesamtbevölkerung ist – auf den ersten Blick überraschend – die Emission von Kohlekraftwerken zu nennen. Mit Restflugstäuben von Kohlekraftwerken emittierte radioaktive Partikel führen zu einer Strahlenbelastung von ca. 10 µSv/a, d. h. grob überschlagen 0,5 % der natürlichen mittleren Belastung von 2,1 mSv/a [1]. In unmittelbarer Nähe der Anlagen kann es sogar zu Belastungen von bis zu 0,7 mSv/a kommen.

Kernkraftwerke emittieren über Abluft/Abwasser radioaktive Substanzen, die im Normalbetrieb sämtlich zu kleineren Dosen als 0,5 % der natürlichen Strahlenbelastung führen (1–10 µSv/a). Der Reaktorunfall von Tschernobyl hat sich (gemessen am Standort des FZ in Karlsruhe) über externe Dosen (Inhalation) zu 240 µSv akkumuliert [1]. Es sei an dieser Stelle klar betont, dass die Diskussion schwerer kerntechnischer Unfälle inklusive Tschernobyl dem ► Abschn. 8.8 vorbehalten sein soll.

Aus dem Bereich der Dosisapplizierung für spezielle Personengruppen sei genannt: Uranbergleute und Ziffernblattmaler (die mit den Lippen in radiumhaltige Farbe getränkte Pinsel anspitzten) waren Integraldosen bis zu 100 Gy ausgesetzt. Diese Belastungen aus der Frühphase bewussten menschlichen Umgehens mit Radioaktivität führte zu ganz erheblichen gesundheitlichen Folgen, lieferte aber die ersten quantitativen Informationen über eben diese Folgen bei hohen Dosen [64].

Auch für medizinisches Personal sowie Patienten, deren Wirbelgelenksentzündungen mit Röntgen-(γ)-strahlung therapiert wurden, waren hohe Belastungen zu verzeichnen. In einer Studie wurde eine Gruppe von 14.000 Personen, die sich einer Röntgentherapie unterzogen hatten, untersucht und mit den Überlebenden aus Hiroshima verglichen [106].

Das sicherlich überraschende Ergebnis besagt für die Anzahl zusätzlicher Todesfälle pro 10.000 betroffener und untersuchter Personen ca. 50 Personen in Hiroshima und 84 aus der Röntgentherapie.

Strahlenbelastung aus nuklearenergetischer Nutzung stellt nach heutiger Kenntnis und unter Zugrundelegung in Deutschland gültiger Grenzwerte nur bei Unfällen und nicht im Regelbetrieb ein signifikantes Risiko dar. Letzteres darf natürlich keineswegs a priori verharmlost werden und wird in ▶ Abschn. 8.8 näher erläutert.

4.3 Grundlagen der Kernspaltung und Kernbrennstoffe

Rutherford wies um 1911 experimentell über die (Rutherford-)Streuung von α-Teilchen an einer dünnen Goldfolie nach, dass der Raum im Innern eines Festkörpers selbst für *große* α-Teilchen fast frei passierbar war, d. h. dass die Atommasse nahezu vollständig in einem fast punktförmigen, geladenen Kern konzentriert sein musste. Ein Beispiel in für Menschen greifbaren Skalen: würde der Kern die Größe eines Apfels besitzen, so würde das winzige Elektron diesen in etwa auf Bahnen in einem 3 km Radius umkreisen.

Eine einfache Beschreibung von Kernen liefert das sog.Tröpfchenmodell, bei dem die Nukleonen einem kugelförmigen Tröpfchen gleichen, dessen Radius mit der Massenzahl wächst ($r \approx r_0 A^{1/3}$). Die Nukleonen bestehen wiederum aus Protonen und Neutronen, d. h. die starke Kraft muss als „Klebstoff" einzelner Konstituenten die abstoßende Coulombkraft aller geladenen Protonen (über)kompensieren, damit ein Kern stabil sein kann, d. h. im Bild von Potenzialen gesprochen, dass ein auf einen Kern zufliegendes Proton zunächst den langreichweitigen, abstoßenden Coulombwall überwinden muss, bevor es im tiefen Potenzialtopf der starken Wechselwirkung eingefangen werden kann, während ein Neutron ungehindert in den Potenzialtopf eindringen kann, weshalb den Neutronen in Kernreaktoren die entscheidende Rolle des Auslösens der Spaltprozesse zukommt.

Anschaulich regt ein Neutron geeigneter Energie das positiv geladene Tröpfchen (den Kern) zu einer Schwingung an, wodurch sich die Tröpfchenform zu einer schmal taillierten Ellipse verändern kann. Das Auseinanderreißen des Kerns geschieht durch die in der Ellipsenform gleichgeladenen (+) Tröpfchenenden, die sich aufgrund der Coulomb-Kraft so stark abstoßen, dass sie als Tochternuklide auseinander fliegen (◘ Abb. 4.3).

Die unterschiedlichen Tiefen der Potenzialtöpfe bei leichten und schweren Kernen und die damit einhergehenden, unterschiedlich starken Bindungsenergien, die bereits anhand der Korrekturterme im Rahmen der Weizsäcker-Massenformel diskutiert wurden, sind die Ursache für die bei der Spaltung eines schweren Kerns freiwerdende Energie von mehreren MeV und zudem für das Freiwerden prompter Neutronen, die sodann für weitere Spaltprozesse zur Verfügung stehen. Die ▶ Gl. 4.1–4.5) und ◘ Abb. 4.3 zeigen, dass bei der Spaltung schwerer Kerne in mittelschwere Kerne ca. 1 MeV/Nukleon frei wird, pro Urankern ^{235}U also etwa 200 MeV. Auf die kinetische Energie der Spaltkerne entfallen hiervon 167 MeV, auf die von Neutronen, Elektronen, Photonen und Neutrinos 5, 7, 13 und 11 MeV. Sie wird – bis auf den Neutrinoanteil – letztlich in Wärme umgewandelt und ergibt somit den Energieinhalt eines kg ^{235}U von $22 \cdot 10^6$ kWh.

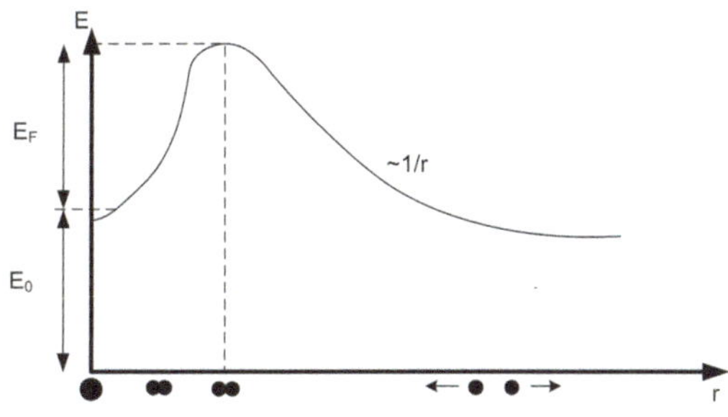

◘ **Abb. 4.3** Grundprinzip der Kernspaltung [1]

Die kontrollierte Nutzung dieser Energie in einem Reaktor, der mit einer genügenden Menge geeigneten Spaltmaterials bestückt ist, kann vereinfacht so beschrieben werden: Spaltung des Kerns nach Neutroneneinfang und Übertragung der Wärme an ein Wärmetransportmedium. Freisetzung überschüssiger Neutronen aus Tochterkernen und ggf. Moderation dieser Neutronen auf thermische Geschwindigkeiten. Sicherstellung durch Festlegung von Reaktorgeometrie und anderen Betriebsparametern, dass pro induzierter Kernspaltung im Mittel genau eine neue Spaltung induziert wird.

Danach folgt wieder Schritt 1; im Folgenden soll dieses Schema näher ausgeführt werden, bevor im nächsten Abschnitt die Beschreibung konkreter Reaktorvarianten erfolgt.

Offen ist zunächst die Frage: wie spaltet man einen (schweren) Kern? Zurück zum Bild der Potenziale: die Kerne befinden sich in einem Potenzialtopf umgeben von einem Coulombwall. Sie können durch den Einfang eines Neutrons gespalten werden, wenn dessen energetische Mitgift (die kinetische Energie und der Bindungsenergiegewinn durch ein zusätzliches Neutron) größer ist als E_F, die zur Überwindung des Walls nötige Energie.

Im ersten und dritten der in Tab. 4.2 genannten Beispiele für Neutroneneinfang bedarf es keiner Mitgift an kinetischer Energie des Neutrons; es sollte langsam (thermisch) sein.

Über $E = \frac{1}{2}mv^2 \approx kT$ errechnet man für ein Neutron mit der Energie E die in Tab. 4.3 angegebenen Geschwindigkeiten und Temperaturen. ^{238}U ist nur durch schnelle Neutronen spaltbar. Kommt es nun zur Spaltung, so werden zwei mittelschwere Kerne sowie, wegen des inhärenten Neutronenüberschusses schwerer Kerne, gemäß Formel 4.6 einige prompte Neutronen ausgesandt. Dies läuft mit enormer Geschwindigkeit in Bruchteilen von Sekunden ab. Die Prozesssteuerung wird durch verzögerte Neutronen ermöglicht, welche mit Halbwertszeiten in der Größenordnung von Sekunden bis zu einer Minute auftreten. Sie werden unter dem Regime der schwachen Wechselwirkung aus radioaktiven β^+-Zerfällen der Tochterkerne freigesetzt. Der Leser hüte sich davor, verzögert mit langsam zu verwechseln; auch diese Neutronen haben Energien in der Größenordnung von einigen MeV, sind also *schnell.*

Tab. 4.2 Beispiele für mögliche Reaktionen mit Neutroneneinfang [50]

Reaktion	E_F	$E_{b,n}$
$^{235}\mathrm{U} + \mathrm{n} \rightarrow {}^{236}\mathrm{U}$	5,7 MeV	6,5 MeV
$^{238}\mathrm{U} + \mathrm{n} \rightarrow {}^{239}\mathrm{U}$	6,5 MeV	4,8 MeV
$^{239}\mathrm{Pu} + \mathrm{n} \rightarrow {}^{240}\mathrm{Pu}$	5,8 MeV	6,4 MeV
$^{241}\mathrm{Pu} + \mathrm{n} \rightarrow {}^{242}\mathrm{Pu}$	5,6 MeV	6,3 MeV

Tab. 4.3 Geschwindigkeit und Temperaturen der Neutronen bei verschiedenen Energien

1 MeV	$v = 1{,}4 \cdot 10^7$ m/s und $T \approx 10^{10}$ K
1 eV	$v = 1{,}4 \cdot 10^4$ m/s und $T \approx 10^7$ K
0,03 eV	$v = 1{,}7 \cdot 10^3$ m/s und $T \approx 350$ K

Nötig für die Aufrechterhaltung einer kontrollierten Kettenreaktion ist es also, dass im Mittel genau ein Neutron (prompt oder verzögert) eine neue Energiefreisetzung bewerkstelligt. Im Falle der Atombombe induzieren in der Tochtergeneration mehr Neutronen eine Spaltung als in der Muttergeneration. Die Kritikalität, das Verhältnis der Spaltneutronenzahlen in zwei aufeinanderfolgenden Generationen, ist beim Reaktor im zeitlichen Mittel = 1, bei der Bombe >1 (wegen überkritischer Masse spaltfähigen Materials).

4.3.1 Vorräte und Verbrauch von Kernbrennstoffen

Der Vorrat an spaltfähigen Kernen entstammt letztlich den *Restbeständen* der Synthese der Elemente vor mehr als 5 Mrd. Jahren in *Supernova*-Explosionen.

Die Instabilität der entstandenen Kerne gegenüber α-Zerfällen legt eine Einteilung in vier Zerfallsketten nahe:

$4 \cdot n$: Thoriumreihe mit ^{232}Th als Ausgang und $t_{1/2} = 1{,}4 \cdot 10^{10}$a

$4 \cdot n + 1$: Neptuniumreihe mit ^{237}Np als Ausgang und $t_{1/2} = 2{,}1 \cdot 10^{6}$a

$4 \cdot n + 2$: Uraniumreihe mit ^{238}U als Ausgang und $t_{1/2} = 4{,}5 \cdot 10^{9}$a

$4 \cdot n + 3$: Actiniumreihe mit ^{235}U als Ausgang und $t_{1/2} = 7{,}0 \cdot 10^{8}$a

Hiervon ist die Neptuniumreihe ausgestorben.

Thorium ist im Mittel zu 0,0011 % im Erdgestein enthalten. Reserve und Ressource werden auf 0,8 bzw. 5 Mt beziffert. Ungleich bedeutsamer ist der Abbau von Uran. Bei Abbaukosten von <80 \$/kg U wird die weltweite Reserve auf 2,8 Mt und die Ressource auf 11,4 Mt beziffert [5]. Im Jahr 2010 lag die Förderung bei 100.000 t U, sodass bei dieser Förderrate der Vorrat noch für etwa 115 Jahre ausreicht[3]. Der tatsächliche weltweite Verbrauch liegt bei jährlich 65–70 kt Uran.

Der Brennwert von Natururan beträgt etwa 6400 MWd (Megawatttage)/t. Wie später erläutert, werden in den in der westlichen Welt fast durchgängig genutzten Leichtwasserreaktoren Anreicherungsgrade von 3 % ^{235}U gefordert. Im hierfür erforderlichen Anreicherungsprozess gehen etwa 28 % des ^{235}U in die abgereicherte Menge. Ein Abbrand des ^{235}U von 3 % auf 0,8 % bedeutet Verluste, Erbrütung und spätere Spaltung von Plutonium (Konversion) dagegen Gewinne, sodass pro Tonne verwendeten Brennstoffs typischerweise 6400 * ((3 %−0.8 %)/0.7 %) * 1.5 (Conversionsrate) = 30.000 MWd erzeugt werden.

3 Hier wurden nur die wirtschaftlich erschließbaren Mengen in der Kostenkategorie von <80 \$/kg U mitgezählt.

4.3.2 Anreicherung vor dem Einsatz und Herstellung von Brennelementen

Pechblende (U_3O_8) wird in einem chemischen Konversionsprozess zunächst in gasförmiges Uranhexafluorid UF_6 umgewandelt.

Die eigentliche Anreicherung geschieht (a) durch Gasdiffusion: beide Isotope diffundieren mit unterschiedlicher Rate durch gasdurchlässige Membranen. Für eine Anreichung von 0,7 % auf 3 % ist ein ca. 100-maliges Durchlaufen geeigneter Gasseparatoren nötig.

(b) durch Gaszentrifugen: wie in der klassischen Buttermaschine wird das (auf wenige Kelvin abgekühlte) Hexafluoridgas des schwereren Isotops nach außen zentrifugiert und somit abgetrennt.

Beide Methoden teilten sich im Jahr 2010 mit (a) 25 % und (b) 65 % den Großteil des *Markts* [1].

Weitere Verfahren befinden sich in der technischen Erprobung:

(c)Trenndüsenverfahren: die Trennarbeit wird über speziell geformte Düsen ebenfalls mithilfe der Zentrifugalkräfte bewerkstelligt.

(d) In der Laserseparation geht man von geringen unterschiedlichen Elektronenanregungsenergien der Isotope aus. Hochauflösende Laser vermögen selektiv zu ionisieren, die eigentliche Abtrennung erfolgt über elektrische Felder.

Der wiederverfestigte LWR-Brennstoff (Uranoxid) wird dann in sogenannte *Pellets* verpresst und in Rohren aus Zirkonalloy zur Zurückhaltung von Spaltkernen gasdicht verschweißt. Zirkonalloy zeichnet sich durch hohe thermische Festigkeiten, Korrosionsbeständigkeit und geringe Neutronenabsorption aus. Ein Brennelement für einen LWR deutscher Bauart besteht aus 236 solcher, 1 cm dicken und 3,9 m langen Rohre, mit einer Fläche von 400 cm^2

Ein 1,2 GW_{el}-Reaktor hat einen jährlichen Brennstoffbedarf von 30 t angereichertem (3 %) Uran, bzw. etwa 180 t Natururan, wenn das abgereicherte Uran noch 0,25 % des *wertvollen* Isotops enthält.

4.4 Kernreaktoren

4.4.1 Grundprinzip

Das Grundprinzip sei zunächst am Beispiel eines typischen Leichtwasserreaktors erläutert: in einem Kernreaktor findet man üblicherweise im Kern die Brennelemente, welche – je nach Spezifikation – mit unterschiedlich angereicherten Brennstäben, die jeweils mit mehreren hundert Brennstoff-Tabletten bestückt sind. Die Brennelemente sind beim Leichtwasserreaktor in ein Wasserbecken eingetaucht, wobei das Wasser als Moderator und als Kühlmittel dient. Die Anforderungen an den Moderator sind, einerseits die Neutronen auf thermische Geschwindigkeit abzubremsen, ohne dabei andererseits zu viele Neutronen einzufangen. Der Moderator sorgt gewissermaßen dafür, dass bereits eine 3 % -Anreicherung des mit thermischen Neutronen spaltbaren Uranisotops ^{235}U zum kritischen Reaktorbetrieb ausreicht. Damit die Kritikalität (Verhältnis der Neutronenzahl im „Lebenszyklus" des Reaktors, i.e. der Zeit von Spaltung bis zum Zerfall der Spaltprodukte, zu derjenigen Neutronenzahl in der nachfolgenden Generation) um den Wert 1 herum ($1 \leq k \leq 1{,}0015$, k = 1 für stabilen Reaktorbetrieb) gehalten werden kann, sind in den Reaktorkern fahrbare Regelstäbe vorgesehen, welche neutronenabsorbierenden Materialien wie Bor oder Cadmium enthalten.

Das Zusammenspiel aus Reaktorgeometrie (Wärmeabfuhr), Brennelementzusammensetzung (Anreicherung spaltbaren Materials), Moderatordichte (thermische Neutronen) und Eindringtiefe der Regelstäbe in den Reaktorkern (Neutronenabsorption) sind die Grundvoraussetzungen für einen steuerbaren kritischen Reaktor. Da die Kernprozesse auf Zeitskalen von Bruchteilen von Sekunden ablaufen, sind Reaktoren so konzipiert, dass nur das Zusammenspiel aus prompten und verzögerten Neutronen eine Kritikalität ≥ 1 ergibt, der Reaktor jedoch prompt unterkritisch bleibt und nur durch verzögerte Neutronen in den Bereich von >1 gehoben werden kann. Diese stammen aus, durch die schwache Wechselwirkung reglementierten, Zerfallsprozessen von Spaltprodukten in Zeiträumen von Sekunden bis Minuten nach der initialen Uranspaltung. Sie machen gerade einmal 1 % der im Reaktorbetrieb freigesetzten Neutronen aus, sind aber notwendig, um den Reaktor kritisch zu halten. Dies ist ein zentraler Aspekt der Reaktorsicherheit. Da sich im Laufe des Reaktorbetriebs über den Abbrand der Brennelemente auch deren Anteil an Spaltmaterial verändert, müssen die Regelstäbe ständig so nachgefahren werden, dass der Reaktor gerade noch kritisch betrieben wird. Damit die aus den Spaltprozessen freigesetzte Wärme in elektrische Energie umgewandelt werden kann, „ruht" das Wasser nicht, sondern zirkuliert in einem Wasser-Dampf-Kreislauf und dient dabei sowohl als Energielieferant als auch als Kühlmittel. Das Wasser nimmt die Wärme im Reaktorkern auf und wird nach seiner Verdampfung letztlich einer Turbine zwecks Stromerzeugung zugeführt (Wirkungsgrad etwa 35 % d. h. 50 % des theoretisch maximale erreichbaren sog. Carnot'schen Wirkungsgrades). Der Wasserdampf passiert anschließend einen Wärmetauscher, wobei das Wasser unter Wärmeabgabe an ein äußeres Reservoir (z. B. Fluss, Meer-/Seewasser) kondensiert und über eine Pumpe als kühles Wasser zurück in den Dampferzeuger geführt wird. ◘ Abb. 4.4 zeigt das Prinzip der Erzeugung elektrischer Energie aus Kernenergie.

4.4.2 Übersicht über in Betrieb befindliche Reaktortypen

Die Klassifizierung von Reaktortypen unterscheidet:

Thermische Reaktoren mit „thermischen" (meV) Neutronen und $^{233/235}$U als Brennstoff. Man unterscheidet Druck- (DWR) und Siede-

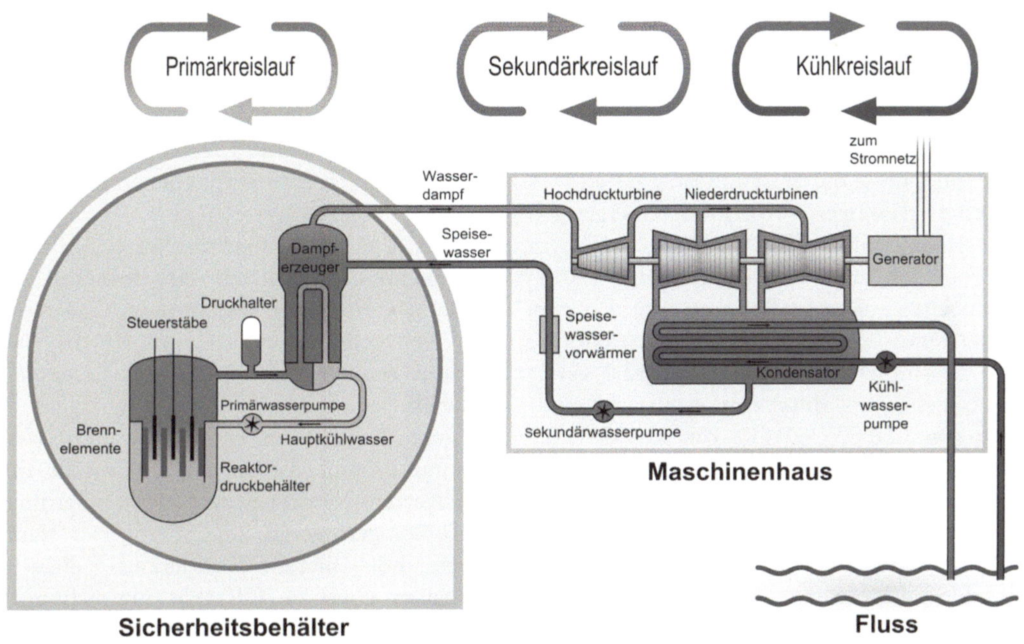

Abb. 4.4 Schematische Darstellung eines Druckwasserreaktors (DWR) [1]

wasserreaktor (SWR) – letztere mit nur einem Kühlwasserkreislauf und niedrigerem Anreicherungsgrad des Urans (2,6 %), aber dafür größerem Reaktorvolumen.

Ein SWR operiert mit folgenden Daten (typische Werte):
Anreicherung ^{235}U: 2,6 %,
Leistungsdichte: $\langle \rho \rangle = 50\ \mathrm{MW/m^3_{core}}$

$p = 70$ bar

$T_{vor} - T_{nach} = 286°C$ bis $278°C$,
$CR = 0{,}6$
Abbrand 27,5 $\mathrm{GWd_{th}}$/t Uran

DWRs wurden in Abb. 4.4 vorgestellt. Anhand von Biblis A sollen diverse Betriebsparameter dargestellt werden:

Anreicherung ^{235}U: 3,0 %;
Erstausstattung 100 t Uran, d. h. 3 t ^{235}U
jährliche Zuladung: 30 t Uran, d. h. 900 kg ^{235}U Abbrand: 3 % auf 0,8 %: 650 kg ^{235}U,
Conversionsrate: $CR \approx 0{,}5$
Leistungsdichte: $\rho = 90\ \mathrm{MW/m^3_{core}}$
$p = 155$ bar,
$Tvor - Tnach = 323°C - 290°C$,
Durchsatz: 72.000 m^3/h,
Abbrand 34,4 $\mathrm{GWd_{th}}$/t Uran
Gegenprobe für den 3,5 $\mathrm{GW_{th}}$-Reaktor Biblis A:
$3{,}5 \cdot 10^6\ \mathrm{kW_{th}} \cdot 7080\ \mathrm{h}/((1 + 0{,}5) \cdot 22 \cdot 10^6\ \mathrm{kWh/kg}) \approx 700\ \mathrm{kg}$.

Einige Hintergrundzahlen zur Wirtschaftlichkeit von derartigen Reaktoren:.

Bei Inbetriebnahme (1972) kostete ein solches Kraftwerk etwa 2,6 Mrd. EUR. Dies entspricht bei Abschreibung auf 30 Jahre einer (zinslosen) Annuität von 86 Mio. EUR.

Schätzt man die Gesamtkosten des Brennstoffkreislaufes (Spotmarktpreis 100 EUR/kg, Anreicherung, ggf. Wiederaufarbeitung und Endlagerung) mit insgesamt 600–1200 EUR/kg ein, belaufen sich die jährlichen Kosten hieraus auf 21 % bis 42 % der linearen Annuität, sodass sie daher für den Betrieb eine eher untergeordnete Rolle spielen.

Die hohen Kosten sind natürlich durch den hohen Sicherheitsaufwand bedingt. Diese müssen nicht nur künstlich induzierte Leistungsexkursionen eines Reaktors unter Kontrolle behalten, sondern auch die Nachwärmeabfuhr eines abgeschalteten Systems sicher gewährleisten. Direkt nach dem Abschalten kann diese in obigem System 100 MW_{th} betragen, 10 h nach dem Abschalten noch ca. 35 MW_{th}. Der Kühlmittelfluss muss durch Redundanz der aktiven Systeme (Pumpen, Notstromversorgungen etc.) sichergestellt werden.

Von den neun in Deutschland (2013) betriebenen Kernkraftwerken sind zwei Siede- und sieben Druckwasserreaktoren. Die Gesamtnettoleistung beträgt 12,0 GW_{el}, SWRs haben im Mittel eine elektrische Leistung von 1,30 GW, DWRs von 1,34 GW. Sie erzeugten 2009 (einschließlich der acht Kernkraftwerke, deren Betriebsgenehmigung am 6. August 2011 erloschen ist) 134,9 Mrd. kWh, d. h. sie hatten im Mittel 6275 Jahresvolllaststunden aufzuweisen.

Neben Druck und Siedewasserreaktoren existieren auch sog. Schwerwasserreaktoren, bei der die Verwendung von Schwerwasser (D_2O) und das hieraus resultierende verbesserte Moderations- und Bremsverhalten des Kühlmittels eine Anreicherung des Urans entbehrlich macht.

Der kanadische CANDU-(Druckröhren)Reaktor (*CAN*ada *D*euterium *U*ranium) auf D_2O/Natururanbasis ist weltweit 40 mal in Betrieb (hauptsächlich in Kanada und Indien). Weitere 18 Reaktoren diesen Typs befinden sich derzeit (2018) in diesen Ländern und der VR China im Bau.

4.4.3 Schnelle Reaktoren

Hierbei handelt es sich um Spaltreaktoren mit *schnellen* (MeV) Neutronen und $^{239+n}$Pu als Brennstoff plus ^{238}U als Brutstoff: auch *schneller Brüter* genannt!

Neben ihrer Funktion, neue Spaltungen zu erzeugen, können Neutronen auch an *Brutmaterial* absorbiert werden und neuen Brennstoff erzeugen. Aus Thorium kann durch Absorption und β-Zerfall ^{233}U und aus ^{238}U ebenso ^{239}Pu erzeugt werden.

Unter den Voraussetzungen $x =$ zusätzlicher Brennstoff/Brutmaterial und totaler Brennstoff T = vorhandener Brennstoff $A + x\cdot$ Brutmaterial $= A\cdot$ (1 + conversion rate CR) stellt die *conversion rate CR* also das Verhältnis des zusätzlichen zum vorhandenen Brennstoff dar.

Ist $CR \geq 1$ (die Streckung wäre in diesem Fall unendlich, realistisch wäre immerhin ein Faktor 100 möglich), spricht man nicht mehr von Konversion, sondern vom *Brüten*. Der Reaktor erzeugt mehr Brennstoff als er verbraucht.

Schnelle Rektoren (mit Brutoption) werden im Prinzip ebenso wie thermische mit verzögerten Neutronen gesteuert, allerdings mit einer geringeren Rate verzögerter Neutronen und – hieraus resultierend – engeren Vorgaben über die tolerable Abweichungen von den Sollwerten. Ihre kompakte Bauweise macht eine effiziente Wärmeabfuhr (i. d. R durch flüssiges Natrium) erforderlich.

Hierdurch abzuleitende Sicherheitsbedenken führten zum Stop der Entwicklung des deutschen Prototyps in Kalkar und zur Beendigung des Betriebs des französischen Brutreaktors *Phenix* in Crays Malville im Jahre 1997.

4.4.4 Graphitmoderierte Reaktoren

Gasgekühlte Varianten: Ähnliches gilt für gasgekühlte graphitmoderierte Reaktoren. Dieser von Enrico Fermi konzipierte „Urtyp" eines Reaktors operierte mit Natururan und ≈350 °C Kühlmitteltemperatur. In einer *Advanced version* wird auf 2,5 % angereichert und bei $T = 650$°C gefahren. Das Kühlmittel ist CO_2. Der insbesondere in Großbritannien lange Zeit favorisierte Typ zeichnete sich durch sehr gute Sicherheitseigenschaften aus.

Wassergekühlte Varianten *(Tschernobyl):*In Russland wurde ein SWR auf Druckröhrenbasis mit Graphitmoderation entwickelt. Das Kühlmittel wird in insgesamt 1700 Druckröhren durch den großvolumigen Core (Durchmesser = 12 m, Höhe = 7 m, Volumen = 800 m^3) geführt. Ein Druckbehälter als Sicherheitsbarriere existiert nicht. Dieser sogenannte RBMK1000-Typ war auch der Reaktor von Tschernobyl, dessen Havarie in ► Abschn. 8.8.2.1 näher dargelegt wird.

4.4.5 Hochtemperaturreaktoren (HTR)

Dieser Reaktor stellt einen entwickelten und als Prototyp in Hamm-Uentrop mit 200 MW_{el} errichteten[4], völlig anderen Typus eines thermischen Reaktors dar. Er wird nach der hier verwendeten Brennelementeanordnung (■ Abb. 4.5) zuweilen auch *Kugelhaufenreaktor* genannt.

Anstelle des Reaktorkerns tritt ein zwecks Neutronenreflexion graphitbeschichtetes *Silo,* das aus einer Schüttung von 675.000 tennisballgroßen Kugeln mit Graphitmantel besteht. Jede dieser Kugeln enthält wiederum 30.000 kleine (Durchmesser ≈0,2 mm) Kügelchen aus einer Mischung hoch angereichertem ^{235}U (93 %) als Brennstoff und ^{232}Thorium als Brutstoff für ^{233}U. Ein Brennelement setzt sich zusammen aus 192 g Kohlenstoff (Graphit), 1,032 g hoch angereichertem Uran und 10,2 g ^{232}Th. Die mittlere Leistungsdichte des Reaktorkerns beträgt 6 MW/m^3_{core}.

Die Brennstoffkügelchen sind mit einer Beschichtung ummantelt, die die Aufgabe hat, die Spaltprodukte endlagerfähig zu umschließen. Die großen Kugeln können dem Silo über eine kontinuierliche Beschickung zugeführt und entnommen werden.

Die Steuerung erfolgt über Steuerstäbe, die in Führungsrohren in der Schüttung bewegt werden. Das Kühlmittel ist Helium, das bei 50 bar von 250 °C auf 750 °C aufgeheizt wird. Die hohen Prozesstemperaturen erlauben hohe Wirkungsgrade der Stromerzeugung (um 40 %) und ermöglichen ferner den Einsatz in technischen Prozessen mit Hochtemperaturanforderungen.

4 In Deutschland wurde er als Kugelhaufenreaktor entwickelt, in den USA als Blockreaktor.

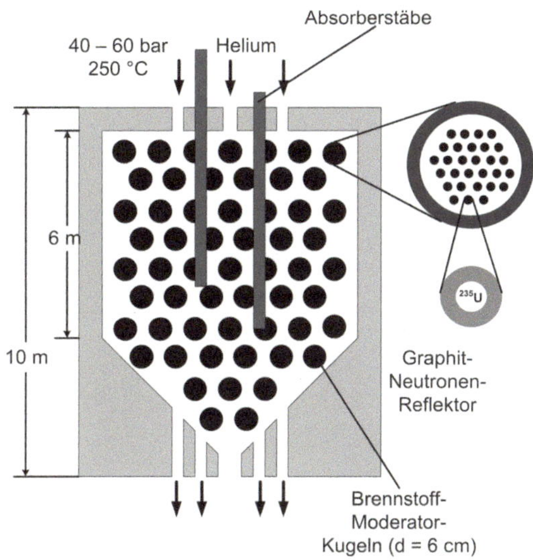

■ **Abb. 4.5** Schematische Darstellung eines HTR [1]

Ein Deutscher 200 MWel Prototyp in Hamm Uentrop wurde wegen Schwierigkeiten der Hauptwärmeabführung mit Helium und unter dem Eindruck der Tschernobylkatastrophe 1989 stillgelegt. Das ist insofern bedauerlich, als dass diese Reaktorvariante bei kleineren Größen (<100 MWel) experimentell im sog. „4 Stab Klemmversuch" am Forschungszentrum Jülich inhärent (gegen interne Leistungsexkursionen) sicher gebaut werden kann. Bei diesem wurde – heute wohl kaum noch zulässig – sämtliche Sicherheitsredundanzen des, mit 40 MW relativ kleinen Reaktors, per Hand weggeschaltet, nach kurzer Leistungsexkursion regelten inhärente Rückkopplungen den Reaktor zurück [81].

4.4.6 Fortentwicklung bestehender Reaktoren

Die Kernkraftwerke Isar 2, Emsland und Neckarwestheim 2 stellen den sogenannten Konvoityp der Siemens/Kraftwerkeunion (KWU) dar. Sie waren exakt baugleich geplant mit dem Ziel einer Standardisierung des Genehmigungsverfahrens. Dies scheiterte jedoch an der föderalen Struktur des deutschen Genehmigungsrechts, sodass sich die

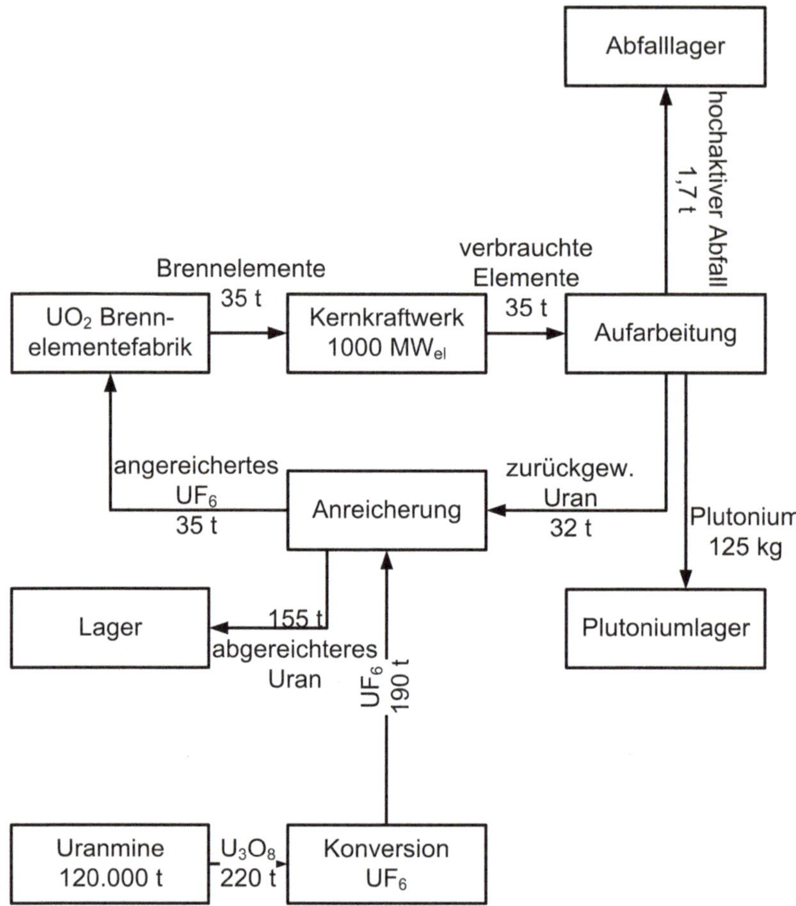

Abb. 4.6 Brennstoffkreislauf und Rückführung des Uran für einen ≈ 1 GWel LWR pro Jahr [27]

einzelnen Reaktoren baulich erheblich unterscheiden. Dieser Kraftwerkstyp war ein Ausgangspunkt der Entwicklung des Europeans Pressurized Reaktor EPR durch Siemens Nuclear Power und Framatome (heute AREVA). Hier wird der Weg der Findung eines *ultimativen containment,* das gesamteuropäisch genehmigungsfähig ist, beschritten. Die Reaktorleistung ist auf ca. 1450 MW_{el} konzipiert. Das Sicherheitskonzept umfasst die folgenden Elemente: Ein keramisches Auffangbecken unterhalb des Reaktorkerns, in das im Falle eines GAUs die Kernschmelze fließen kann (Core-Catcher). Das Material fließt hierbei über eine Rinne in ein Becken und verteilt sich gleichmäßig und dünn. Dies erleichtert die Kühlung mit Wasser, welches sich ebenfalls innerhalb des Reaktorgebäudes befindet und anschließend über die Kernschmelze gesprüht wird.

Redundante Sicherheitssysteme beruhen auf verschiedenen Arbeitsweisen, um eventuelle Konstruktionsfehler ausgleichen zu können. Die meisten Systeme sind vierfach in vier verschiedenen Gebäuden, die um das Reaktorgebäude angeordnet sind, untergebracht. Zwei der Gebäude sind speziell gegen äußere Einflüsse (z. B. Flugzeugabstürze) gesichert. Ein doppelwandiges Containment besteht aus zwei Stahlbetonwänden, wobei die innere Wand nochmals vollständig mit Stahl ausgekleidet ist (Gesamtdicke 2,6 m).

Zurzeit befinden sich zwei EPR in Europa im Bau, einer im finnischen Olkiluoto und einer in Flamanville (Frankreich). Zwei weitere Reaktoren diesen Typs werden in China gebaut. Die Inbetriebnahme von Olkiluoto 3 ist derzeit für die nahe Zukunft vorgesehen und die Baukosten betragen 6,6 Mrd. EUR. Die mittlere Leistungsdichte im Kern soll 95 $\mathrm{MW/m^3_{core}}$, der Abbrand 60 GWd/t Brennstoff betragen.

Während dieser Ansatz auf den vorhandenen Standards aufbaut und sie dahin fortschreibt, dass ein Ausschluss einer Kernschmelze zwar nicht erfolgt, wohl aber ein sicherer Einschluss, geht die andere Tendenz zum inhärent sicheren Reaktortyp, der vermehrt auf passive Sicherheitselemente setzt. Dieses Konzept kommt ohne Umwälzpumpen aus. Die neutronenabsorbierenden Steuerstäbe sind das einzige bewegliche Teil, das noch innerhalb des Reaktorkerns verblieben ist. Der erzeugte Dampf wird durch obenliegende Röhren abtransportiert und über die Turbinen geleitet. Anschließend wird er kondensiert und fließt durch die Schwerkraft wieder nach unten in den Reaktorkern zurück. Im Falle eines Unfalls kann der Reaktorkern 72 h durch Wasserreservoire, die sich innerhalb des Gebäudes befinden, sicher gekühlt werden, ohne dass ein Eingriff von außen notwendig ist.

Der Vollständigkeit halber erwähnt sei auch der Energy Amplifier (auch Rubbiatron genannt) des italienischen Physikers C. Rubbia, welcher Ende der 80er Jahre des 20. Jahrhunderts vorgestellt wurde. Der Rubbiatron stellt eine Synthese aus Kernreaktor, Brüter (Bauprinzip ähnlich zum Thorium-Uran-Brüter) und Teilchenbeschleuniger dar. Trotz theoretisch bestechender Eigenschaften, wie etwa der Möglichkeit zur Transmutation, gibt es heute – nach immerhin über 20 Jahren – keine direkten Prototypen dieser Bauart. Eine Weiterentwicklung der Idee zu einem Transmutationsreaktor läuft experimentell seit Ende 2011 im belgischen Mol [82]. Mehr zur aktuellen Situation der Kernenergienutzung in der Welt in ▶ Abschn. 4.7.

4.5 Wiederaufarbeitung von Kernbrennstoffen

Das Schema in ◘ Abb. 4.6 stellt den Fluss von Kernbrennstoffen von der Lagerstätte über den Reaktor bis zur Endlagerung dar. Die Schritte *ab Reaktor* sind Inhalt dieses und der beiden folgenden Abschnitte.

Die Wiederaufarbeitung von Kernbrennstoffen hat einerseits das Ziel der besseren Konditionierung endzulagernder Abfälle und andererseits das Ziel der Rückgewinnung spaltbaren Materials wie $^{233/235}$U und Pu.

Sie ist unabdingbar für die Rückgewinnung erbrüteter Kernbrennstoffe aus z. B. schnellen Brütern (▶ Abschn. 4.4.3).

Das Moratorium für Atomenergie und die Versorgungssituation für Natururan haben Wiederaufarbeitungsanlagen (WAA) – zumindest auf nationaler Ebene – aus dem Fokus des Interesses gerückt und Szenarien des Brennstoffkreislaufs mehr Gewicht verliehen, welche WAAs *bypassen* und abgebrannte Brennelemente letztlich direkt endlagern.

WAA sind für jedwede Art der Brennstoffgewinnung Voraussetzung – auch für die Erzeugung waffenfähigen Plutoniums. Der weltweite Durchsatz von abgebrannten Brennelementen aus kommerziellen Reaktoren durch *zivile* Wiederaufarbeitungsanlagen betrug bis 1989 3500t, in militärischen Anlagen wurden hingegen 300.000–800.000 t bestrahlter Elemente verarbeitet. Waffenfähiges Plutonium (das Isotopengemisch von $A = 239$ und 241) wird bei kurzen Abbränden (=Verweildauern der Brennstäbe im Kern) gebildet ($\approx$2 MWd/t Uran).

LWR-Brennstäbe mit Abbränden von $\approx$33.000 MWd/t Uran enthalten 25 % des Isotops ^{240}Pu Anteil am gesamten Plutonium, sind somit nur bedingt waffenfähig. Die Plutoniumerträge bei niedrigen Abbränden sind zwar gering, aber es sind die *richtigen* Isotope. Je höher der Abbrand, desto mehr ^{240}Pu baut sich auf, was die hohen Durchsatzmengen bei militärischer Nutzung erklärt.

Die Klassifizierung radioaktiver Abfälle geschah bisher nach der alten Einheit Curie (Ci):

hochaktiv: $\geq 10^4 Ci/m^3 = 3{,}7 \cdot 10^{14} Bq/m^3$: HAW = high active waste

mittelaktiv: $\geq 10^3 Ci/m^3 = 3{,}7 \cdot 10^{13} Bq/m^3$: MAW = medium active waste

schwachaktiv: $\leq 10^3 Ci/m^3 = 3{,}7 \cdot 10^{13} Bq/m^3$: LAW = low active waste

Heute ist es üblich, die Abfälle auch nach ihrer Wärmeentwicklung einzuteilen: **Wärmeentwickelnde Abfälle:** dabei handelt es sich hauptsächlich um Brennelemente und spezielle Abfälle aus der Wiederaufbereitung.

Abfälle mit vernachlässigbarer Wärmeentwicklung: dies sind Betriebsabfälle aus Forschung, Medizin und Industrie sowie aus Kernkraftwerken, außer Brennelementen sowie mittel- und schwachradioaktive Abfälle aus der Wiederaufbereitung.

Ein Siedewasserreaktor mit 1,3 GW_{el} erzeugt im laufenden Betrieb durchschnittlich die folgenden Abfallmengen (außer Brennelementen) pro Jahr [49]:

250 m³ - Papier, Kunststoffe, Bauschutt

20 m³ - Konzentrate aus der Abwasseraufbereitung

7 m³ - Ionenaustauschharze aus der Kühlmittelreinigung

6 m³ - Metallteile sowie

3 m³ - Schlämme und Öle

Die abgebrannten Brennelemente setzen sich (für DWR und SWR) etwa pro kg angereichertem Uran als Reaktorbrennstoff folgendermaßen zusammen:

950 g U238, 10–12 g weitere Uranisotope, 8–10 g Pu und 30 g Spaltprodukte

Die etwa 1 t Spaltprodukte einer jährlichen Abbrandmenge von 30 t enthalten nach 2 Jahren Abklingzeit noch $1{,}1 \cdot 10^{18}$ Bq (davon ca. 1 % als α-Strahler). Sie liegen zu 99 % in flüssiger Phase vor. Nach Verfestigung ergibt dies ca. 100 m^3 MAW mit ca. 1 % der Gesamtaktivität und 3 m^3 HAW mit 99 % der Gesamtaktivität. 12,5 t Hüll- und Strukturmaterial enthalten zusätzlich $1{,}7 \cdot 10^{16}$ Bq, die letztlich zu ca. 12 m^3 HAW führen.

Dies würde – cum grano salis – der Abfallmenge eines KKW ohne Abfallkonditionierung („Primärabfall") entsprechen: pro 30 t Durchsatz 300 m^3 MAW und 45 m^3 HAW, d. h. in summa inklusive LAW, Lösungsmittel, Hüllmaterial und Festabfälle 1000 m^3.

Dieser Wert würde sich nach konditionierender Wiederaufarbeitung auf 80 m^3 reduzieren: 3 m^3 HAW der Spaltprodukte, 50 m^3 MAW sowie in der verbleibenden Menge das Hüllmaterial, die Lösungen und Festabfälle.

Die eigentliche Wiederaufarbeitung zur Rückgewinnung von unverbrauchtem Uran und Plutonium geschieht großtechnisch nach dem sogenannten PUREX-Verfahren (Plutonium Uranium Recovery by Extraction). An das PUREX-Verfahren angelehnte und verbesserte hydrometallurgische Flüssig-Flüssig-Extraktionsverfahren sind vom Forschungsstand her mittlerweile weit fortgeschritten und werden teilweise auch schon eingesetzt (USA, Russland, beide genannten natürlich auch mit militärischen Nutzungsoptionen). Die genauen Verfahrensabläufe entnehme man [1] und der dort angegebenen Literatur.

4.6 Transport und Endlagerung radioaktiver Abfälle

4.6.1 Transport aktiven Materials

Mit und ohne Wiederaufbereitungsanlage bleibt der Transport radioaktiver Stoffe zwischen den einzelnen Stationen des Brennstoffkreislaufs ein Problem, das in verschiedenen Ländern unterschiedlich gelöst wurde. Seit 2005 ist der Transport von Brennelementen von Deutschland zur Wiederaufarbeitung im Ausland verboten. Stattdessen sollen die abgebrannten Brennelemente an den Kraftwerksstandorten zwischengelagert werden, bis ein Endlager gefunden wurde. Hierdurch kam es zu einer starken Reduktion der Transporte, welche hauptsächlich zur Überführung der radioaktiven Abfälle von ausländischen

Wiederaufbereitungsanlagen (La Hague, Sellafield) nach Deutschland stattfinden.

Die griechischen Sagenhelden Castor *(der Rossebändiger)* und Pollux sind Namenspatrone entsprechender Transport- und Endlagerbehältersysteme. Die Halbbrüder und Söhne der Leda waren teils *sterblich* (= zeitlich terminiert: Castor), teils unsterblich (Pollux als Sohn des Zeus). Neben dem mythologischen Rückgriff stand auch die Abkürzung *Cask for Storage and Transport of Radioactive Materials* Pate für CASTOR.

Der CASTOR-Behälter wurde speziell für Transport und Zwischenlagerung abgebrannter Elemente und verglastem HAW entwickelt.

Sichere Umschließung und Abschirmung der transportierten Aktivität sowie Abführung der freigesetzten Wärme, waren die Konstruktionsvorgaben.

Die Ausführung geschieht in dickwandigen Gusseisen- oder Schmiedestahlzylindern mit Kühlrippen und einem beidseitigen hochdichten Doppeldeckel.

Der mit abgebrannten Brennelementen gefüllte Behälter erzeugt im Abstand von 2 m eine Dosisleistung von 60–75 µSv/h (Summe aus γ- und Neutronenaktivität). Zum Schutz der Öffentlichkeit ist nach Gefahrgut(transport)verordnung eine Dosis von 0,1 mSv/h (Abstand 2 m) zu unterschreiten. In 10 Stunden erhält man so die typische Dosis der mittleren *natürlichen* Strahlenbelastung 1 mSv/a in Deutschland. Durch geeignete Vorkehrungen soll sichergestellt werden, dass am ungünstigsten Ort eines Castorlagers Dosen von 0,3 mSv/a nicht überschritten werden.

4.6.2 Endlagerung radioaktiver Abfälle

Radioaktive Abfälle aus Reaktoren und WAA's wurden in ▶ Abschn. 4.5 bereits quantifiziert. Pro 1,3 GW_{el} Reaktor und Jahr müssen ca. 30 t abgebrannte Brennelemente bzw. 3 m^3 aufbereitete HAWs (bei Wiederaufarbeitung) oder 45 m^3 HAWs ohne Wiederaufbereitung über lange Zeiträume sicher verwahrt werden. Deren integrale Wärmefreisetzung entspricht etwa 30 kW, nach 10 Jahren Abklingzeit auf dem Reaktorgelände noch 1 kW und nach 1000 Jahren 1 W. Nach 30 Jahren zeichnen Spaltprodukte für 2/3 sowie Actinoiden (Elemente mit $91 < Z < 104$, schwere α-Strahler) für 1/3 der Wärmeentwicklungen verantwortlich.

Das Bundesamt für Strahlenschutz [107] konstatiert für 2013 einen Istbestand von 114.000 m^3 und prognostiziert, dass bis zum Jahr 2040 ca. 277.000 m^3 Abfälle mit vernachlässigbarer Wärmeentwicklung in Deutschland zu entsorgen sind. Hiervon stammen ungefähr 64 % aus der Nutzung der Kernenergie und die anderen 36 % aus anderen Quellen (Forschungseinrichtungen, Strahlentherapie).

Hinzu kommt ein derzeitiger Istbestand von 15.000 t wärmeentwickelnder Abfälle (jährlicher Zuwachs in 2013: 400 t), die also für 2040 etwa 29.000 m^3 HAW mit ca. 17.200 t Schwermetallen ergeben. Diese bestehen zu ca. 10.500 t aus abgebrannten Brennelementen und zu 6230 t aus Abfällen aus der Wiederaufarbeitung. Die vorgenannten 17.200 t Schwermetalle haben nach einer Wartezeit von 30 Jahren noch eine Aktivität von ungefähr 10^{19}Bq.

Die weiter oben quantifizierten Mengen radioaktiven Abfalls müssen über lange Zeiten sicher gelagert werden. Hierfür wurden im Laufe der Zeit verschiedene Strategien diskutiert, wovon zwei mittelfristig umsetzbar erscheinende im Folgenden kurz angerissen werden sollen:

- Entsorgung der Abfälle in unterirdischen Gesteinsformationen: hierbei sollen die Abfälle in unterirdischen Endlagern über mehrere zehntausend Jahre sicher eingeschlossen werden.
- Transmutation: hierbei werden die langlebigen Spaltprodukte abgetrennt und in weniger langlebige Elemente umgewandelt

4.6.3 Einlagerung in Gesteinsformationen

Als Wirtsgesteine für ein Endlager in Deutschland kommen Steinsalz, Tonstein oder Kristallingesteine (z. B. Granit) in Betracht. Relevante physikalische Eigenschaften sind in ◘ Abb. 4.7 zusammengefasst.

Durch eine Begrenzung der Temperatur am Kontakt zwischen Behälteroberfläche und Gestein auf 200 °C bei Steinsalz und 100 °C bei Tonstein soll verhindert werden, dass es zu Veränderungen des Gesteinsmaterials durch die Erwärmung kommt.

▪ ASSE II

Das Vorhandensein natürlicher Salzstöcke in Deutschland legte eine Nutzung dieser als Lager radioaktiven Abfalls nahe. Aus ◘ Abb. 4.7 ergibt sich, dass Steinsalze ein plastisches Verhalten zeigen. Damit schließen sich Hohlräume innerhalb des Salzstocks und es kommt zur Ausheilung von Rissen. Nachteilig ist, dass Salz sehr gut wasserlöslich ist sowie das geringe Sorptionsvermögen und die geringe Durchlässigkeit für Gase. Auch der häufig komplexe geologische Aufbau der Salzstöcke macht die Erkundung schwierig.

In die Schachtanlage ASSE II (stillgelegtes Salzbergwerk) wurden seit 1967 125.787 Fässer schwach- bis mittelradioaktiven Abfalls eingelagert. Dies geschah als Forschungsprojekt zwecks praktischer Erforschung der Endlagerbarkeit radioaktiver Abfälle in ehemalige Salzstöcke. Eine Kammer (mittelradioaktive Abfälle, 19,5 % der Gesamtaktivität) liegt dabei in 511 m Tiefe, während weitere 12 Kammern in 725 bis 750 m Tiefe liegen. Insgesamt befinden sich 10 Kammern in der Südflanke, deren Hohlräume nicht ausreichend mit Salz befüllt wurden. Der Gebirgsdruck führte zu Rissen und Klüften im aufgelockerten Salzgestein der Südflanke, sodass mittlerweile täglich etwa 12 t Grundwasser in das Bergwerk eindringen, die mehrere Stollen zum Absaufen/Einstürzen bringen könnten. Planerische und konzeptionelle Fehlbewertungen der nicht – dem auch seinerzeit relativ stringenten – Atomrecht unterstellten Anlage werden nach heutigem Kenntnisstand wohl zu einem (sehr kostenaufwendigen) Entfernen der Fässer aus der Lagestätte führen.

Das Beispiel ASSE II zeigt deutlich, daß die Aufgabe ‚Findung eines Endlagerungkonzeptes' nicht erreicht wurde.

▪ Schacht Konrad

Beim „Schacht Konrad" handelt es sich um ein ehemaliges Eisenerzbergwerk zur Einlagerung nicht wärmeentwickelnder Abfälle. Nach gerichtlicher Bestätigung der Zulässigkeit begannen im Jahre 2007 die Umbauarbeiten, die bis 2019 abgeschlossen sein sollen. Es werden Einlagerungsfelder für bis zu 650.000 m^3 Abfälle angelegt, wovon nach dem Planfeststellungsbeschluss aber nur 303.000 m^3 genutzt werden dürfen. Die Gesamtaktivität der Abfälle darf $5.15 * 10^{18}$ Bq betragen.

Die Diskussion um die Sicherheit solcher Endlager konzentriert sich auf die Möglichkeit von Wassereinbrüchen und dadurch bewirkter langfristiger Durchrostung der Behälter. Dem Argument, „selbst dann benötige kontaminiertes Wasser noch hunderttausende Jahre, um an die Oberfläche bzw. in menschliche Reichweite zu gelangen", halten die Gegner der Endlagerung entgegen, „bei durch das Wasser bedingten Festigkeitsveränderungen des Stocks könne ein Einsturz das Wasser wie ein Hydraulikstempel über dünne Kanäle nach oben pressen".

▪ Gorleben

Seit 1979 wird der Salzstock Gorleben in Niedersachsen auf seine Eignung als Endlager für alle Arten radioaktiven Abfalls untersucht. Der Salzstock hat eine Länge von 14 km und eine Breite von ca. 4 km. Der Top des Salzspiegels liegt ca. 250 m unter der Oberfläche, die Salzbasis liegt zwischen 3200 m und 3400 m Tiefe. 2000 wurde ein

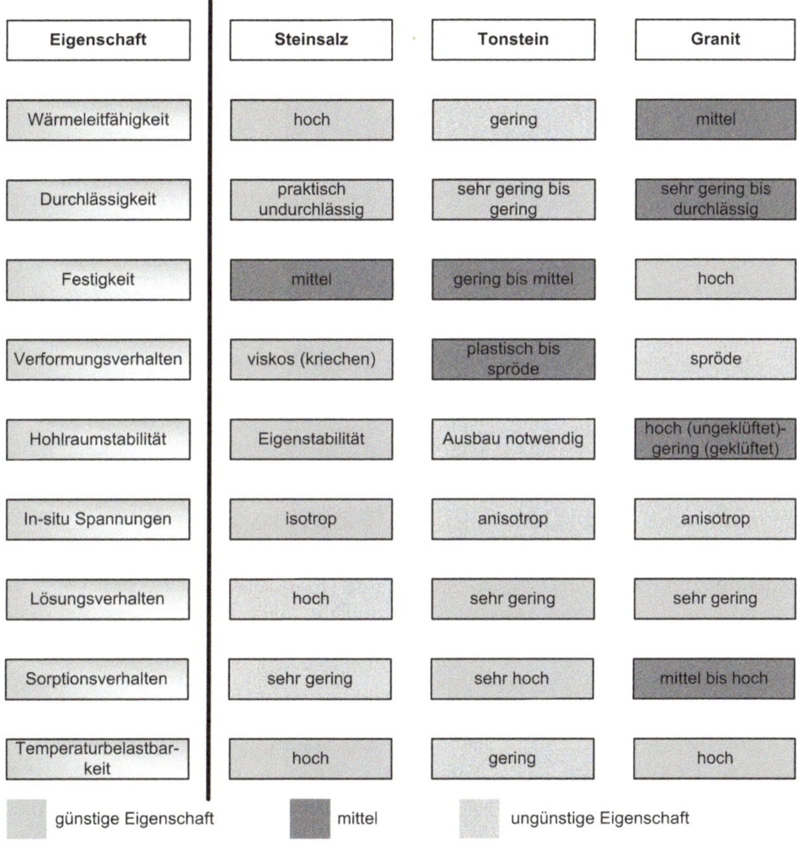

Eigenschaft	Steinsalz	Tonstein	Granit
Wärmeleitfähigkeit	hoch	gering	mittel
Durchlässigkeit	praktisch undurchlässig	sehr gering bis gering	sehr gering bis durchlässig
Festigkeit	mittel	gering bis mittel	hoch
Verformungsverhalten	viskos (kriechen)	plastisch bis spröde	spröde
Hohlraumstabilität	Eigenstabilität	Ausbau notwendig	hoch (ungeklüftet)-gering (geklüftet)
In-situ Spannungen	isotrop	anisotrop	anisotrop
Lösungsverhalten	hoch	sehr gering	sehr gering
Sorptionsverhalten	sehr gering	sehr hoch	mittel bis hoch
Temperaturbelastbarkeit	hoch	gering	hoch

günstige Eigenschaft
mittel
ungünstige Eigenschaft

Abb. 4.7 Eigenschaften der Wirtsgesteine, die in Deutschland infrage kommen [85]

zehnjähriges Moratorium der Erkundung von Gorleben beschlossen, um konzeptionelle und sicherheitstechnische Fragen zu klären. Seit 2010 wird die Erkundung des Salzstocks fortgesetzt. Bisher kann keine definitive Aussage über die Eignung oder Nichteignung von Gorleben getroffen werden. Hier müssen die weiteren Untersuchungen abgewartet werden [15].

Das Gesamtkonzept der Endlagerung basiert auf dem *Mehrbarrierenprinzip.* Bestandteil hiervon sind technische und natürliche Barrieren. Zu den natürlichen Barrieren gehört das Wirtsgestein, in das die Abfallbehälter eingelagert werden sowie ein Deckgebirge, welches das Endlager zur Biosphäre hin abschirmt. Zu den technischen Barrieren zählen das Füllmaterial, mit dem die Hohlräume und Zugangsschächte nach der Befüllung des Endlagers verschlossen werden sowie die Endlagerbehälter selbst. Dieser Endlager-*Sarg* ist eine senkrecht zu lagernde Glaskokille im Falle von HAW aus der Wiederaufarbeitung; abgebrannte Brennelemente werden von einem CASTOR (siehe ▶ Abschn. 4.6.1) in einen POLLUX-Behälter umgeladen (maximal 8 pro Behälter). POLLUX ist ein runder (Ø = 1,5 m), 5,5 m langer Stahltank, der beladen 65 t wiegt. Er wurde mit der Vorgabe extremer Korrosionsbeständigkeit (500 a) und Druckfestigkeit (35 MPa) konstruiert. Von Kritikern wird angeführt, dass das Mehrbarrierenprinzip nicht erfüllt wird. So sei das Deckgebirge nicht durchgängig, sondern habe in der Mitte eine Rinne, die bis in den Salzstock hineinrage. Damit sei keine Abtrennung von möglicherweise aus dem Salzstock austretendem radioaktiv kontaminiertem Wasser vom Grundwasser möglich [1].

4.6.4 Partitionierung und Transmutation

Wesentlich kürzere Abklingzeiten erhielte man, wenn es gelänge, die schweren und langlebigen α-Strahler durch Neutronenbeschuss zu transmutieren.

Ein Konzept, das dieses Ziel verfolgt, ist die Partitionierung und Transmutation (P&T). Unter der Partitionierung versteht man die Abtrennung der langlebigen Actinoide wie Neptunium, Plutonium, Americium und Curium, die beim Neutroneneinfang von ^{238}U und den folgenden Umwandlungsreaktionen entstehen. Daneben sollen die langlebigen Isotope der Spaltprodukte Iod und Technetium abgetrennt werden. Diese Elemente sollen anschließend durch Beschuss mit schnellen Neutronen in kurzlebigere Elemente transmutiert werden. Damit ist es möglich, die Aktivität der radioaktiven Abfälle um einen Faktor von ca. 100 zu reduzieren, abhängig von der Separationsgüte der oben genannten Radionuklide.

In Europa werden zurzeit zwei Projekte betrieben, die den Nachweis der wirtschaftlichen Nutzbarkeit der P&T erbringen sollen. Bei beiden Anlagen handelt es sich um beschleunigergetriebene Systeme (accelerator-driven system, ADS). Hierbei werden analog zum *Energy Amplifier* (► Abschn. 4.4.6) Neutronen durch Beschuss eines Pb/Bi-Targets mit Protonen aus einem Beschleuniger erzeugt. Diese zusätzlichen Neutronen sollen einen unterkritisch betriebenen Reaktor wieder in die Kritikalität heben. Bei dem Verfahren wird mehr Energie produziert als für den Betrieb des Beschleunigers und der anderen Komponenten (Spallationstarget etc.) benötigt wird. Hierfür werden ca. 5 % des erzeugten elektrischen Stroms gebraucht, je nach Unterkritikalität des Systems [1]. Die Wärmeauskopplung geschieht konventionell mit Dampferzeuger und Turbine, ◘ Abb. 4.8 zeigt das Schema.

Technische Hürden, die auf dem Weg zu einer wirtschaftlich betreibbaren P&T-Anlage noch zu nehmen sind, sind u. a.: Der Protonenstrahl darf nur sehr selten ausfallen, da sich sonst das Spallationstarget zu stark

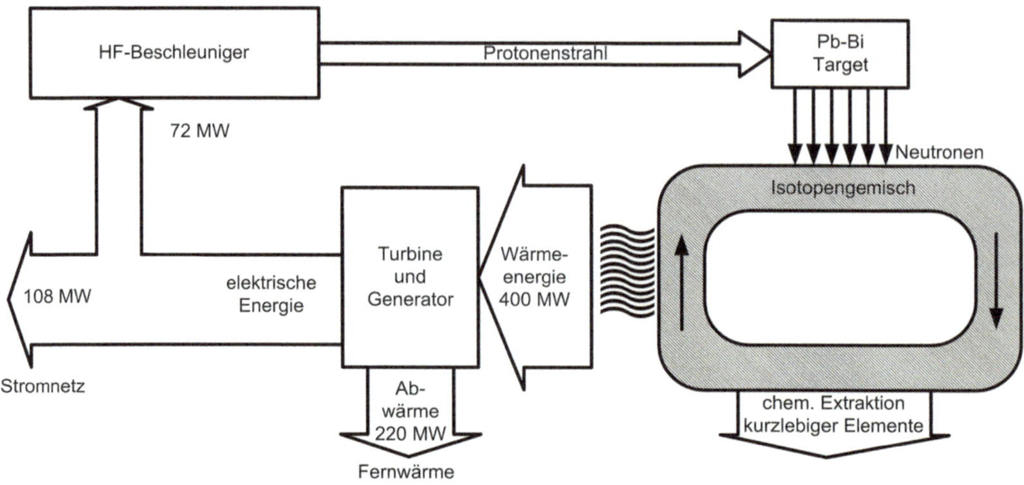

◘ **Abb. 4.8** Prinzipaufbau einer Transmutationsanlage [1]

abkühlen würde. Es wird damit gerechnet, dass ein Ausfall länger als eine Sekunde die Temperatur um einige hundert Kelvin sinken lassen würde. Die thermische Belastung des Reaktorsystems würde nach einigen tausend Zyklen zu Ermüdungserscheinungen führen. Ferner muss die Schmelze des Spallationstargets gegen das Hochvakuum des Beschleunigers abgeschirmt werden.

4.6.5 Transmutationsreaktor

Die Idee der Partitionierung und Transmutation kann mit der Idee der *Nachhaltigkeit* (schnelle Brüter) in zukünftigen Kernkraftwerken wieder aufgegriffen und vereint werden. Seit November 2011 läuft dazu im belgischen Mol das sogenannte *Guinevere Projekt,* bei dem das sichere Überführen *minorer Actinoide* in kurzlebigere Radionuklide unter Wärmefreisetzung im Transmutationsreaktor *Myrrha,* der seit 2016 phasenweise implementiert wird, experimentell getestet werden soll [59].

Wie bei einer Pistolentrommel die Patronen, lagern im Myrrha/Guinevere-Reaktor[5] in den äußeren Kammern aus Leichtwasserreaktoren stammende, verbrauchte Brennstäbe, die um ein Schwerwasser-oder Metalltarget, herum angeordnet sind. Das Target wird wiederum mit Protonen[6] beschossen und setzt dabei bis zu 55 schnelle Neutronen pro Kollision frei, wodurch es zur Spaltung der langlebigen radioaktiven Elemente unter Energiefreisetzung kommt. Bei unterkritischem Betrieb soll es möglich sein, die besonders langlebigen Spaltprodukte Plutonium, Americium, Neptunium und Curium auf bis zu 50 % anzureichern[7].

Um *herkömmlich verbrauchte* Brennstäbe zu transmutieren und gleichzeitig energetisch zu verwerten, müssen diese zunächst unter Energieeinsatz aufbereitet[8] werden. Bei der Partitionierung müssen Plutonium und Uran mithilfe von physikalisch-chemischen Verfahren von den Brennelementen abgetrennt und die minoren Actinoide nachträglich aus dem Raffinat herausgefiltert werden. Dabei werden die Brennstäbe zersägt und anschließend in Salpetersäure aufgelöst, d. h. die hochradioaktiven Stoffe liegen in flüssiger und teils auch gasförmiger Form vor; dies birgt ein erhöhtes Gefahrenpotenzial, verglichen mit einem gut moderierten KKW im Normalbetrieb. Die für Transmutationsreaktoren benötigte, saubere Partitionierung der minoren Actinoide aus dem Raffinat gelingt bisher ausschließlich im Labormaßstab [1].

4.7 Zukunft der weltweiten Nutzung nuklearer Energie

Eine aktuelle (Stand 2018) Übersicht hierzu ist in [117] zusammengestellt. Deutschland ist zurzeit das einzige Land mit einem definierten Ausstiegsszenario (wobei einige EU Länder, z. B. Italien, derzeit ähnlich rendieren).

5 Der *Guinevere-Reaktor* ist als Miniaturversion des *Myrrha* bereits in Betrieb, um den unterkritischen Betrieb kleinskalig zu testen, allerdings statt mit bis zu 100 MW Leistung nur mit 1 kW.

6 Der Ionenstrahl stammt aus einem Teilchenbeschleuniger und wird in Vakuumröhren über magnetische Felder präzise von oben in den Reaktorkern auf das Target gelenkt.

7 Diese langlebigen Spaltprodukte könnten bei kritischem Betrieb nur auf etwa 2 % angereichert werden. Beim Transmutationsreaktor sorgen allerdings nicht die verzögerten Neutronen, sondern die Ionenquelle (Beschleuniger, siehe Rubbiatron im ▶ Abschn. 4.4.6) für das Aufrechthalten der Kettenreaktion.

8 Ein Beispiel für die Notwendigkeit von Partitionierung gibt ^{129}Iod, welches nicht durch schnelle Neutronen, sondern über Neutroneneinfang in das nicht-radioaktive ^{130}Xenon überführt werden kann (die Halbwertszeit von ^{129}Iod liegt bei 17 Mio. Jahren).

Die zurzeit noch aktiven 7 deutschen KKW's werden 2022 abgeschaltet. Dieser Umstieg auf (im Wesentlichen) erneuerbare Energie und/oder Energieimporte fordert seinen Preis. Schon heute ist der durchschnittlich in Deutschland von Kleinverbrauchern zu bezahlende Preis für die Kilowattstunde mit 31.5 ct Spitzenreiter der EU.

Die weltweite Entwicklung stellt sich anders dar [109].

Weltweit werden derzeit (2016, näherungsweise unverändert seit 2000) aus ca. 450 Reaktoren (89 z. Zt. in Bau, 504 in Planung – davon 229 in der VR China) etwa 2600 TWh elektrische Energie (etwa das 5-fache der deutschen Gesamt*strom*produktion) erzeugt; 1975 betrug die weltweite Erzeugung aus Kernenergie 500 TWh. O. e. 2600 TWh sind zu vergleichen mit 4170 TWh aus Wasserkraft, 958 TWh aus Wind und 328 aus Photovoltaik. Für die Differenz zur Gesamtstromproduktion der Welt (2016) von ca. 25.000 TWh zeichnen die fossilen Energieträger verantwortlich.

Nachdem nukleare Generatoren der Generation I im Leistungsbereich um 200 MW und solche der Generation II (z. B. DWR und SWR Deutscher Bauart) ‚in die Jahre' gekommen sind, werden in Generation III evolutionäre und revolutionäre Ansätze in naher Zukunft zum Einsatz kommen. Zu ‚evolutionär' zählt der bereits erwähnte unter Deutscher Mitwirkung entwickelte EPR, ‚revolutionär' bezeichnet [108] z. B. den Advanced Pressurized Water Reactor (AP-1000 der amerikanischen Firma Westinghouse).

Generation IV subsummiert:

(Schnelle) Brüter und Hochtemperaturreaktoren in jeweils verbesserten Varianten, Wärmeauskopplung mit flüssigen Stoffen (Salze, Metalle) oder Dampfüberhitzung des Wärmetransporters [1].

Es muss sich noch herausstellen, ob sich die übernächste Generation wieder kleineren ‚modularen' Lösungen zuwendet, z. B. dem von Microsoft Gründer Bill Gates gesponserten Schnellen Brüter (600 MW) mit im Reaktorkern radial wandernder Brutzone [110].

Auch ohne deutsche Beteiligung wird die Erforschung und Entwicklung nuklearer Lösungsansätze weiter betrieben werden – sicherlich mit Irrwegen und Fehlschlägen aber auch mit wegweisenden neuen Erkenntnissen.

Energie aus Kernfusion

5.1 Grundlagen der Kernfusion – 74

5.2 Fusionsreaktor Sonne (vgl. Abschn. 3.1) – 76

5.3 Vorräte und Aufwand zur Erzeugung von Fusionsbrennstoffen – 77

5.4 Fusion im magnetischen Einschluss und Trägheitsfusion – 77
5.4.1 Tokamak – 77
5.4.2 Stellerator – 79
5.4.3 Plasmaheizung – 80
5.4.4 Modell eines Fusionskraftwerks (magnetischer Einschluss) – 80
5.4.5 Sicherheits- und Umweltaspekte der Kernfusion mit magnetischem Einschluss – 81

5.5 Trägheitsfusion – 81
5.5.1 Prinzip der laserinduzierten Fusion – 81
5.5.2 Experimente zur laserinduzierten Fusion – 82

5.6 Myon katalytische Fusion – 82

U. Blum, E. Rosenthal, B. Diekmann, *Energie – Grundlagen für Ingenieure und Naturwissenschaftler*,
https://doi.org/10.1007/978-3-658-26933-3_5

Bei der Verschmelzung zwei leichter Kernen zu einem mittelschweren Kern wird Energie freigesetzt (siehe den linken Teil der schematischen Darstellung der Weizsäckerformel in Abb. 4.1).

Verschmelzen 4 Wasserstoffatome letztlich zu Helium, werden pro kg He $172 \cdot 10^6$ kWh an Energie frei. Gegenüber der Spaltung von reinem ^{235}U wäre dies fast 8 mal mehr. Verglichen mit einem Liter Heizöl ergibt sich ein Faktor von 12 Mio.

Dieser Ertrag mindert sich zwar um ca. 30 %, weil über inverse β-Zerfälle 2 der 4 Wasserstoffprotonen in Neutronen umgewandelt werden müssen:

$$p_{\text{gebunden}} \rightarrow n + e^+ + \nu_e - 1{,}8\,\text{MeV} \quad (5.1)$$

Dennoch stellt die Kernfusion gegenüber allen anderen, heute vorstellbaren Energiequellen, die kompakteste und somit ergiebigste dar.

Folgerichtig sind intensive Bestrebungen im Gange, es der Sonne gleich zu tun.

5.1 Grundlagen der Kernfusion

Die genauen Schritte der Umwandlung von Wasserstoff in Helium sind entweder

$$^1_1\text{H} + {}^1_0\text{n} \rightarrow {}^2_1\text{H} + 2{,}22\,\text{MeV} \quad (5.2)$$

$$^2_1\text{H} + {}^1_1\text{p} \rightarrow {}^3_2\text{He} + 5{,}49\,\text{MeV} \quad (5.3)$$

Oder

$$^2_1\text{H} + {}^2_1\text{H} \rightarrow {}^3_2\text{He} + {}^1_0\text{n} + 3{,}27\,\text{MeV} \quad (5.4)$$

$$^2_1\text{H} + {}^2_1\text{H} \rightarrow {}^3_1\text{H} + {}^1_1\text{p} + 4{,}03\,\text{MeV} \quad (5.5)$$

$$^2_1\text{H} + {}^3_1\text{H} \rightarrow {}^4_2\text{He} + {}^1_0\text{n} + 17{,}58\,\text{MeV} \quad (5.6)$$

Um die Kerne einander so nahe zu bringen, dass die kurzreichweitige starke Wechselwirkung *greifen* kann, muss zunächst die elektromagnetische Abstoßung überwunden werden. Sie beträgt nach dem Coulombgesetz für zwei Protonen im Abstand $R = 3\,\text{fm}$.

$$E_{\text{Coulomb}} = \frac{1}{4 \cdot \pi \varepsilon 0} \cdot \frac{e^2}{R} = 0{,}46\,\text{MeV} \quad (5.7)$$

Setzt man $E = k_B \cdot T$ (mit $k_B = 8{,}6 \cdot 10^{-5}$ eV/K), so entspricht dies einer Temperatur von etwa $5 \cdot 10^9$ K. Um Kernen über Erhitzung eine kinetische Energie zu geben, die die Coulombbarriere überwindet, bedarf es *Milliarden Grad*, kein Ofen könnte dem standhalten.

Natürlich ist die tatsächliche Energie der Partikel nicht auf $\langle E \rangle = k_B \cdot T$ fixiert, sondern gemäß einer Maxwell-Boltzmannverteilung um diesen Mittelwert verteilt:

$$\frac{dN}{N} = \sqrt{\varepsilon} \cdot e^{-\varepsilon} \cdot d\varepsilon;\; \varepsilon = \frac{E}{\langle E \rangle} = \frac{E}{k_B \cdot T} \quad (5.8)$$

Bei einer Verteilung um $T = 10^8$ K überschreiten $1{,}4 \cdot 10^{-19}$ % der Partikel die Coulombschwelle von $5 \cdot 10^9$ K, bei einer solchen um $T = 7 \cdot 10^8$ K sind es 0,23 %.

Unter dem Begriff Wirkungsquerschnitt σ versteht man das in Flächeneinheiten angegebene Maß für die Wahrscheinlichkeit des Zustandekommens einer Reaktion. Da der Wirkungsquerschnitt für Fusionsreaktionen stark mit der relativen Geschwindigkeit $v_{12} = \sqrt{\frac{2E}{m}}$ der Reaktionspartner variiert, verwendet man zur Quantifizierung nicht das Produkt der Mittelwerte beider Größen, sondern den Mittelwert ihres Produkts, den sogenannten Reaktionsparameter $\langle \sigma \cdot v \rangle$ [cm³/s].

Seien pro Volumeneinheit $n_1 = n_2 = n/2$ Reaktionspartner vorhanden, dann ergibt sich als Energiegewinn pro cm³ in der Einschlusszeit τ:

$$E_{\text{out}} = \frac{n^2}{4} \cdot E_{\text{Fus}} \cdot \langle \sigma \cdot v \rangle \cdot \tau \quad (5.9)$$

Dem steht der Energieaufwand zum Erreichen der erforderlichen, thermischen Energiedichte gegenüber. Der Faktor $2 \cdot n$ berücksichtigt die n Elektronen des Deuterons (d) und die

n Elektronen des Tritiums (t) pro Volumeneinheit des zugrunde gelegten (d-t) Plasmas; die 3 entspricht den drei Freiheitsgraden der Translation bei Wärmezufuhr:

$$E_{\text{in}} = 2 \cdot n \cdot \frac{3}{2} \cdot k_B \cdot T \tag{5.10}$$

Bei einer Fusionsschwelle von 10^8 K bzw. $E = 8{,}6$ keV ($\sigma \approx 1$ barn, $v \approx 10^8$ cm/s) ergibt sich für eine Deuterium + Tritium-Fusion zu Helium $E_{\text{Fus}} = 17{,}58$ MeV bei Gleichsetzung der Energien für das Produkt $n \cdot \tau$:

$$n \cdot \tau = \frac{12 \cdot k_B \cdot T}{\langle \sigma \cdot v \rangle \cdot E_{\text{Fus}}} \approx 6 \cdot \frac{10^{13}\text{s}}{\text{cm}^3} \tag{5.11}$$

Für $T = 10^7/10^9$ K hätte man analog $n \cdot \tau = 6 \times 10^{17}/8 \times 10^{13}$ s/cm^3 erhalten.

Eine genauere Rechnung setzt diese untere Grenze der Kernfusion, die sogenannte Lawsonzahl, etwa um einen Faktor 3 herauf: $n \cdot \tau \approx 2 \cdot 10^{14}$ s/cm^3.

Die d-d-Fusion könnte unter den genannten Bedingungen erst bei 10^{16} Teilchen stattfinden, die 1 s lang in 1 cm^3 zusammengehalten werden.

In ◘ Abb. 5.1 ist die Kontur der Größe $n \cdot \tau \cdot T$ gegen T aufgetragen. Sie markiert die Grenze des thermonuklearen Brennens. Fusionsreaktoren müssen ihren Arbeitspunkt innerhalb der Kontur finden. Die in den verschiedenen Versuchsanlagen bisher erzielten Werte sind in ◘ Abb. 5.1 markiert.

Trotz der hohen Temperaturen hält die extrem niedrige Dichte (1 cm^3 Luft bei Normalbedingungen enthält $2{,}7 \cdot 10^{20}$ Moleküle) die Leistungsdichte auf einem Wert, der

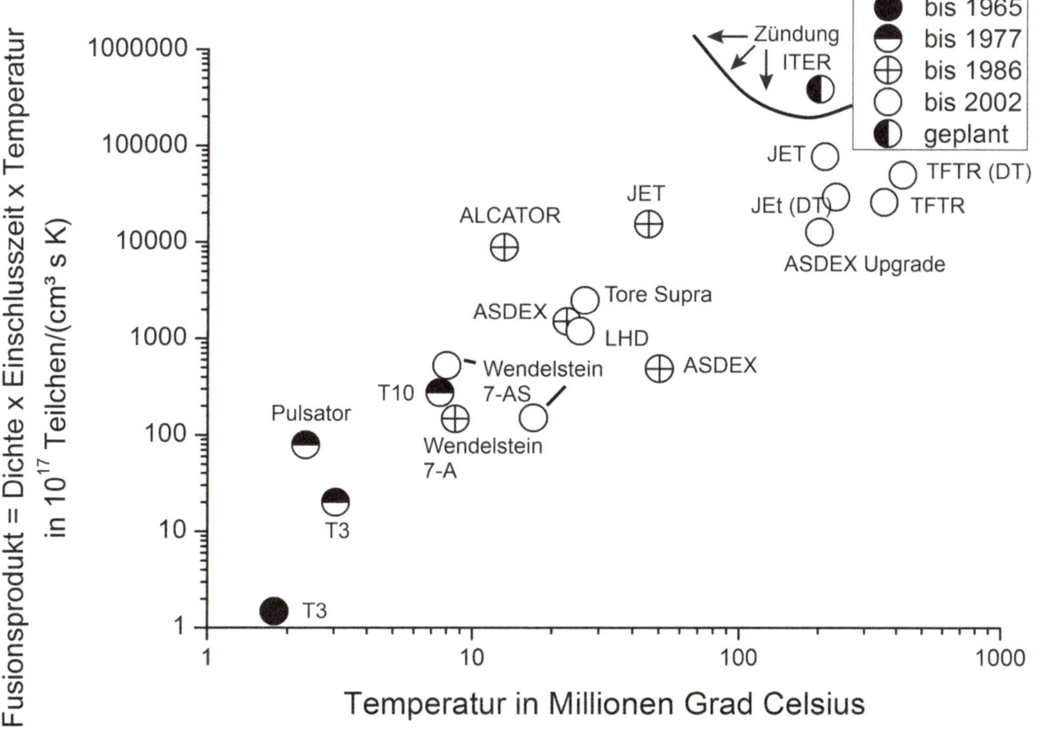

◘ **Abb. 5.1** Lawsonzahl $n \cdot \tau \cdot T$ gegen T und Betriebsergebnisse diverser Versuchsanlagen (Stand 2002). ITER befindet sich aktuell im Aufbau (Cardarache, Frankreich) und soll 2020 in Betrieb genommen werden [1]

etwa dem einer brennenden Glühbirne entspricht.

Für $n \cdot \tau = 2 \cdot 10^{14}\,\mathrm{s/cm^3}$ bzw. $\sigma \cdot v = 10^{-16}\,\mathrm{cm^3/s}$ ergibt sich nach (▶ Gl. 5.9) eine Leistungsdichte (über 1 s) von:

$$\begin{aligned}\frac{P}{V} &= n^2 \cdot \langle \sigma \cdot v \rangle \frac{E_{\mathrm{fus}}}{4} \\ &= 4 \cdot 10^{28} \cdot 10^{-16} \cdot 17{,}58 \cdot \frac{10^{-13}}{4} \\ &\approx \frac{3\,\mathrm{W}}{\mathrm{cm^3}}\end{aligned} \tag{5.12}$$

5

an der Grenze zum Brennen.

Für einen Arbeitspunkt mit 200 Mio. Grad und $n \cdot \tau = 10^{15}\,\mathrm{s/cm^3}$ ergibt sich $P/V = 25 \cdot 5 \cdot 3\,\mathrm{W/cm^3} \approx 0{,}4\,\mathrm{GW/m^3}$.

Die Strategien zum Erreichen des Brenngebiets können in 4 Kategorien unterteilt werden:

- niedrige Dichte und lange Einschlusszeiten: Plasmavolumina von einigen $\mathrm{m^3}$ und, durch Magnetfelder erzwungene, Zusammenhaltdauern von einigen Sekunden. Trotz niedriger (Masse)dichten können hohe Leistungsdichten erzielt werden;
- hohe Dichte und kurze Einschlusszeiten: Laser(-licht) oder Teilchenstrahlen verdichten Brennstofftröpfchen in sehr kurzen Zeitspannen auf sehr hohe Dichten;
- der grundsätzlich andere Weg der *katalytischen Fusion;*
- der konventionelle Modus mit unkonventionellen Betriebsparametern, den die Sonne gewählt hat.

5.2 Fusionsreaktor Sonne (vgl. Abschn. 3.1)

Erst das Verständnis der Weizsäckerformel und die Umsetzung auf die Verhältnisse in der Sonne durch Hans Bethe erlaubte es, den Mechanismus des Sonnenfeuers zu verstehen.

Auf konventioneller Feuerung basierende Erklärungen hatten am Ende des 19. Jahrhunderts das Erlöschen der Sonne und hieraus das Ende der Welt (Kältetod) vorhergesagt. Die hieraus resultierende Endzeitpsychose war offensichtlich unbegründet.

Der Fusionsprozess findet nur im heißen Kern der Sonne in einer Zone von etwa 20 % ihres Durchmessers von $1{,}4 \cdot 10^9\,\mathrm{m}$ statt. Die „niedrigen" Temperaturen (15 Mio. °C) erfordern Drücke von $20 \cdot 10^9$ bar bzw. Dichten von $200\,\mathrm{g/cm^3}$. Ermöglicht werden diese Werte durch den Gravitationszusammenschluss der Sonne. Die Sonnentemperatur unterschreitet die Coulombbarriere um einen Faktor 300. Die normale Maxwell-„Verschmierung" würde nicht für eine Kettenreaktion ausreichen.

Der quantenmechanische *Tunneleffekt* erlaubt aber die Durchdringung einer in klassischer Mechanik unüberwindlichen Barriere. Die Wellennatur der Partikel erlaubt es, vor und hinter der Barriere, nicht allerdings innerhalb der Barriere, eine von Null verschiedene Aufenthaltswahrscheinlichkeit zu berechnen.

Letztlich verbrennt die Sonne in einem mehrstufigen Prozess, der die Bildung von d, t, He, Be, Li und B involviert und die Bereitstellung der Neutronen über die schwache Wechselwirkung sicherstellt, 4 Protonen zu einem Heliumkern:

$$4\mathrm{p} \rightarrow {}^4_2\mathrm{He} + 2\mathrm{e}^+ + 2\nu_e + 26\,\mathrm{MeV} \tag{5.13}$$

Dieser *Ofen* brennt seit Milliarden Jahren im thermischen Gleichgewicht zwischen Wärmeerzeugung durch Fusion und Abstrahlung an der Oberfläche.

Verteilt man also die $3{,}8 \cdot 10^{26}\,\mathrm{W}$ Abstrahlungsleistung auf $V_{\mathrm{Fus}} = (4/3) \cdot \pi \cdot (0{,}2 \cdot 7 \cdot 10^8)^3\,\mathrm{m^3}$, ergibt sich eine überraschend moderate Leistungsdichte von $33\,\mathrm{W/m^3}$.

Salopp gesprochen, erhält man mit kleinen Fusionsquerschnitten und hohen

Teilchendichten moderate Leistungsdichten und – mit riesigen Volumina – riesige Leistungen.

5.3 Vorräte und Aufwand zur Erzeugung von Fusionsbrennstoffen

Die d-t-Fusion gewährleistet am ehesten energetischen Ertrag. Deuterium d ist im Wasser durch Ersetzung der Wasserstoffprotonen im H_2O durch Deuterium (Schwerwasser D_2O) im Verhältnis $d : p \approx 10^{-4}$ enthalten. Die Vorräte sind damit faktisch unbegrenzt. Problematischer ist die Situation für Tritium t ($^3_1$H), ein β-Strahler mit 12,26 a Halbwertszeit. Da es keine natürlichen ausbeutbaren Vorkommen gibt, muss es durch Neutronenbeschuss von Lithium erbrütet werden:

$$^7_3\text{Li} + {}^1_0\text{n} \rightarrow {}^4_2\text{He} + t + n + 2{,}5\,\text{MeV} \quad (5.14)$$

$$^6_3\text{Li} + {}^1_0\text{n} \rightarrow {}^4_2\text{He} + t + 4{,}8\,\text{MeV} \quad (5.15)$$

Im Reaktorbetrieb würde der Brennstoff t aus einer Li-Bruthülle (sogenannte Blankets) kontinuierlich erzeugt und nach Entnahme absepariert werden. Auch die weltweiten Vorräte an Lithium stellen keine Einschränkung für die Kernfusion dar.

5.4 Fusion im magnetischen Einschluss und Trägheitsfusion

Der Fusionsreaktor Sonne zeichnet sich durch ein sehr günstiges O/V-Verhältnis von $3/1{,}4 \cdot 10^8 \approx 2 \cdot 10^{-8}$ [1/m] aus und kann so, trotz niedriger Leistungsdichte, Wärme effizient auskoppeln.

Auf der Erde würde für einen Reaktor gelten:

$$\left(\frac{O}{V}\right)_{\text{Sonne}} : \left(\frac{O}{V}\right)_{\text{Reaktor}} = R_{\text{Reaktor}} : R_{\text{Sonne}} \approx 1 : 5 \cdot 10^7$$

Die Leistungsdichte betrüge entsprechend $33\,\text{W} \cdot 5 \cdot 10^7 \approx 1 - 2\,\text{GW/m}^3$. Bei geringeren Leistungsdichten könnte der Reaktor zwar brennen, aber letztlich keine Wärme liefern.

Irdische Reaktoren der Kategorie „magnetischer Einschluss" würden erhitztes Plasma, ein ionisiertes Kern-Elektronengemisch ohne feste Atomstruktur, durch starke Magnetfelder einige Sekunden lang *festhalten*.

Als günstigste Form eines Reaktorgefäßes gilt ein Ring, da in einem linearen Plasmagefäß die Endverluste zu groß wären, um *genügend lange* Einschlusszeiten τ_E zu erzielen. Die Fokussierung der ionisierten Plasmateilchen auf die Sollbahn eines entsprechend geformten Reaktorgefäßes geschieht durch Überlagerung zweier Magnetfelder, eines toroidalen und eines poloidalen (vgl. ▫ Abb. 5.2). Die magnetischen Kräfte werden durch $\vec{F} = e \cdot \left(\vec{v} \times \vec{B}\right)$ in Betrag und Richtung beschrieben. Die Beträge von B erreichen Werte von etwa $10\,\text{T} = 10\,\text{V} \cdot \text{s/m}^2 = 10^5$ Gauß. Sie werden in der Regel durch sehr hohe Spulenströme von einigen 10^6 A erzeugt. Solch hohe Ströme können nur dann in den Spulen fließen, ohne diese durch ohmsche Heizung zu zerstören, wenn der Effekt ausgenutzt wird, dass der Widerstand unterhalb einer bestimmten Temperatur *(sprungartig)* verschwindet (Supraleitung).

Ein solcher Kernfusionsreaktor fordert höchste und niedrigste Temperaturen in enger Nachbarschaft. Die Zuführung des Stroms für das Poloidfeld unterscheidet zwei Varianten eines solchen Reaktorkonzepts Plasmas.

5.4.1 Tokamak

Dieses vereinfachte Konzept wurde in der ehemaligen Sowjetunion entwickelt. Tokamak ist ein Akronym für das Russische *toroidalnaya kamera e magnitnaya kathuska*.

Bei einem Tokamak bildet ein Kranz von ringförmigen Spulen ein toroidales = kreisförmiges Magnetfeld aus, d. h. die Magnetfeldlinien laufen ringförmig um das Zentrum des Torus. Nur das Toroidfeld wird durch

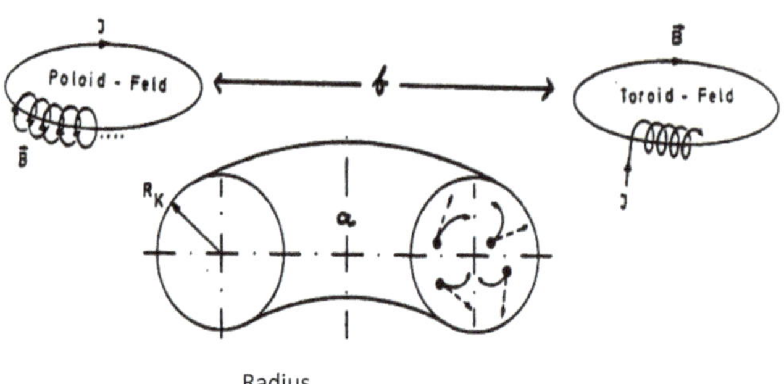

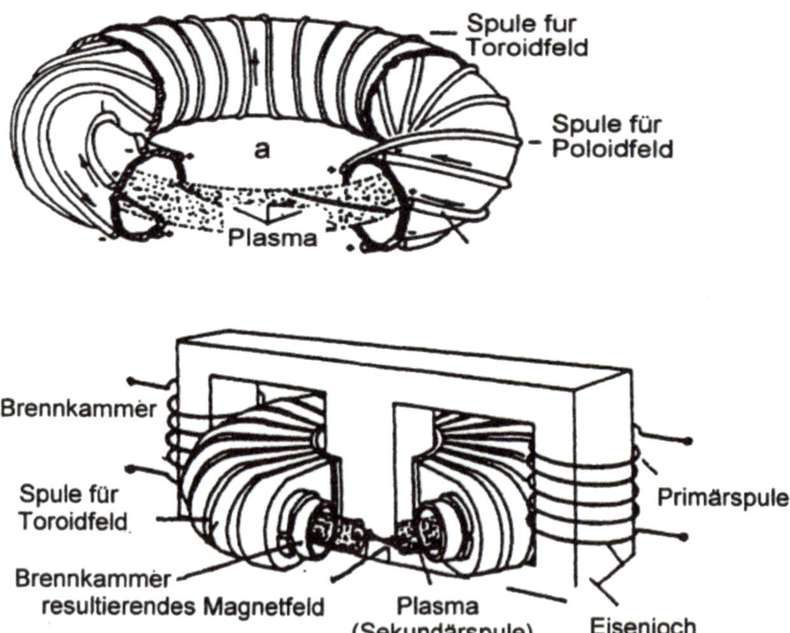

Abb. 5.2 Prinzip der Ringschlauchfokussierung durch poloidale und toroidale Felder im Prinzip (oberes Bild) bei Stellerator (mittleres Bild) und Tokamak (unteres Bild) [1]

eine externe Spule zugeführt. Der Strom im Plasmaschlauch selbst erzeugt das zweite für die Fokussierung der Teilchenbahnen im ringförmigen Vakuum notwendige Magnetfeld: das den Ring kreisförmig umschließende Poloidfeld.

Den derzeit prominentesten Vertreter der Tokamak-entwicklung bildet ITER.

ITER

Bei ITER handelt es sich um einen im Bau befindlichen Forschungsfusionsreaktor. Das Akronym ITER steht zum einen für *International Thermonuclear Experimental Reactor,* zum anderen für das lateinische

Wort *iter*, der Weg. ITER ist ein internationales Gemeinschaftsprojekt. Der Standort befindet sich im südfranzösischen Cadarache.
Die Baukosten wurden zu Beginn des Projekts im Jahr 2006 mit 5,5 Mrd. EUR angegeben, 2011 gingen die Projektverantwortlichen davon aus, dass sich die Baukosten ungefähr verdoppeln würden. Die Fertigstellung von ITER ist für das Jahr 2020 vorgesehen, die Betriebszeit ist auf 20 Jahre geplant. Sollten die Experimente von ITER erfolgreich verlaufen, so ist im Anschluss daran der Bau von DEMO (Demonstration Power Plant), einem Fusionskraftwerk zur kommerziellen Stromerzeugung, vorgesehen; allerdings dürften nach dem aktualisierter Statusreport (Januar 2016) Verteuerungen und Verzögerungen bei der Materialbereitstellung zu einer Nichteinhaltung der Zeitpläne führen [83, 84]. Es wäre aber vorschnell, deswegen – wie in der Überschrift des Artikels geschehen – von *Kernfusion am Ende* zu sprechen. In [85] wird daher auch unter dem Titel *Von der Vision zur Fusion* ein optimistischeres Bild gezeichnet.

5.4.2 Stellerator

Ein anderes Konzept zum magnetischen Einschluss stellt der Stellarator dar (◘ Abb. 5.2). Dieser benötigt keinen Stromfluss im Plasma selbst und besitzt damit gute Voraussetzungen, um fortlaufend betrieben zu werden. Die Verdrillung des Magnetfelds wird hierbei durch die Formgebung der äußeren Spulen erreicht.

Im Max-Planck-Institut für Plasmaphysik in Greifswald wird seit 2005 Wendelstein 7-X aufgebaut. Er ist mit einem Durchmesser von 11 m und einer Schlauchdicke von $\approx$1 m erheblich größer als seine Vorgänger. Er enthält als *Herzstück* 50 nicht ebene 3,5 m hohe supraleitende Einzelspulen und peilt ein Magnetfeld von 3 T bei einem Plasmavolumen von ca. 30 m^3 und einer Plasmamasse von 5–30 mg an. Das Plasma soll auf Temperaturen von 60 bis 130 Mio. Kelvin erhitzt werden und die Entladedauer soll bis zu 30 min betragen. Die Anlagenbetreiber konnten im Dezember 2015 mit der Pressemeldung „Forscher ahmen die Sonne nach – Wendelstein erzeugte erstmals Plasma“ an die Öffentlichkeit treten.

Hierbei handelte es sich – wegen der chemischen Inertheit von Helium – noch um ein Helium Plasma; die Umstellung auf ein Wasserstoffplasma sollte kein Problem darstellen und experimentell in Februar 2016 durchgeführt werden. ◘ Abb. 5.3 zeigt das etwa 1 Mio. Grad heiße Heliumplasma mit einer Lebensdauer von ca. 1 ms.

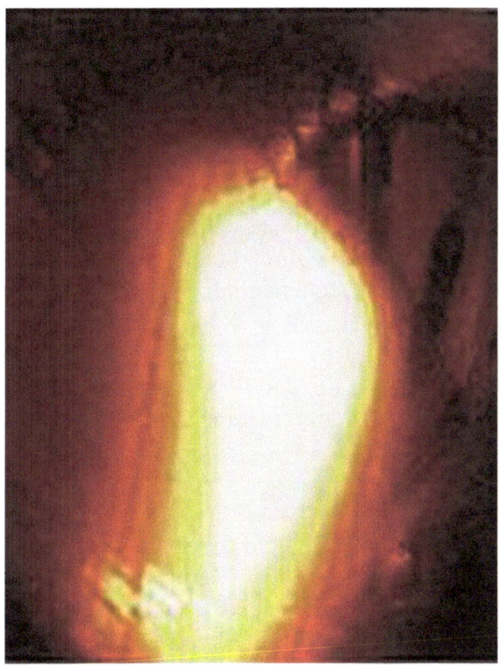

◘ **Abb. 5.3** Momentaufnahme des Heliumplasmas bei Wendelstein 7 X vom Dezember 2015 [83, 84]

5

5.4.3 Plasmaheizung

Um das Plasma auf Temperaturen von einigen 100 Mio. °C aufzuheizen, sind verschiedene Verfahren entwickelt worden, davon sollen im Folgenden drei vorgestellt werden.

■ ■ Ohmsche Heizung

Der im Tokamak induzierte Plamastrom hat eine Stärke von einigen Millionen Ampere und trägt durch den ohmschen Widerstand des Plasmas zur Aufheizung bei. Dieses Verfahren ist bis zu einer Temperatur von einigen Millionen °C effektiv, danach verliert das Plasma, da es sich um einen Heißleiter handelt, an Widerstand und ein weiteres Aufheizen ist mit diesem Verfahren nicht mehr möglich. Dieses Verfahren ist also nur zur Anfangsheizung geeignet.

■ ■ Neutralteilcheninjektion

Bei diesem Verfahren werden elektrisch neutrale Teilchen mit hoher kinetischer Energie in das Plasma eingeschossen. Hierzu werden die Teilchen zunächst ionisiert, damit sie in einem elektrischen Feld beschleunigt werden können. Anschließend werden sie wieder neutralisiert, um den magnetischen Käfig des Plasmas ungehindert passieren zu können. Die nicht neutralisierten Teilchen werden vorher mithilfe eines Magnetfelds abgelenkt und in einen Ionensumpf geschickt. Die eingeschossenen Teilchen haben eine Energie von etwa 1 MeV (ITER), die damit deutlich größer ist als die der Temperatur des Plasmas (ca. 100 Mio. °C) entsprechende Energie von ca. 10 keV.

■ ■ Wellenheizung

Eine dritte Möglichkeit stellt die Mikrowellenheizung dar. Hierbei werden die Teilchen durch elektromagnetische Wellen wie beim Mikrowellenherd zu Schwingungen angeregt. Die Mikrowellen werden mithilfe einer Gyrotronröhre erzeugt und durch ein Fenster, das aus künstlichem Diamant besteht, eingekoppelt. Diamant hat hierbei den Vorteil einer sehr hohen Wärmeleitfähigkeit, sodass nur ein sehr geringer Anteil der Leistung absorbiert wird.

5.4.4 Modell eines Fusionskraftwerks (magnetischer Einschluss)

Obwohl der Bau eines kommerziellen Fusionskraftwerks frühstens für das Jahr 2050 erwartet wird, gibt es schon Ideenskizzen, wie ein solches Kraftwerk aussehen würde. Diese Ideen gehen vom Einschluss des Plasmas in einem Magnetfeld aus. In den ersten Sekunden müsste dem Plasma eine Leistung von 50 bis 100 MW zugeführt werden, um den Fusionsprozess in Gang zu setzen. Anschließend würde das Plasma durch die Stoßprozesse mit den entstehenden schnellen, im Magnetfeld gefangenen, Heliumkernen selbstständig seine Temperatur halten. Das entstehende Helium entspricht der *Asche* des Brennprozesses und muss fortlaufend, gemeinsam mit Verunreinigungen aus der Gefäßwand, durch ein *Divertor* genanntes System, aus dem Plasma entfernt werden. Die bei der Fusion entstehenden Neutronen sind elektrisch neutral und können deshalb das Magnetfeld verlassen. Das Plasmagefäß ist von einem lithiumhaltigen Mantel umgeben, in dem die Neutronen abgebremst werden. Aus dem Lithium wird durch den Neutronenbeschuss Tritium erzeugt. Durch die Stöße mit den Neutronen erwärmt sich der Mantel und über einen Wärmetauscher kann die Abwärme einem konventionellen Kraftwerkssystem zur Stromerzeugung zugeführt werden. Ein Kraftwerk mit einer elektrischen Leistung von einem Gigawatt würde ca. 20 g Tritium pro Stunde verbrauchen.

Auf dem Weg zu einem Fusionskraftwerk, mit dessen Hilfe sich Netto-Energie erzeugen lässt, sind noch viele Hürden und Schwierigkeiten zu überwinden. Als ein Knackpunkt von vielen sei genannt:

Erosions- und Abtragungseffekte am Wandmaterial durch radioaktive Strahlung und thermische Belastung. Hierbei wird z. B.

an ITER eine kleine Teilfläche der Divertor-Targetplatten mit hohen Wärmeflussdichten in der Größenordnung von bis zu 10 MW/m^2 beaufschlagt.

Eine summarische Bewertung lässt sicherlich die Aussage zu, dass eine Verfügbarkeit der Kernfusion als irdische Energiequelle jedoch aller Voraussicht nach nicht vor dem Jahr 2050 gegeben sein wird. Das Demonstrationskraftwerk DEMO soll ab 2040 in Betrieb genommen werden.

5.4.5 Sicherheits- und Umweltaspekte der Kernfusion mit magnetischem Einschluss

Ein wesentlicher Aspekt bei der Betrachtung der Sicherheit eines Fusionskraftwerks ist sicherlich die Tatsache, dass es keine unkontrolliert ablaufende Kettenreaktion geben kann. Werden die Anlagensteuerungseinrichtungen abgeschaltet, so werden die Bedingungen, unter denen eine Kernfusion stattfinden kann, sehr schnell verlassen und der Fusionsprozess kommt zum Erliegen.

Die von außen zugeführten Rohbrennstoffe Deuterium und Lithium sind, genauso wie das Fusionsprodukt Helium, nicht radioaktiv [1]. Die einzigen, in einem Fusionskraftwerk vorhandenen radioaktiven Stoffe, sind das erbrütete Tritium und durch Aktivierungsprozesse erzeugte radioaktive Bauteile (Brennkammerwand und Brutmantel). Die Art und Menge der aktivierten Bauteile hängt sehr stark von der Konstruktion des Kraftwerks und den verwendeten Baustoffen ab. Daher sind in diesem Punkt Aussagen zum heutigen Zeitpunkt nur sehr schwer möglich.

Das gesamte Tritiuminventar eines 1 GW_{el} Kraftwerks wird auf ca. 2 kg Tritium geschätzt, was einer Aktivität von ca. $7 \cdot 10^{17}$ Bq entspricht [1]. Zusammen mit der durch Aktivierungsprozesse erzeugten Radioaktivität ergibt sich eine Aktivität des Inventars von ca. $1{,}7 \cdot 10^{20}$ Bq [1]. Zum Vergleich hat ein Kernkraftwerk mit einer Leistung von 1,3 GW_{el} ein Inventar von ca. 10^{20} Bq.

Studien gehen davon aus, dass bei einer 30jährigen Betriebszeit eines Fusionskraftwerks durch Betrieb und Stilllegung 50.000 bis 100.000 t radioaktive Abfälle anfallen; diese Zahlen sind mit denjenigen eines Kernkraftwerks gleicher Leistung vergleichbar. Die Halbwertszeiten der entstehenden Abfälle sind jedoch deutlich geringer als bei Kernkraftwerken (1 bis 5 Jahre gegen 100 bis 10.000 Jahre). Daher können nach spätestens 100 Jahren 60 % der Abfälle konventionell entsorgt werden und nur einige Prozent der Abfälle müssen *endgelagert* werden.

Zur radiologischen Belastung der Bevölkerung im Normalbetrieb können bisher nur sehr unpräzise Angaben gemacht werden. In [57] geht man davon aus, dass im Normalbetrieb maximal 2 g Tritium pro Jahr freigesetzt werden, welches zu einer maximalen Belastung der Bevölkerung, im ungünstigsten Fall, von 0,05 mSv/a führen kann.

5.5 Trägheitsfusion

Das Konzept des Trägheitseinschlusses erfüllt das Lawson-Kriterium auf einem anderen Weg als dem des magnetischen Einschlusses. Dabei wird versucht, durch eine schnelle Energiezufuhr das Volumen des Brennstoffs zu komprimieren und gleichzeitig die Temperatur des Brennstoffs zu erhöhen. Die notwendige Einschlusszeit beträgt nur noch wenige Nanosekunden. Eine Möglichkeit, den Trägheitseinschluss zu erreichen, stellt der Beschuss mit Laserlicht dar, wie in ◘ Abb. 5.4 zur Verdeutlichung des Schemas dargestellt.

5.5.1 Prinzip der laserinduzierten Fusion

Prima vista klingt das technische Prinzip einfacher: Licht wird aus symmetrisch angeordneten leistungsstarken Lasern

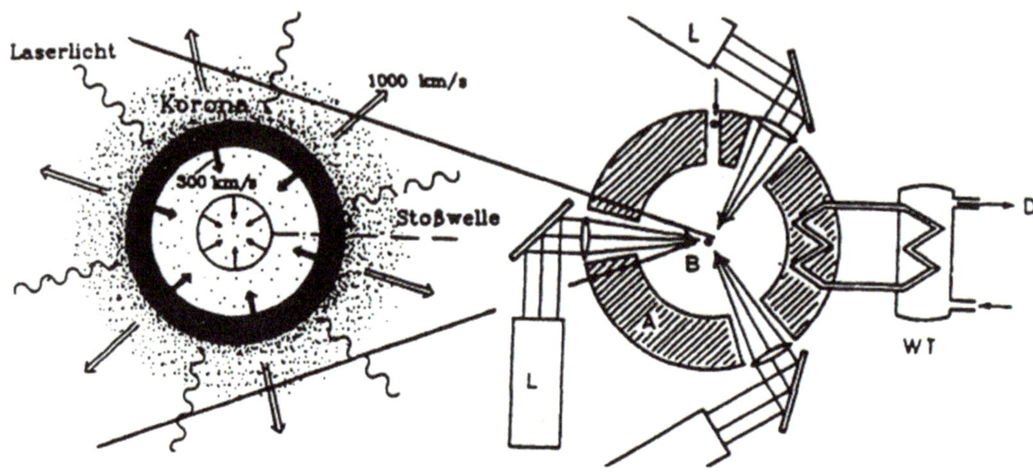

Abb. 5.4 Prinzip laserinduzierter Fusion [1]

(Energie $\approx$ 3 MJ, Dauer $\approx$ 1 ns; Leistung $\approx 10^{14}$ W) auf ein d-t- Kügelchen (Größe $\approx 1\,\mathrm{mm}^3$) geschossen. Die Schockwelle der Oberflächenerhitzung verdichtet das Kugelinnere in sehr kurzen Zeiten ($t \approx 2 \cdot 10^{-11}$ s) bis zur *Fusionsreife* mit $T \approx 10^8$ K, $p \approx 10^{12}$ bar und $\rho \approx 200\,\mathrm{g/cm}^3$, was einer Verdichtung um einen Faktor von 1000 entspricht.

5.5.2 Experimente zur laserinduzierten Fusion

Zurzeit werden zwei Experimente zur laserinduzierten Kernfusion betrieben. Das erste ist die National Ignition Facility (NIF) am Lawrence Livermore National Laboratory in Livermore, Kalifornien. Im Oktober 2010 wurde zum ersten Mal eine Dichte und Temperatur des Deuterium-Tritium-Gemischs erreicht, bei der es zu einer Zündung kam.

Eine zweite Anlage ist das französische LMJ (Laser Mégajoule), welches seit 1994 in der Nähe von Bordeaux entwickelt wurde und seit 2004 aufgebaut wird.

5.6 Myon katalytische Fusion

Ein weiterer Ansatz ist es, Deuterium und Tritium nicht durch Erwärmung, sondern durch Einschnürung auf Fusionsabstände zu bringen.

Hierzu werden Elektronen der Hülle eines (d-t)-Moleküls durch 210 mal schwerere Myonen ersetzt. Myonen gehören ebenso wie die Elektronen zur Gruppe der *Leptonen* und sind, mit Ausnahme ihrer Masse, in den relevanten Quantenzahlen mit diesen identisch. Ihr Einsatz im Atom bewirkt eine Verkleinerung des Radius der ersten Bohrschen Bahn von 0,5 Angström um das Massenverhältnis $m_e/m_\mu \approx 1/200$ auf 250 fm und eine entsprechende Vergrößerung der Bindungsenergien (Wasserstoff: 13,6 eV).

Zunächst würde ein Wasserstoffatom sein Elektron durch ein Myon ersetzen. Dieser Prozess würde etwa 10 ns dauern. Etwa dieselbe Zeit wäre erforderlich, bis ein solches Atom mit Deuterium ein (p-μ-d) Molekül bildete. Durch hochfrequente Zitterbewegungen von Proton und Deuteron werden die eingesperrten Kerne nach $\langle t_{\mathrm{Fus}} \rangle \approx 3$ ns auf

Fusionsabstände gebracht und somit die Reaktionen

$$(\mathrm{p}-\mu-\mathrm{d}) \rightarrow {}_{2}^{3}\mathrm{He}+\mu+5{,}4\ \mathrm{MeV} \quad (5.16)$$

sowie die eigentliche Fusionsreaktion

$$(\mathrm{d}-\mu-\mathrm{t}) \rightarrow {}_{2}^{4}\mathrm{He}+n+\mu+17{,}6\ \mathrm{MeV} \quad (5.17)$$

ausgelöst. Ein Myon lebt (im Ruhesystem) etwa 2 µs; es könnte daher im Laufe seiner mittleren Lebensdauer ≈ 100 Fusionen initiieren und somit etwa 2 GeV freisetzen. Ein entsprechender Fusionsreaktor würde aber wohl an der Bereitstellung eines Myonenflusses mit Energieaufwand von deutlich weniger als 2 GeV pro Myon, z. B. durch einen Teilchenbeschleuniger, scheitern. Denkbar wären Anlagen, die den Neutronenfluss aus der d-t-Fusion einem konventionellen *schnellen Brüter* zuführen und die deutlich größere Energie aus schneller Pu-Spaltung und aus der d-t-Fusion nutzen: sogenannte myonkatalytische Brüter.

Energiespeicher

6.1 Elektrische Energiespeicher – 86

6.2 Elektrochemische Speicher – 88

6.3 Pump- und Druckluftspeicherkraftwerke – 91

6.4 Wasserstoff-Speicherung – 91

6.5 Thermische Speicher – 92
6.5.1 Sensible Wärmespeicher – 92
6.5.2 Latentwärmespeicher – 93
6.5.3 Thermochemische Speicher – 94

U. Blum, E. Rosenthal, B. Diekmann, *Energie – Grundlagen für Ingenieure und Naturwissenschaftler*,
https://doi.org/10.1007/978-3-658-26933-3_6

Werden elektrische Energie oder Wärmeenergie nicht direkt während eines Umwandlungsprozesses sondern zu einem späteren Zeitpunkt benötigt, müssen sie gespeichert werden. Neben der Kapazität eines Speichers, also der Menge an Energie die gespeichert werden kann, ist die Energiedichte eine wichtige Kenngröße. Die volumetrische Energiedichte ist ein Maß für die gespeicherte Energie pro Raumvolumen, während sich die gravimetrische Energiedichte auf die gespeicherte Energie pro Masse des Speichers bezieht.

6.1 Elektrische Energiespeicher

Die Speicherung großer Strommengen zählt zu den wichtigsten technischen Herausforderungen, die zur Einbindung von fluktuierenden regenerativen Energien gemeistert werden müssen. Obwohl kurzfristige Schwankungen der Stromproduktion einzelner regenerativer Anlagen an einem Standort durch die große Anzahl von Einzelanlagen und deren weite räumliche Verteilung in der Gesamtheit ausgeglichen werden können, werden zusätzlich elektrische Speicher benötigt um Angebot und Nachfrage in Einklang zu bringen. Ist mehr Energie verfügbar als benötigt wird, laden sich die Energiespeicher auf und stellen eine Last dar. Wird umgekehrt mehr Energie benötigt als bereitgestellt werden kann, entladen sich die Energiespeicher und stellen ihrerseits Energie zur Verfügung.

Elektrische Energie wird meist durch die Umwandlung in eine andere Energieform gespeichert. Druckluftspeicher, Pumpspeicherkraftwerke und Schwungmassenspeicher wandeln elektrische in mechanische Energie um. Akkumulatoren oder stoffliche Speicher nutzen chemische Energie zur Speicherung, während Kondensatoren oder Spupraleitende Spulen die Energie in elektromagnetischen Feldern speichern.

▪ Elektrische Kurzzeitspeicher

Elektrische Kurzzeitspeicher sind in der Lage, sehr schnell Energie bereitzustellen, jedoch nur über einen begrenzten Zeitraum. Sie sind innerhalb weniger Millisekunden verfügbar und besitzen eine hohe Leistung. Ihre gespeicherte Energiemenge ist jedoch im Allgemeinen gering. Ein typisches Beispiel für diesen Speichertyp sind supraleitende Spulen oder Drehmassenspeicher. Kurzzeitspeicher werden häufig eingesetzt um Netzschwankungen im Bereich von wenigen Sekunden auszugleichen oder kurzfristig anfallende Energiemengen zwischenzuspeichern.

Ein Drehmassenspeicher speichert Energie in Form von Rotationsenergie. Während des Ladevorgangs wird ein Schwungrad durch einen Elektromotor in Rotation versetzt. Zum Entladen überträgt das Schwungrad seine Rotationsenergie auf den nun als Generator genutzten Elektromotor, der die Rotationsenergie in elektrische Energie umwandelt. Die in einem Drehmassenspeicher gespeicherte Energie E_{rot} ist proportional zum Trägheitsmoment Θ des Schwungrades und steigt quadratisch mit der Drehzahl U:

$$E_{\mathrm{rot}} = \frac{1}{2}\Theta \cdot (2 \cdot U)^2 \tag{6.1}$$

Wird dem Speicher Energie zugeführt bzw. entnommen, ändert sich die Drehzahl des Schwungrades und damit die Drehzahl des Motorgenerators, der mithilfe eines Frequenzrichters an die konstante Netzfrequenz angepasst wird. Die Selbstentladung des Speichers ist maßgeblich durch die Reibungsverluste des Schwungrades bestimmt. Diese setzten sich aus den Reibungsverlusten in den Lagern und der Luftreibung zusammen. Um die Selbstentladung zu minimieren, ist das Schwungrad häufig in einer Vakuumkammer untergebracht und wird mit Magnetlagern berührungsfrei gelagert. Der Wirkungsgrad eines Drehmassenspeichers liegt im Bereich zwischen 90 % und 95 %. Der Speicher verliert jedoch bis zu 20 % seiner gespeicherten Energie pro Stunde. Ein einzelner Drehmassenspeicher kann in seiner modernsten

Form ungefähr eine Leistung von bis zu 3 MW bereitstellen.

Supraleitende magnetische Energiespeicher speichern elektrische Energie in Form eines elektromagnetischen Feldes. Hauptbestandteil des Speichers ist eine Spule, die durch ein Kryofluid[1] unter ihre Sprungtemperatur abgekühlt und damit supraleitend wird. Zum Laden des Speichers wird zunächst der Wechselstrom aus dem elektrischen Versorgungsnetz gleichgerichtet. Der Gleichstrom wird durch die Spule geleitet, bis sich ein zeitlich konstantes magnetisches Feld aufgebaut hat, dessen Feldstärke unterhalb der kritischen Feldstärke des supraleitenden Materials liegen muss. Im Anschluss wird die Spule vom Netz getrennt und ihre Enden kurzgeschlossen. Der das Magnetfeld erzeugende Strom kann nun verlustfrei im Stromkreis der Spule fließen. Zur Entnahme von Energie werden die Anschlüsse der Spule mit einem Wechselrichter verbunden, der den Gleichstrom wieder in einen Wechselstrom wandelt, um ihn dann in das Stromnetz einzuspeisen. Supraleitende magnetische Energiespeicher können innerhalb weniger Millisekunden elektrische Energie mit einer hohen Leistungsdichte abgeben. Je nach Energieinhalt und Systemauslegung ist der Entladezeitraum jedoch auf 1 bis 20 s beschränkt. Der Wirkungsgrad des Speichers liegt in einem Bereich von 90 % bis 95 % und ist abhängig von der Dauer des Standby-Betriebs. Wird die zur Kühlung benötigte Energie berücksichtigt, so weisen supraleitende magnetische Energiespeicher eine Selbstentladungsrate von etwa 10 % bis 12 % pro Tag auf [61].

1 Kryoflüssigkeiten werden durch Verflüssigung von Stickstoff oder Helium erzeugt (z. B. nach dem Linde-Verfahren; Prinzip: Joule-Thomson-Effekt, d. h. Temperaturabnahme bei Entspannung eines Gases unterhalb der Inversionstemperatur); flüssiger Stickstoff: Siedepunkt bei 77,35 K = −195,80 °C; flüssiges Helium: Siedepunkt bei 4,21 K = −268,93 °C.

Kondensatoren speichern elektrische Energie in Form eines elektrischen Feldes. Weil sie weder gekühlt werden müssen, noch bewegliche Komponenten besitzen, haben sie mit über 98 % den höchsten Gesamtwirkungsgrad aller elektrischen Energiespeicher. Kondensatoren zeichnen sich durch eine hohe Leistungsdichte aus und besitzen hohe Zyklenzahlen. Weil die Spannung über dem Kondensator proportional zur Ladungsmenge ist, bedarf es jedoch einer aufwendigen Leistungselektronik, um die Spannung während des Entladevorgangs konstant zu halten.

Anstatt klassischer Kondensatoren werden zur Speicherung von großen Energiemengen elektrochemische Doppelschichtkondensatoren verwendet, deren Elektroden in einen leitfähigen Elektrolyten getaucht sind. Wird eine Spannung unterhalb eines Schwellwerts angelegt, fließt kein Strom zwischen den Elektroden. Stattdessen wandern positiv und negativ geladene Ionen aus dem Elektrolyten zur jeweils entgegengesetzt geladenen Elektrode. Im Gegensatz zum Dielektrikum eines Plattenkondensators findet keine Ausrichtung, sondern eine Bewegung der Ladungsträger im elektrischen Feld statt. An der Grenzfläche zwischen Elektrolyt und Elektrode stehen sich die elektronische Ladung im Metall der Elektrode und die ionische Ladung im Elektrolyten gegenüber. Diese beiden Schichten werden auch elektrochemische Doppelschicht genannt. Die Kapazität eines Kondensators ist umso größer, je geringer die Abstände zwischen den Elektroden sind und je größer die Flächen der Elektroden sind. Die Doppelschicht kann als eigenständiger Kondensator aufgefasst werden, wobei eine Elektrode durch die elektronische und die andere durch die ionische Ladungsschicht gebildet wird.

Der Abstand zwischen den beiden Schichten entspricht dem Plattenabstand eines klassischen Kondensators. Er wird durch die Ausdehnung der angelagerten Ionen bestimmt und beträgt im Allgemeinen wenige Nanometer. Entsprechend groß ist die Gesamtkapazität eines elektrochemischen Doppelschichtkondensators. Ein Teil der gebundenen Ionen streift die Solvathüllen ab und wird durch kurzreichweitige, chemische Wechselwirkungen, beispielsweise durch kovalente Bindungen, an die Oberfläche der Elektroden gebunden. Häufig kommt es bei diesem Vorgang auch zu einem Ladungstransfer, sodass Ionen teilweise oder vollständig entladen werden. Die Adsorptionsenthalpien sind dabei deutlich höher als bei der Bindung der Ionen durch van-der-Waals-Kräfte. Im Gegensatz zu einer Batterie oder einem Akkumulator verweilen die chemischen Reaktionsprodukte in der Schicht vor der Elektrode, sodass diese keinem Verschleiß unterworfen ist. Die Gesamtkapazität eines elektrochemischen Doppelschichtkondensators setzt sich aus den elektrostatischen Kapazitäten der beiden Doppelschichten und deren elektrochemischen Kapazitäten (Pseudokapazität) zusammen. Aufgrund ihrer hohen Leistungsdichte werden elektrochemische Doppelschichtkondensatoren in Hybridfahrzeugen oder in Telekommunikationssatelliten ebenso wie in Windkraftanlagen eingesetzt, wo sie Energie für die Flügelsteuerung (Drehzahlregelung, Notabschaltung usw.) bereitstellen.

6.2 Elektrochemische Speicher

Es gibt eine große Vielfalt verschiedener elektrochemischer Speicher, die sich durch die verwendeten Materialien, der daraus resultierenden Nennspannung und durch ihren Aufbau voneinander unterscheiden. Als Akkumulator wird ein wiederaufladbarer elektrochemischer Speicher bezeichnet, der aus einer Kombination von zwei verschiedenen Elektroden und einem Elektrolyten aufgebaut ist. Die Energieumwandlung in den Zellen findet gleichzeitig an beiden Elektroden statt, die über einen Elektrolyten elektrisch leitend miteinander verbunden sind. Weil die chemischen Vorgänge in einem Akkumulator nicht vollständig reversibel ablaufen, ist seine Lebensdauer – abhängig von der Lagerung und der Zyklenzahl – begrenzt. Verluste werden vor allem durch unerwünschte Nebenreaktionen beim Laden und durch Selbstentladung hervorgerufen. Sind Energieumwandlung und -speicherung nicht räumlich voneinander getrennt, so ist die Speicherkapazität des Akkumulators mit seiner Lade- bzw. Entladeleistung verknüpft. Zu den Akkumulatoren, mit einem internen Speicher zählen Blei-Säure-, Nickel-Cadmium- sowie Nickel-Metallhydrid-Akkumulatoren, die gesamte Klasse der Lithium-Ionen-Akkumulatoren sowie die Natrium-Schwefel- und Natrium-Nickelchlorid-Hochtemperatur-Akkumulatoren.

Blei-Säure-Akkumulatoren werden im großem Umfang genutzt, beispielsweise als Starterbatterien in Kraftfahrzeugen, als Puffer zur Notstromversorgung oder aber zur Speicherung von Solarstrom im Inselbetrieb. Sie sind zuverlässig, preisgünstig (100 bis 300 EUR/kWh) und können kurzzeitig hohe Stromstärken abgeben [56]. Ihre Energiedichte ist mit 30 Wh/kg jedoch vergleichsweise gering.

Nickelbasierte Akkumulatoren finden in großen Stückzahlen, vor allem im Bereich der portablen Consumer Elektronik (Taschenlampen, Spielzeuge, Werkzeuge, Musikelektronik, usw.) Verwendung. Die erzielten Energiedichten sind mit 40 bis 110 Wh/kg höher als bei einem Blei-Säure-Akkumulator. Am Beginn der Entwicklung der Nickel-basierten Akkumulatoren steht der Nickel-Cadmium (NiCd-)Akkumulator, dessen Inverkehrbringung wegen des enthaltenen Cadmiums im Jahr 2009 bis auf wenige Ausnahmen verboten wurde[2].

Die NiCd-Akkumulatoren wurden durch Nickel-Metallhydrid (NiMh-)Akkumulatoren

2 Am 1. Dez. 2009 trat das Batteriegesetz BattG in Kraft, durch welches aus der EU-Richtlinie von 2004 nationales Recht wurde. Die Ausnahmen, für die (NiCd-)Akkumulatoren erlaubt bleiben, sind Not- und Alarmsysteme, wie Notbeleuchtung sowie medizinische Ausrüstung und schnurlose Elektrowerkzeuge.

ersetzt, die anstelle von Cadmium, Wasserstoff als aktive Komponente enthalten. Als Material für die Anode wird eine Metalllegierung aus Nickel und einem Seltenerdmetall oder auch Übergangsmetalle wie Titan, Zirkonium oder Vanadium verwendet. Die Metalllegierung kann Wasserstoff reversibel durch Einlagerung in das Kristallgitter speichern, indem ein Metallhydrid aufgebaut wird. Verglichen mit NiCd-Akkumulatoren besitzen NiMH-Akkumulatoren eine um 30 % bis 50 % höhere Energiedichte und können in einem kürzeren Zeitraum geladen und entladen werden. Ihre Selbstentladung ist jedoch um bis zu 50 % höher als bei einem vergleichbaren NiCd-Akkumulator [61]. Der Nickel-Zink (NiZn-) Akkumulator ist aus einer Nickel-Anode und einer Zink-Kathode aufgebaut, die gemeinsam durch einen alkalischen Elektrolyten verbunden sind. Wegen der höheren Nennspannung von 1,74 V können andere Nickel basierte Akkumulatoren nicht ohne weiteres durch einen NiZn-Akkumulator ersetzt werden.

Lithium-Ionen Akkumulatoren werden besonders im Bereich der mobilen Geräte mit einem hohen Energiebedarf (Mobiltelefone, Digitalkameras, mobile Computer, Elektrowerkzeuge, usw.) eingesetzt und stellen gleichzeitig einen Schwerpunkt in der Forschung zu elektrochemischen Speichern dar. Ebenso zählen Lithium-Ionen Akkumulatoren aufgrund ihrer hohen Energie- und Leistungsdichten zu der wichtigsten Speichertechnologie im Bereich der Elektromobilität (Elektrofahrräder, Kleintraktion, Hybridfahrzeuge, Elektrofahrzeuge). Typischerweise besitzen Lithium-Inonen-Akkumulatoren mit 90 bis 190 Wh/kg eine nahezu doppelt so hohe Energiedichte wie vergleichbare Akkumulatoren auf Nickel-Basis. Die Kombination verschiedener Elektrolyte mit unterschiedlichen Elektrodenmaterialien ermöglicht den Aufbau einer Vielzahl verschiedener Lithium-Ionen Akkumulatoren mit unterschiedlichen Eigenschaften. Die Speicherung von Energie basiert dabei auf der Einlagerung von Lithium-Atomen in das Elektrodenmaterial. Während des Ladevorgangs wandern Lithium-Ionen von der positiven Elektrode durch den Elektrolyten, der ebenfalls Li-Ionen enthält, zur negativen Elektrode. An der Elektrodenoberfläche nimmt das Ion ein Elektron auf und wird als Lithium-Atom in die Elektrode eingelagert. Beim Entladen kehrt sich dieser Vorgang um. In handelsüblichen Lithium-Ionen Akkumulatoren wird häufig Graphit als Material für die Anode und ein Lithium-Metalloxid für die Kathode verwendet. Der Elektrolyt setzt sich aus einem wasserfreien organischen Lösungsmittel, Lithium enthaltenden Salzen und weiteren Additiven zusammen. Ein Lithium-Polymer-Akkumulator enthält statt eines flüssigen Elektrolyten eine feste bis gelartige Folie auf Polymerbasis.

Hochtemperatur-Akkumulatoren haben im Gegensatz zu den bisher vorgestellten Akkumulatoren einen festen Elektrolyten und statt dessen Elektroden[3], die bei einer Betriebstemperatur zwischen 290 °C und 380 °C flüssig sind. Die hohen Betriebstemperaturen steigern zusätzlich die Ionenleitfähigkeit des meist aus Keramik bestehenden Elektrolyten. Hochtemperatur-Akkumulatoren zeichnen sich durch einen hohen Wirkungsgrad und eine vernachlässigbare elektronische Alterung aus, weil kaum unerwünschte chemische Nebenreaktionen auftreten. Der Akkumulator ist thermisch gegenüber der Umwelt isoliert und kann unter täglicher Nutzung durch die eigene Reaktionswärme die Betriebstemperatur aufrecht erhalten. Bei ruhendem Betrieb muss die Betriebstemperatur mit einer zusätzlichen Heizung aufrecht erhalten werden.

Natrium-Nickelchlorid Hochtemperaturzellen sind zylindrisch aufgebaut. In der Mitte befindet sich eine positive Elektrode, deren aktives Material im geladen Zustand Nickelchlorid ist. Ein keramischer Elektrolyt trennt die positive Elektrode von der äußeren

3 auch Aktivmasse genannt.

negativen Elektrode aus flüssigem Natrium. Die Energiedichte des Natrium-Nickelchlorid-Akkumulators liegt zwischen 80 % und 90 Wh/kg, bei einer Betriebstemperatur von etwa 300 °C.

Natrium-Schwefel Hochtemperaturzellen bestehen aus einer flüssigen Natrium-Elektrode und einer, mit flüssigem Schwefel getränkten, Graphit-Elektrode. Die Elektroden sind durch einen festen keramischen Elektrolyten, der Natrium-Aluminat enthält, voneinander getrennt. Die Betriebstemperatur des Akkumulators liegt zwischen 290 °C und 360 °C und muss durch eine elektrische Heizung aufrecht gehalten werden. Die Energiedichte beträgt rund 130 Wh/kg. Der Wirkungsgrad des Speichers liegt in der Größenordnung von 85 % der eingespeicherten Energie, wobei rund 80 % der Speicherkapazität genutzt werden können [61]. Jedoch sinkt die Anzahl der möglichen Lad-/Entladezyklen mit zunehmender entladetiefe. Wird der Natrium-Schwefel-Akkumulator häufig nahezu vollständig entladen, geht ein hauptsächlicher Vorteil gegenüber anderen Akkumulatoren – nämlich die hohe Zyklenzahl von Lade- und Entladevorgängen – verloren.

▪ Redox-Flow-Systeme

Redox-Flow-Systeme sind eine elektrochemische Speichertechnologie, bei der zwei flüssige Elektrolyte zur Energieumwandlung durch eine elektrochemische Zelle gepumpt werden. Durch die Trennung des Energiewandlers vom Speicher, können die gespeicherte Energiemenge und die Leistung eines Redox-Flow Akkumulators unabhängig voneinander skaliert werden. Während die Kapazität des Akkumulators durch die Elektrolytmenge bestimmt ist, wird seine elektrische Leistung durch die Größe der aktiven Elektrodenfläche vorgegeben. Weil die Elektrolyte getrennt voneinander gespeichert werden, findet praktisch keine Selbstentladung statt.

Die eigentliche Energieumwandlung findet in einer elektrochemischen Zelle statt, die aus zwei Kammern aufgebaut ist. Die beiden Kammern sind durch eine ionenleitende und mit Katalysatoren besetzte Membran voneinander getrennt. In den Kammern befinden sich Elektroden aus Graphit, Komposit-Materialien, oder auch Graphitfilz. Die verwendeten Elektrolyte bestehen im Allgemeinen aus einem Lösungsmittel, in dem Salze gelöst sind. Während des Lade- bzw. Entladeprozesses werden positiver (Katholyt) und negativer (Anolyt) Elektrolyt durch jeweils eine Kammer der elektrochemischen Zelle gepumpt. Während der Katholyt durch das Graphitfilz strömt, gibt er Elektronen ab, die über einen äußeren Stromkreis zur Elektrode der anderen Kammer geleitet werden. Zum Ladungsausgleich diffundieren positiv geladene Ionen durch die Membran.

In den Elektrolyten können verschiedene Kombinationen von Salzen enthalten sein, worunter sich Vanadium-Redox-Paare als besonders geeignet zum Aufbau von Akkumulatoren erwiesen haben. Vanadium kann in vier verschiedenen Wertigkeiten vorliegen und kann deshalb in beiden Elektrolyten verwendet werden. Eine Vermischung der beiden Elektrolyte durch die Membran hindurch (Crossing-over Effekt) kann ausgeschlossen werden. Entsprechend hoch sind die Zyklenzahlen (>13.000) von Vanadium-Redox-Flow Akkumulatoren [56]. Der Wirkungsgrad einer Vanadium-Redox-Flow Zelle liegt bei etwa 90 % und sinkt bei Berücksichtigung der Leistungsaufnahme der assoziierten Aggregate (Pumpen, Sensoren und Steuerungseinrichtungen) auf einen Gesamtwirkungsgrad von 70 % bis 80 %. Die Energiedichte des Akkumulators ist durch die geringe Löslichkeit von Vanadiumpentoxid in Schwefelsäure auf etwa 15 Wh/kg bis 25 Wh/kg beschränkt. Durch die Verwendung von Brom lässt sich die Energiedichte aufgrund der höheren Löslichkeit von Vanadiumbromid auf 25 Wh/kg bis 50 Wh/kg steigern [61].

6.3 Pump- und Druckluftspeicherkraftwerke

Pumpspeicherkraftwerke[4] wandeln elektrische Energie in potentielle Energie um, indem sie Wasser aus einem niedriger gelegenen Becken oder Fluss in einen höher gelegenen Speichersee pumpen. Während des Entladevorgangs treibt das ins Tal strömende Wasser eine mit einem elektrischen Generator verbundene Turbine an. Der Gesamtwirkungsgrad von modernen Pumpspeicherkraftwerken liegt in der Größenordnung von 75 % bis 85 % [7]. Die Energiedichte des Speichers ist abhängig von der zur Verfügung stehenden Fallhöhe und dem Gesamtwirkungsgrad der Anlage. Die durchschnittliche Energiedichte der deutschen Kraftwerke liegt zwischen 0,35 Wh/kg und 1,12 Wh/kg [31].

Ein Druckluftspeicherkraftwerk (Compressed Air Energy Storage, CAES) speichert elektrische Energie, indem ein elektrisch betriebener Kompressor Luft verdichtet und unter hohem Druck in einen druckbeständigen und luftdichten Speicher presst. Wird elektrische Energie benötigt, so strömt die Luft aus dem Speicher und treibt einen Turbinen-Generator an. Als Speicher eignen sich beispielsweise Salzkavernen, die schon heute zur saisonalen Speicherung von Erdgas genutzt werden. Durch eine Kompression auf einen Druck von 150 bar erwärmt sich die Luft auf eine Temperatur von 650 °C. Wird die komprimierte Luft ohne Wärmeverluste direkt wieder entspannt, kühlt sie sich auf ihre Ausgangstemperatur ab (adiabatischer Prozess). Kühlt sich die heiße Luft jedoch im Speicher ab, ist sie nach der Expansion kälter als vorher. Abhängig von der verloren gegangener Wärmemenge können die Turbinen während der Expansion der Luft vereisen. Um dies zu verhindern muss die komprimierte Luft vor der Entspannung erwärmt werden, was den maximal erreichbaren Anlagenwirkungsgrad auf etwa 50 % begrenzt [56].

Adiabate Druckluftspeicherkraftwerke entziehen der komprimierten Luft Wärme und speichern sie in einem zusätzlichen Wärmespeicher zwischen. Beim Entladen des Druckluftspeichers liefert der Wärmespeicher die benötigte Prozesswärme, um die ausströmende Luft zu erhitzen. Durch die zwischenzeitliche Speicherung der Wärme lässt sich der Anlagenwirkungsgrad auf etwa 70 % steigern [22].

Isotherme Luftdruckspeicher wandeln die während der Kompression entstehende Wärme teilweise mithilfe eines elektrischen Generators wieder in elektrische Energie um. Beim Entladen des Speichers wird die zuvor entzogene Wärmemenge aus elektrischer Energie breitgestellt. Es ist jedoch zu beachten, dass zur Einspeicherung von elektrischen Energie zusätzlich elektrische Energie bereitgestellt wird, während zum Entladen des Speichers elektrische Energie benötigt wird. Der erzielbare Wirkungsgrad eines zukünftigen isothermen Luftdruckspeichers könnte im Bereich einer adiabaten Anlage liegen [61].Die Energiedichte von Druckluftspeicherkraftwerken liegt in einem Bereich zwischen 0,5 kWh/m^3 und 0,8 kWh/m^3, wobei eine Selbstentladerate bis zu 10 % des Speicherinhaltes pro Tag hinzuzurechnen ist [31].

6.4 Wasserstoff-Speicherung

Der Energieträger Wasserstoff kann in Brennstoffzellen in elektrische Energie umgewandelt werden und als Treibstoff für Motoren bzw. Turbinen oder zur Erzeugung von Wärme genutzt werden. Wasserstoff stellt in vielen Fällen eine Alternative zu fossilen Energieträgern dar. Die Produktion von Wasserstoff, unter Einsatz elektrischer Energie, macht im Hinblick auf den Klimaschutz jedoch nur dann einen Sinn, wenn der Strom aus CO_2-freien oder CO_2-neutralen Quellen stammt. Wird der Wasserstoff aus elektrischem Strom

4 Eine detaillierte Beschreibung kann in ► Abschn. 3.5.3 gefunden werden.

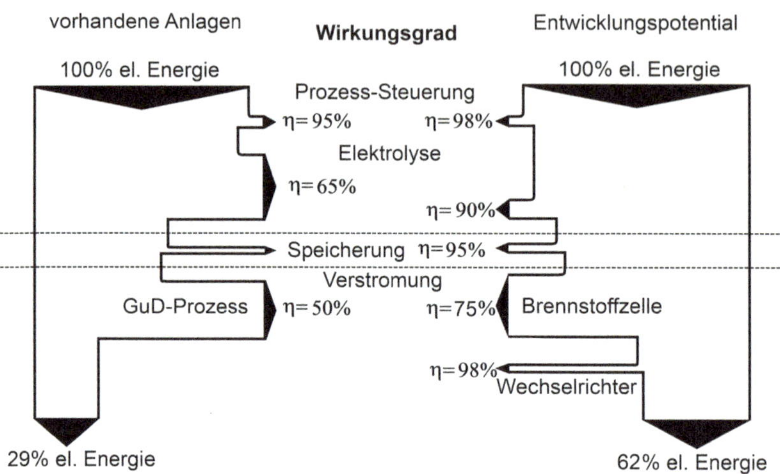

Abb. 6.1 Wirkungsgrad der Wasserstoffspeicherung; heute: Elektrolyse + GuD (links); zukünftig: Elektrolyse + Brennstoffzelle (rechts) [1]

erzeugt, gespeichert und wieder in elektrische Energie gewandelt, ist die Prozesskette vergleichbar mit einem Redox-Flow Akkumulator.

Der Gesamtwirkungsgrad der Prozesskette ist beim Einsatz von vorhandenen Anlagen und Techniken gering und wird sich wohl auch zukünftig nur auf etwa 60 % steigern lassen (Abb. 6.1).

6.5 Thermische Speicher

Insbesondere durch die Nutzung solarthermischer Kraftwerke und adiabater Luftdruckspeicher werden zukünftig Wärmespeicher mit thermischen Speicherkapazitäten von bis zu 2400 MWh und mehr benötigt.

Grundsätzlich wird zwischen drei verschiedenen Arten der thermischen Speicherung unterschieden. Sensible Wärmespeicher nutzen die Wärmekapazität eines Stoffs zur Speicherung der thermischen Energie und verändern beim Zuführen oder der Entnahme von Wärme ihre Temperatur. Bei einem Latentwärmespeicher ändert sich der Aggregatzustand des Speichermediums, die ‚fühlbare' Temperatur des Speichermediums bleibt dabei konstant. Thermochemische Wärmespeicher nutzen endo- und exotherme chemische Reaktionen, um Wärme aufzunehmen oder abzugeben.

6.5.1 Sensible Wärmespeicher

Sensible Wärmespeicher nutzen Stoffe mit großen spezifischen Wärmekapazitäten. Wird dem Speicher Energie in Form von Wärme zugeführt, so erhöht sich die Temperatur des Speichermaterials. Umgekehrt erniedrigt sich dessen Temperatur, wenn dem Speicher thermische Energie entzogen wird. Die gespeicherte Wärmemenge ΔQ ist dabei abhängig von der Temperaturdifferenz ΔT, der spezifischen Wärmekapazität c und der Masse m des Speichermaterials:

$$\Delta Q = c \cdot m \cdot \Delta T \tag{6.2}$$

Flüssiges Wasser besitzt eine hohe spezifische Wärmekapazität und ist in beliebiger Menge kostengünstig verfügbar, weshalb isolierte Behälter gefüllt mit Wasser häufig als Wärmespeicher in Gebäuden verwendet werden. Da trotz aufwendiger Wärmedämmung des Speichers Wärmeverluste auftreten, die proportional zur Oberfläche des Speichers sind, werden kleine Heißwasserspeicher meistens nur als Kurzzeitspeicher eingesetzt. Größere Speicher mit einem Volumen von einigen tausend Kubikmetern erlauben längere Speicherzeiten und ermöglichen es, im Sommer gespeicherte (solare) Wärme im Winter zum Heizen von Gebäuden zu nutzen. Bei sensiblen Wärmespeichern ändert sich der Aggregatzustand des Speichermediums nicht, wodurch der Temperaturbereich des Speichers eingeschränkt ist, für Wasser beispielsweise auf 0 °C bis 100 °C. Insbesondere in solarthermischen Kraftwerken werden jedoch Wärmespeicher mit einer Betriebstemperatur oberhalb von 300 °C benötigt. Als Speichermaterial werden deshalb Thermoöle, Flüssigsalze oder Feststoffe eingesetzt.

6.5.2 Latentwärmespeicher

Latentwärmespeicher nutzen den Phasenübergang eines Stoffs um Wärmeenergie zu speichern bzw. freizusetzen. Aufgrund des hohen Volumens von Gasen bei Normalbedingungen wird der Phasenübergang fest ↔ flüssig zur Speicherung von Wärmeenergie bevorzug genutzt. Die Temperatur, bei der ein Phasenübergang stattfindet, ist abhängig vom eingesetzten Phasenwechselmaterial (PCM)[5]. Während eines Phasenübergangs verändert sich die Temperatur eines Stoffs trotz der Zufuhr von Wärmeenergie nicht. Viel mehr wird die zugeführte Energie zur Änderung der molekularen Ordnung benötigt. Die für die Umwandlung benötigte Wärmemenge wird auch als latente[6] Wärme bezeichnet. Charakterisiert wird die zum Schmelzen einer Masse m eines bestimmten Stoffs benötigte Energie, durch die Schmelzwärme ΔQ, welche aus dem Produkt von spezifischer Schmelzwärme q und der Masse des Stoffs berechnet wird:

$$\Delta Q = m \cdot q \qquad (6.3)$$

Bei einem Druck von 1,013 bar muss einem Kilogramm Eis eine Wärmemenge von 333,5 kJ zugeführt werden, um es zu schmelzen. Mit derselben Energiemenge lässt sich die gleiche Menge Wasser um $\Delta T = 80\,\mathrm{K}$ erwärmen.

Durch die unterschiedliche Mischung von Wasser mit Salzen können beispielsweise eutektische Salzlösungen mit einem Schmelzpunkt weit unterhalb von 0 °C oder Salzhydrate mit einem Schmelzpunkt zwischen 5 °C und 130 °C hergestellt werden. Wasser-Salz Gemische zeichnen sich vor allem durch hohe Energiedichten aus und sind kostengünstig verfügbar. Als organische Speichermaterialien werden vorwiegend Paraffine und Fettsäuren eingesetzt. Diese besitzen zwar im Hinblick auf die Wärmespeicherung eine geringere Energiedichte und sind teurer als vergleichbare Salzhydrate, technisch sind sie aber leichter handhabbar.

„Eisspeicher"

Die latente Wärme beim Gefrieren von Wasser wird beispielsweise im Obstanbau genutzt. Sinkt die Temperatur im Frühjahr in kalten Nächten unterhalb den Gefrierpunkt von Wasser, so werden die Obstbäume fortwährend mit Wasser besprüht. Durch den Gefrierprozess wird Schmelzwärme frei, die eine konstante Temperatur von 0,5 °C innerhalb des Eispanzers gewährleistet, von dem die Blüten und Knospen umschlossen sind. Ganz ähnlich arbeiten Eisspeicher. Mithilfe einer Wärmepumpe wird einem mit Wasser gefüllten Behälter Wärme entzogen, sodass das Wasser gefriert. Die dabei frei werdende Latentwärme kann wiederum von der Wärmepumpe genutzt werden. Um den Speicher „aufzuladen" wird dem Eis aus der Umgebung oder durch einen Solarabsorber Wärme zugeführt, sodass das Eis wieder schmilzt.

Ein Hauptproblem in der technischen Umsetzung von Latentwärmespeichern – nicht nur im

5 englisch: Phase Change Material.

6 Lateinisch latent: verborgen.

Hochtemperaturbereich – ist die unzureichende Wärmeleitfähigkeit der verfügbaren Speichermedien, die typischerweise Wärmeleitwerte zwischen $0{,}5\,W/(m \cdot K)$ und $1\,W/(m \cdot K)$ aufweisen. Entwickelt werden deshalb spezielle Wärmeleitstrukturen aus Graphit oder Metallen, die in das Phasenwechselmaterial integriert sind, wodurch die Wärmeleitfähigkeit auf $4\,W/(m \cdot K)$ bis $15\,W/(m \cdot K)$ gesteigert werden kann [69].

6.5.3 Thermochemische Speicher

6

Thermochemische Speicher nutzen reversible chemische Prozesse zur Speicherung von Wärme, wobei endotherme Reaktionen Wärme aufnimmt, die in der exothermen (Umkehr-)Reaktion wieder abgegeben wird.

Sie bieten theoretisch die höchste Wärmespeicherdichte der drei Speicherformen. Werden die Reaktionspartner getrennt voneinander gelagert, so ist die längerfristige Speicherung von Wärme nahezu verlustfrei möglich. Verschiedene Technologien befinden sich zurzeit in der Erprobung, wovon die meisten aufgrund hoher Kosten, technischer Probleme oder geringer Zyklenzahlen (noch) nicht konkurrenzfähig sind oder nur in Nischenprodukten Verwendung finden. Eine von vielen möglichen chemischen Reaktionen basiert auf Magnesiumsulfat, das unter Freisetzung von Wärme in Wasser gelöst wird. Zum Laden des chemischen Speichers wird thermische Energie bei einer Temperatur von 122 °C zugeführt, wodurch die Lösung wieder in die beiden Ausgangsstoffe Magnesiumsulfat und Wasser zerlegt wird. Die theoretische Energiedichte des Speichers liegt bei $750\,kWh/m^3$ [61].

Neben der reinen reversiblen chemischen Speicherung zählen auch die Sorptionsspeicher zu den thermochemischen Speichern, die Wärme mit einer Energiedichte zwischen $200\,kWh/m^3$ und $500\,kWh/m^3$ speichern können [61]. Bei der Adsorption wird ein flüssiger oder gasförmiger Stoff an die Oberfläche eines Festkörpers angelagert. Ein Adsorptionsspeicher besteht aus einem festen Adsorptionsmaterial, beispielsweise Zeolithe oder Silikagel[7], an dessen Oberfläche während der Adsorption ein flüssiger oder gasförmiger Stoff angelagert wird. Zur Speicherung von Wärme wird beispielsweise Wasser aus dem Speichermaterial in Form von Wasserdampf ausgetrieben (Desorption). Zur Entnahme von Wärme wird dem getrockneten Speichermaterial feuchte Luft zugeführt. Der Wasserdampf wird vom Material adsorbiert, wobei Energie in Form von Wärme frei wird.

7 amorphes Siliciumdioxid.

Elektrische Energieversorgung

7.1 Produktion – 96

7.2 Verteilung – 97
7.2.1 Spannungsebenen – 98
7.2.2 Kabel und Leitungen – 99
7.2.3 Hochspannungs-Gleichstromübertragung – 101
7.2.4 Netzkonfiguration – 102
7.2.5 Niederspannungsnetz – 103
7.2.6 Smart Grids – 104
7.2.7 Sektorenkopplung – 105

U. Blum, E. Rosenthal, B. Diekmann, *Energie – Grundlagen für Ingenieure und Naturwissenschaftler*,
https://doi.org/10.1007/978-3-658-26933-3_7

Elektrischer Energie ist ausgezeichnet steuer-, mess- und regelbar und lässt sich vielfältig in andere Energieformen umwandeln. Der Transport elektrischer Energie über weite Strecken ist mit modernen Netzen nur mit geringen Verlusten verbunden. Nicht zuletzt deshalb ist die elektrische Energie anderen Formen der Primär- und Sekundärenergien überlegen.

7.1 Produktion

In elektrischen Produktionsanlagen (Kraftwerke) werden Energieträger (fossile Energieträger, Kernenergie, elektromagnetische Strahlung, regenerative Energieträger, usw.) in elektrische Energie umgewandelt. Es wird jedoch nicht permanent eine konstante Menge an elektrischer Energie benötigt. Das Lastprofil ist sowohl tageszeitlichen als auch jahreszeitlichen Schwankungen unterworfen. Unterschieden wird zwischen der Grundlast, der Mittellast und der Spitzenlast. Als Grundlast wird eine minimale, permanent vorhandene Last bezeichnet. Tagsüber steigt der Stromverbrauch und damit die Last an, die sich aus der Summe von Grund- und neu hinzugekommener Mittellast ergibt. Insbesondere zwischen 7:00 und 12:00 Uhr vormittags und 18:00 und 20:00 Uhr abends werden kurzzeitig Verbraucher eingeschaltet, die Lastspitzen verursachen. Zur Grund- und Mittellast kommt die Spitzenlast hinzu, sodass die Gesamtlast zu diesen Zeitpunkten maximal ist. Weil Lastspitzen innerhalb sehr kurzer Zeiträume auftreten können, ist eine umfassende Leistungsregelung der Produktionsanlagen notwendig, um Nachfrage und Bereitstellung von elektrischer Energie permanent auszugleichen.

Ein Generator wandelt u. a. mechanische Energie E_{mech} in Form von Rotationsenergie $E_{rot} = 1/2 \cdot J \cdot \omega^2$ in elektrische Energie E_{el} um. Die Größe J bezeichnet das Trägheitsmoment der rotierenden Masse. Verluste außer Acht lassend gilt:

$$\begin{aligned} E_{el} = E_{mech} = E_{rot} &\Rightarrow \tfrac{1}{2} \cdot J \cdot \omega^2 \\ &= \tfrac{1}{2} \cdot J \cdot 4\pi^2 \cdot f^2 \end{aligned} \qquad (7.1)$$

Die elektrische Energie ist fest mit der Frequenz f verknüpft. Wird weniger Energie bereitgestellt als nachgefragt, sinkt die Frequenz der Wechselspannung. Wird hingegen mehr Energie bereitgestellt als abgerufen, steigt die Frequenz. Die Frequenz gibt Auskunft über die Ausgeglichenheit der elektrischen Energieversorgung und ist damit die zentrale Stellgröße eines elektrischen Wechselstromnetzes. Ihr Sollwert im europäischen Verbundnetz ist auf 50 Hz festgelegt. Weicht die Frequenz vom diesem Wert ab, so wird über einen Regelkreis dem Generator mehr oder weniger mechanische Energie zugeführt. Bei einem Wasserkraftwerk ändert sich beispielsweise der Wasserdurchfluss durch die Turbine. Diese Art der Turbinenregelung wird als Primärregelung bezeichnet. Jedes Energieversorgungsunternehmen im deutschen Verbundnetz muss innerhalb von 30 s 2,5 % der augenblicklich erzeugten Leistung zusätzlich zur Verfügung stellen können. Von dieser Primärreserveleistung müssen innerhalb von 5 s 50 % verfügbar sein. Insgesamt muss die zum Zeitpunkt der Frequenzabweichung erzeugte Leistung zuzüglich der Primärregelreserve über einen Zeitraum von bis zu 15 min bereitgestellt werden können [18].

Im Verbundnetz steht neben der Primärreserve eine zusätzliche Sekundärreserve zur Verfügung. Diese wird von Regelkraftwerken bereitgestellt, die in kurzer Zeit elektrische Energie in das Leitungsnetz einspeisen können. Typische Vertreter sind (Pump-) Speicherkraftwerke und Gasturbinenkraftwerke. Durch die zusätzlich eingespeiste Energie steigt die Frequenz der Wechselspannung an, sodass die primäre Regelleistung aller Kraftwerke zurückgefahren werden kann. Idealerweise stellt ein Regelkraftwerk Energie bereit, die es zuvor aus dem Versorgungsnetz bezogen hat und entspricht damit einem elektrischen Energiespeicher. Wird die Sekundärregelleistung längerfristig benötigt, wird sie durch die Minutenreserve ersetzt. Die Minutenreserve wird nicht automatisch zugeschaltet, sondern muss manuell angefordert werden.

Sinkt die Frequenz des Versorgungsnetzes trotz zusätzlicher primärer und verzögerter sekundärer Regelleistung weiter ab, erfolgt eine automatische Entlastung des Netzes. Diese richtet sich nach einem 5-Stufen-Plan gemäß den Netz- und Systemregeln der deutschen Übertragungsnetzbetreiber. Abhängig von der Frequenz f_{Soll} werden die folgenden Maßnahmen ergriffen [18]:

$f_{\text{Soll}} \leq 49{,}8\,\text{Hz}$ - Alarmierung und Einsatz der noch nicht mobilisierten Kraftwerksleistung

$f_{\text{Soll}} \leq 49{,}0\,\text{Hz}$ - unverzögerter Lastabwurf von 10 % bis 15 % der Netzlast

$f_{\text{Soll}} \leq 48{,}7\,\text{Hz}$ - unverzögerter Lastabwurf von weiteren 10 % bis 15 % der Netzlast

$f_{\text{Soll}} \leq 48{,}4\,\text{Hz}$ - unverzögerter Lastabwurf von weiteren 15 % bis 20 % der Netzlast

$f_{\text{Soll}} \leq 47{,}5\,\text{Hz}$ - Abtrennung der Kraftwerke vom Netz, Eigenbedarfsbetrieb

Blackout

Sinkt die Netzfrequenz unter 47,5 Hz speisen die Kraftwerke keine Energie mehr ins Netz, weil sie von diesem getrennt sind. Das Netz bricht zusammen und man spricht von einem Blackout.
Am Abend des 4. November 2006 fiel ab 22:10 Uhr in einigen Teilen Europas der Strom aus. Seinen Ausgangspunkt hatte der Stromausfall im Emsland, wo eine Höchstspannungsleitung der EON Netz GmbH ausgeschaltet worden war, um die gefahrlose Überführung eines Kreuzfahrtschiffes aus Papenburg zu ermöglichen. Es kam zur Überlastung der Verbindungsleitung Landesbergen–Wehrendorf, die sich automatisch abschaltete. Kaskadenartig fielen daraufhin von Nord nach Süd quer durch Europa weitere Leitungen aus, und das europäische Verbundnetz zerfiel in drei Teilnetze unterschiedlicher Frequenzen. Etwa 15 Mio. Menschen waren europaweit von dem Stromausfall betroffen. Die Stromversorgung war nach rund 1,5 h wieder komplett hergestellt, die Zusammenschaltung der drei Teilnetze um 23:47 Uhr beendet [92].

Steigt die Frequenz über ihren Sollwert (50 Hz) an, wird die Leistung der Produktionsanlagen verringert. Dies gilt beispielsweise auch für Windkraft- oder Photovoltaikanlagen.

Neben der reinen Wirkleistung müssen elektrische Produktionsanlagen auch Blindleistung u. a. für die Spannungshaltung bereitstellen. Traditionell wird diese Aufgabe durch die in konventionellen Kraftwerken eingesetzten Drehstrom-Synchrongeneratoren übernommen. Der verstärke Einsatz regenerativer Produktionsanlagen erfordert eine zusätzliche Bereitstellung bzw. Kompensation von Blindleistung. Beispielsweise müssen Photovoltaikanlagen mit einer elektrischen Leistung zwischen 3,68 kW und 13,8 kW Blindleistung nach den Kennlinienvorgaben des Netzbetreibers innerhalb eines Phasenwinkels von $\pm 18{,}2°$ bereitstellen. Besitzt die Anlage eine maximale Anschlussleistung von mehr als 13,8 kW, ist ein maximaler Phasenwinkel von $\pm 28{,}8°$ vorgeschrieben[1].

7.2 Verteilung

Aufgabe der elektrischen Übertragungs- und Versorgungsnetze ist der zuverlässige Transport elektrischer Energie von den Orten der Bereitstellung (Kraftwerke) zu den Abnehmern (Lasten). Soll elektrische Energie übertragen und mit einer konstanten Leistung bereitgestellt werden, erscheinen zunächst Gleichspannungssysteme vorteilhaft. Solche Systeme, die Abnehmern mit einer zeitlich konstanten Leistung versorgen, werden auch balancierte Systeme genannt. Jedoch können Gleichspannungen nicht direkt transformiert werden. Ein Netz mit mehreren verschiedenen Spannungsebenen ist aber wünschenswert, weil die Leistungsverluste in Abhängigkeit von der übertragenen Leistung umgekehrt proportional zum Quadrat der Übertragungsspannung sind. Des Weiteren ist

1 siehe [1].

das Schalten von Gleichströmen weitaus aufwendiger als von Wechselströmen, die einen Nulldurchgang aufweisen.

Wird elektrische Energie anstelle von Gleichstrom mit einem Wechselstrom (Einphasenwechselstrom) übertragen, ist die übertragene Leistung $P(t)$ abhängig von der Zeit. Eine Energieübertragung mit zeitlich konstanter Leistung ist nicht möglich; das Übertragungssystem ist nicht balanciert. Die mit einem Dreiphasenwechselstrom[2]-System, übertragene Leistung ist unter gleichbleibender Last konstant. Es handelt sich also um ein balanciertes System. Der Dreiphasenwechselstrom, vereinfachend auch Drehstrom genannt, vereinigt die Vorteile des Gleichstroms mit denen des Wechselstroms. Die übertragene Leistung ist zeitunabhängig und trotzdem lassen sich die Spannungen direkt transformieren.

7.2.1 Spannungsebenen

Zum Transport von elektrischer Energie eignen sich elektrische Leiter. Mit Ausnahme der Supraleitung besitzen alle elektrischen Leiter einen ohmschen Widerstand, der einen Teil der elektrischen Energie in Wärme umwandelt. Der ohmsche Widerstand eines stromdurchflossenen Leiters ist abhängig von der Länge des Leiters, seiner Querschnittsfläche und dem spezifischen Widerstand des leitenden Materials.

Beispielrechnung

Beispielsweise ergibt sich für ein 100 km langes Kupferkabel[3] mit einem Durchmesser von 15 cm ein ohmscher Gesamtwiderstand von etwa 0,096 Ω. Soll durch das Kabel die elektrische Energie für 500 Haushalte, mit einer Wirkleistung von jeweils 2 kW bei einer Effektivspannung von 400 V übertragen werden, ergibt sich eine effektive Stromstärke 2500 A und eine Verlustleistung von 600 kW.
Von der in das Kabel eingespeisten elektrischen Leistung von 1000 kW werden 60 % im Kabel in Wärme umgewandelt und lediglich 40 % stehen den Haushalten zur Verfügung. Wird die Spannung von 400 V auf 250.000 V erhöht, sinkt die Stromstärke im Kabel auf einen Wert von 4 A ab. Entsprechend verringert sich die Verlustleistung auf ungefähr 1,5 W.

Bei der gleichen zu übertragenden elektrischen Leistung[4] sinken die Leitungsverluste mit steigender Übertragungsspannung, weshalb das elektrische Versorgungsnetz mit möglichst hohen Übertragungsspannungen betrieben wird. Um die elektrische Sicherheit zu gewährleisten, wird die Spannung sukzessive reduziert, bis sie schlussendlich einen effektiven Wert von 230 V in der Steckdose des Verbrauchers aufweist. In Deutschland wird zwischen vier Netzebenen unterschieden (Abb. 7.1):

Das Verbundnetz wird mit einer Spannung von 220 kV, 380 kV oder 400 kV betrieben. Seine Kurzschlussleistung beträgt zirka 50 GW. Es dient zum überregionalen, grenzüberschreitenden Austausch von elektrischer Energie.

2 Als Dreiphasenwechselstrom werden drei einzelne Wechselströme bezeichnet, die gleiche Frequenz und feste Phasenverschiebung gegeneinander von 120° besitzen.

3 spezifischer Widerstand von Kupfer bei 20 °C: $1{,}7 \cdot 10^{-8} \frac{\Omega \cdot m^2}{m}$

4 Wird von einem Verbraucher nicht nur Wirkleistung, sondern auch Scheinleistung aufgenommen, wird diese zwar nicht verbraucht, sie muss aber über das Leitungsnetz zum Verbraucher transportiert werden. Durch die zusätzliche Scheinleistung erhöhen sich der Stromfluss in den Leitern und damit auch die Verlustleistung.

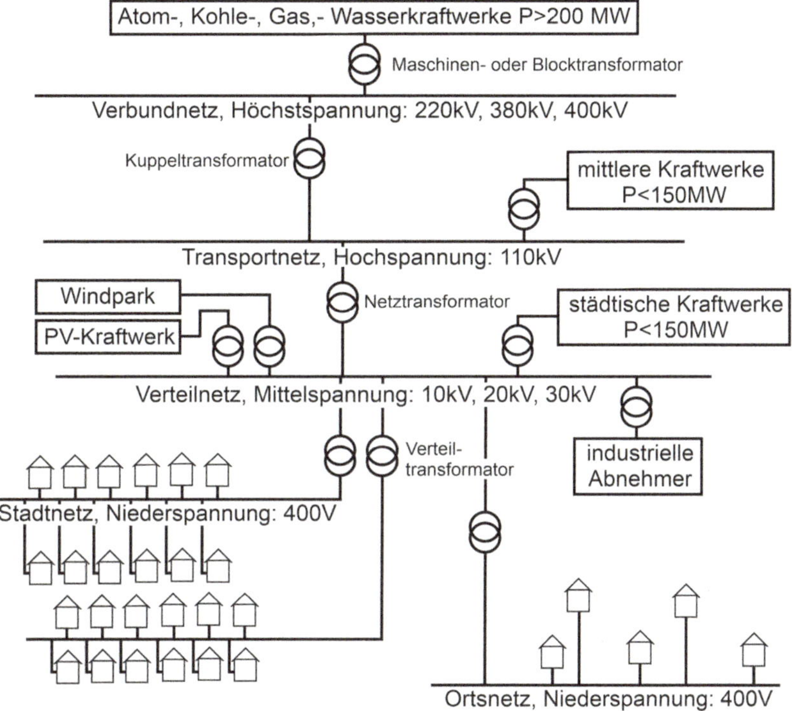

Abb. 7.1 Netzebenen des elektrischen Transportnetzes [1]

Das Transportnetz wird mit einer Spannung zwischen 110 kV und 220 kV betrieben. Seine Kurzschlussleistung liegt zwischen 8 GW und 20 GW. Es dient zur Übertragung von elektrischer Energie zwischen Kraftwerken mit einer mittleren Leistung von weniger als 150 MW sowie zwischen dem Verbundnetz und den nachgeordneten Verteilnetzen.

Das Verteilnetz wird mit einer Spannung zwischen 10 kV und 30 kV betrieben, in Ballungsgebieten auch bis 110 kV. Seine Kurzschlussleistung liegt zwischen 250 MW und 500 MW. Innerhalb einer begrenzten Region dient es zur Übertragung von elektrischer Energie zwischen dem Transportnetz und Transformatorstationen, durch die das Stadt- bzw. Ortsnetz angebunden wird. Städtische Kraftwerke, Windparks und Photovoltaik-Kraftwerke speisen ihre elektrische Energie u. a. in das Verteilnetz ein.

Die Orts- und Stadtnetze werden mit einer Spannung von 400 V betrieben. Sie bilden die letzte Ebene des elektrischen Transportnetzes und verbinden das Netz mit den angeschlossenen Wohnvierteln und Häusern. Die Spannung von 400 V wird entweder im Haus weiter verteilt (elektrisch betriebene Herde, Durchlauferhitzer, usw.) oder als einzelner Strang mit einer effektiven Spannung von 230 V Steckdosen und Lampen zugeführt.

7.2.2 Kabel und Leitungen

Um elektrische Energie im Hoch- und Höchstspannungsbereich zu übertragen, werden überwiegend Freileitungen eingesetzt. Als Leiter des elektrischen Stroms dienen die isoliert an einem Freileitungsmast aufgehängten Freileitungsseile, die als Verbundseile aufgebaut sind.

Unter den Masten wird zwischen reinen Tragmasten, die lediglich die Leiterseile tragen, Abspannmasten und Winkelmasten, an denen die Leiterseile ihre Richtung ändern, und Verdrillungsmasten unterschieden, an denen die Leiterseile ihre Positionen tauschen.

Beim Anlegen einer Spannung an eine Freileitung werden elektrische Felder aufgebaut. Zusätzlich entstehen durch den Stromfluss in den Leitern magnetische Felder, wodurch die Leiter untereinander als auch gegenüber der Erde parallel geschaltete Kapazitäten und seriell geschaltete Induktivitäten bekommen. Die von der Länge abhängigen Betriebsinduktivität einer Freileitung liegt in einer Größenordnung von 1 mH/km, während die Betriebskapazität der Leitung in einer Größenordnung von 10 nF/km liegt [18]. Entsprechend besitzen die Leitungen, neben dem ohmschen Widerstand, zusätzlich einen induktiven und kapazitiven Blindwiderstand.

Die Blindwiderstände der einzelnen (Bündel-)Leiter sind abhängig von der Entfernung der einzelnen Leiter voneinander sowie der Entfernung von Mast zu Erdboden. Damit alle drei Leiter den gleichen Blindwiderstand aufweisen, werden die Leitungen ab einer Systemspannung von 110 kV und einer Länge von mehr als 20 km *verdrillt.* An speziellen Verdrillungsmasten tauschen die Leiter ihre Plätze. Damit jeder der drei Leiter über die gesamte Leitungslänge jeden möglichen Platz im Leitungssystem eingenommen hat, sind mindestens zwei Verdrillungsmasten notwendig. Pro 200 km Leitungslänge tauschen die Leiter in der Regel einmal durch [63].

Wird an eine Leitung eine Last angeschlossen, deren (komplexer) Widerstand dem Blindwiderstand der Leitung entspricht, muss für die Leitung keine zusätzliche Blindleistung bereitgestellt werden. Die zu diesem Zeitpunkt übertragene Leistung wird als natürliche Leistung bezeichnet. Ändert sich die Last und damit der Strom durch die Leitung, so weicht die übertragene Leistung von der natürlichen Leistung der Leitung ab. Fließt ein kleinerer Strom, verhält sich die Leitung kapazitiv. Steigt der Strom über den Strom der natürlichen Leistung an, so verhält sich die Leitung induktiv. Sowohl in der unternatürlichen als auch in der übernatürlichen Betriebsweise werden Blindströme übertragen, sodass die Wirkverluste der Leitung ansteigen. Um die natürliche Leistung an die tatsächliche durchgeleitete Leistung anpassen zu können verfügen Hochspannungstransformatoren über spezielle Wicklungen, die als Kompensationsdrosseln zugeschaltet werden können [36].

Ab einer Feldstärke von mehr als 16 kV/m treten bei Freileitungen durch die Ionisation der Luft Korona-Entladungen auf. Weil das elektrische Feld $E(r) \propto 1/r^2$ mit der zweiten Potenz des inversen Krümmungsradius r wächst, verkleinert sich die elektrische Feldstärke, je größer der Radius ist. Eine Möglichkeit, die Ionisation der Luft zu vermeiden, besteht also darin, den Radius des Verbundseils zu erhöhen. Bündelleitern sind aus zwei, vier oder mehr Teilleitern aufgebaut, die durch leitende Abstandshalter auf einem konstanten Abstand gehalten werden. Durch die Überlagerung der elektrischen Felder der einzelnen Teilleiter erscheint der Bündelleiter wie ein einzelner Leiter mit großem Radius. Bei 380 kV werden beispielsweise vier Teilleiter mit einem Radius von 1,085 cm zu einem Bündelleiter zusammengefasst. Der Abstand von einem Teilleiters zum nächstgelegenen Teilleiter beträgt 40 cm. Das elektrische Feld in der Nähe des Bündelleiters entspricht dem eines Leiters mit einem Radius von 17,7 cm. Bei 220 kV-Leitungen werden zwei Teilleiter zu einem Zweierbündel zusammengeschaltet, mit einem Abstand von 40 cm. Das elektrische Feld des Zweierbündels entspricht einem Ersatzradius von 6,2 cm.

Im Gegensatz zu einer Freileitung sind die Leiter in einem Kabel mit festen Isolierstoffen umgeben. Entsprechend geringer sind die Abstände der Leiter untereinander, was sich negativ auf den Blindwiderstand eines Kabels ausübt. Durch die (ohmschen) Verluste entsteht Wärme, die abgeführt werden muss. Während eine Freileitung durch die umgebene Luft sowohl isoliert als auch gekühlt wird, ist die Isolierung eines Kabels ein schlechter Wärmeleiter. Außerdem fällt die Wärme bei einem Kabel auf einer viel geringeren Querschnittsfläche an als bei einer Freileitung. Eine mit ihrer natürlich Leistung beanspruchte Freileitung ist thermisch nicht ausgelastet und könnte stärker belastet werden, bei entsprechend höheren Verlusten. Ein Kabel hingegen muss weit unterhalb seiner natürlichen Leistung betrieben werden, weil es ansonsten thermisch zerstört würde. Entsprechend hoch ist seine Blindleistung, die aufgrund der ohmschen Widerstände der Leiter hohe Wirkleistungsverluste verursachen. Kabel sind deshalb für die Fernübertragung von elektrischer Energie in einem Dreiphasenwechselstromnetz denkbar ungeeignet.

Eine Alternative zu feststoffisolierten Kabeln stellen gasisolierte Leitungen dar. Jede der drei Phasen ist aus zwei konzentrisch angeordneten leitenden Rohren aufgebaut. Das innere Rohr aus Aluminium dient als (Hohl-) Leiter und wird mittels Isolatoren in der Mitte des geerdeten Mantelrohres fixiert. Der Innenraum der Rohre ist mit einem Isoliergas gefüllt. Vorwiegend wird ein Gasgemisch aus 20 % SF_6 und 80 % Stickstoff verwendet. Ein typisches Leiterrohr hat einen Außendurchmesser von 180 mm bis 250 mm und eine Wandstärke von 8 mm bis 15 mm [12]. Im Gegensatz zu einem Kabel, das etwa einen 17-fachen kapazitiven Blindleistungsbedarf hat wie eine vergleichbare Freileitung, sinkt der kapazitive Blindleistungsbedarf einer gasisolierten Leitung auf einen Faktor 4, verglichen mit der Freileitung. Die Belastbarkeit bzw. die Überlastbarkeit einer gasisolierten Leitung ist vergleichbar mit einer Freileitung, jedoch sind die Investitionskosten um einen Faktor 7 bis 11 höher. Weil gasisolierte Leitungen unterirdisch verlegt werden können, eignen sie sich als Alternative zu Freileitungen an Standorten, wo diese nicht eingesetzt werden können, aber trotzdem große elektrische Leistungen übertragen werden müssen. Die Verlegung der Leitungen kann sowohl in einer Tunnelröhre als auch direkt im Erdreich erfolgen.

7.2.3 Hochspannungs-Gleichstromübertragung

Systeme zur Hochspannungs-Gleichstromübertragung (HGÜ) besteht aus mindestens zwei Umrichterstationen, die mit einem Kabel oder einer Überlandleitung verbunden sind. An einer der Umrichterstationen wird elektrische Leistung aus einem Drehstromnetz entnommen und in einen Gleichstrom umgewandelt. Über eine leitende Verbindung wird die elektrische Energie an eine zweite Umrichterstation weitergegeben, wo der Gleichstrom wieder in Wechselstrom umgewandelt und in das dortige Drehstromnetz eingespeist wird.

Im Gegensatz zur Übertragung von Wechselstrom tritt bei der Übertragung von Gleichstrom kein Blindwiderstand auf, sodass auch Kabel effektiv zur Energieübertragung eingesetzt werden können. Die HGÜ eignet sich deshalb insbesondere für die Übertragung großer Energiemengen über weite Entfernungen, die mit einem Kabel (Seekabel) überbrückt werden. Außerdem ermöglicht sie die Verbindung von nicht synchronisierten Netzen, auch wenn diese mit unterschiedlichen Netzfrequenzen betrieben werden. Die Umrichterstationen wandeln den Gleichstrom in Drehstrom um und passen die Spannung und Frequenz an das jeweilige Netz an. Zur Umwandlung von Gleich- und Wechselstrom gibt es zwei verschiedene Konvertertechnologien: die netzgeführte und die selbstgeführte Umrichtertechnik. Die netzgeführte Technologie verwendet Thyristoren als Schaltelement, die durch die Anlagensteuerung aktiv eingeschaltet (gezündet) und durch das Drehstromnetz in einen stromlosen Arbeitspunkt geführt werden, in dem sie wieder ausgeschaltet (gelöscht) werden. Die selbstgeführte Technologie verwendet anstelle von Thyristoren Bipolartransistoren mit isolierter Gate-Elektrode (IGBT), die im Gegensatz zu den Thyristoren nicht ausschließlich aktiv ein-, sondern auch aktiv ausgeschaltet werden können. Sowohl der Umrichter zur Wandlung des Drehstroms in einen Gleichstrom als auch der Umrichter, der den Gleichstrom wieder in Wechselstrom umwandelt, können unabhängig voneinander und unabhängig von der übertragenen Wirkleistung die Bereitstellung von Blindleistung in ihrem jeweiligen Drehstromnetz regulieren. Selbstgeführte Anlagen zur Hochspannungs-Gleichstromübertragung sind schwarzstartfähig. Ein Betrieb der Umrichterstationen als Phasenschieber ist selbst dann noch möglich, falls die Gleichspannungsverbindung zwischen den Stationen nicht verfügbar ist.

7.2.4 Netzkonfiguration

Die Zuverlässigkeit der Stromversorgung ist von immenser wirtschaftlicher und gesellschaftlicher Bedeutung und damit eine der wichtigsten Anforderungen an das Versorgungsnetz. Um Ausfallsicherheit zu gewährleisten, sind Redundanzen notwendig. Es gibt verschiedene Netzkonfigurationen, die Vor- und Nachteile besitzen (▣ Abb. 7.2):

Einfach stichgespeiste Strahlennetze haben eine gemeinsame Leitung von der einzelne Abgänge abzweigen. Tritt eine Unterbrechung auf, kann die vom Transformator bereitgestellte elektrische Leistung nicht mehr an die Abzweige weitergegeben

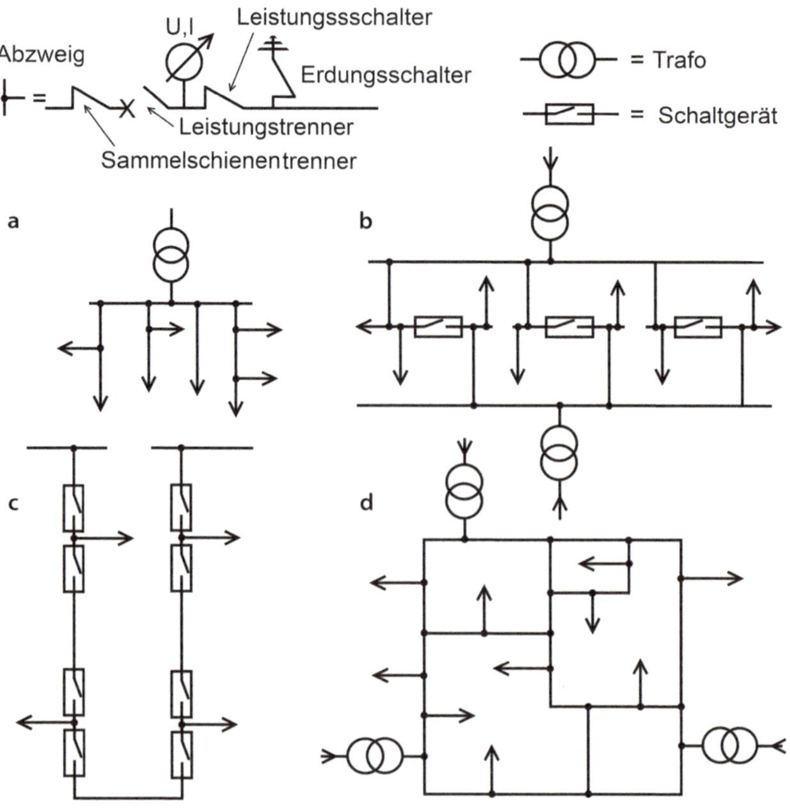

▣ **Abb. 7.2** **a** einfach stichgespeistes Strahlennetz; **b** zweifach stichgespeistes Strahlennetz; **c** Ringnetz; **d** Maschennetz [1]

werden, die sich aus Stromlaufrichtung gesehen, hinter der Unterbrechung befinden.

Zweifach stichgespeiste Strahlennetze versorgen jeden Abzweig auf zwei verschiedenen Wegen. Dafür sind zusätzliche Schaltgeräte notwendig, die im fehlerfreien Betrieb geöffnet sind. Tritt ein Fehler auf, wird das entsprechende Schaltgerät geschlossen, sodass der betroffene Abzweig über eine andere Leitung des Netzes weiterhin mit elektrischer Energie versorgt werden kann.

Ringnetze besitzen vor und hinter jeder Abzweigung Schaltgeräte, an denen der Ring im Fall einer Störung aufgetrennt werden kann. Nach der Auftrennung des Rings können alle Abzweige weiterhin mit elektrischer Energie versorgt werden. Bei der Auftrennung des Ringnetzes zerfällt das Netz in zwei einfach stichgespeiste Strahlennetze. Mittelspannungsnetze, zur Versorgung von Industrieanlagen oder zur Speisung von Ortsnetz-Transformatorstationen, nutzen häufig unterirdisch verlegte Kabel zum Energietransport und sie sind meist als Ringnetz aufgebaut.

Maschennetze bieten die höchste Redundanz. Über Abzweige sind die Leitungen des Netzes miteinander verbunden, sodass im Falle eines Fehlers jeder Abzweig über mehrere Leitungen weiterhin mit elektrischer Energie versorgt werden kann. Weil sich der Stromfluss zu einem Abzweig im störungsfreien Betrieb auf mehrere Leitungen aufteilt, können Maschennetze stoßartige Belastungen gut ausgleichen und besitzen eine gute Spannungsstabilität. Des Weiteren müssen die einspeisenden Transformatoren nur eine vergleichsweise geringe Reserveleistung haben, weil immer mehrere Transformatoren gleichzeitig elektrische Leistung in das Maschennetz einspeisen.

7.2.5 Niederspannungsnetz

Niederspannungsnetze, wie beispielsweise die Orts- und Stadnetze versorgen Endverbraucher mit einer geringen Anschlussleistungen mit elektrischer Energie. Die einzelnen Niederspannungsteilnetze besitzen eine Leitungslänge von einigen 100 m bis zu einigen wenigen Kilometern. Insbesondere in Ballungsräumen werden unterirdisch verlegte Kabel als Leiter eingesetzt, die über Transformatoren aus dem übergeordneten Mittelspannungsnetz gespeist werden. Die Effektivspannung von einem der drei Drehstromleiter bezogen auf das Erdpotenzial ist im Niederspannungsnetz auf $230\,\text{V} \pm 10\,\%$ festgelegt. Entsprechend beträgt die Effektivspannung zwischen zwei Leitern $230\,\text{V} \cdot \sqrt{3} = 398\,\text{V} \approx 400\,\text{V}$.

Im Gegensatz zur Frequenz des Drehstroms, die an allen Stellen des Netzes gleich ist, sind die Spannungen im Netz sowohl vom lokalen Aufbau des einzelnen Teilnetzes als auch von den lokalen Lasten, der Blindleistung und den Energieeinspeisungen abhängig. An jeder Stelle des Niederspannungsnetzes muss die Netzspannung, bezogen auf die Spannung zwischen zwei Außenleitern, in einem Bereich zwischen 360 V und 440 V liegen. Häufig kann die Spannung vom Netzbetreiber nur durch das Umschalten von Transformatoren zwischen dem Hochspannungsnetz und Mittelspannungsnetz aktiv beeinflusst werden, weil sich die Wicklungen von Ortstransformatoren, die das Mittelspannungsnetz mit dem Niederspannungsnetz verbinden, meist nur manuell schalten lassen. Im klassischen Fall fließt der Strom über den Ortstransformator und das Niederspannungsnetz zum Verbraucher. Abhängig von der Stromstärke und damit von der Last im Niederspannungsnetz sowie dem Leitungswiderstand, sinkt die Spannung mit zunehmender Entfernung vom Ortstransformator.

In einem typischen Auslegungsfall übersteigt die Spannung am Ortstransformator einen Wert von 400 V. Sind die an das Netz angeschlossenen Lasten gering, so sind die Spannungsabfälle über die Leitungen vernachlässigbar, sodass auch die Spannung bei den Abnehmern einen Wert von 400 V überschreitet. Steigt die Last im Netz, steigen auch die Spannungsabfälle über die Leitungen. Bei einer mittleren Netzbelastung sinkt die Spannung beim Abnehmer auf einen Wert von 400 V, bei hohen Lasten sinkt sie unter diesen Wert. Bei vollständiger Ausschöpfung des zulässigen Spannungsbereichs darf im klassischen Fall über die gesamte Leitungslänge eine maximale Spannung von 80 V abfallen.

In den letzten 15 Jahren wurde eine Vielzahl kleinerer Photovoltaikanlagen auf Hausdächern installiert, die ihre elektrische Energie in die Niederspannungsnetze abgeben. Wird zusätzliche Energie in das Niederspannungsnetz eingespeist, die nicht zeitgleich und ortsnah gebraucht wird, kehrt sich der Lastfluss um. Der Strom fließt vom Punkt der Einspeisung zum Ortstransformator, der ihn in das Mittelspannungsnetz weiterleitet. Aufgrund der Umkehr das Lastflusses, kehrt sich auch der Spannungsabfall um, sodass die Spannung am Einspeisepunkt höher ist als am Ortstransformator. Damit die maximal zulässige Spannung von 400 V am Ort der Einspeisung im Extremfall nicht überschritten wird, muss die Spannung am Ortstransformator gesenkt werden. Probleme bei der Einhaltung der Spannungsgrenzen sind die Folge. Mögliche Lösungen sind:

- Verringerung der Spannungsabfälle durch zusätzliche Leitungen
- stärkere Eigennutzung der produzierten Energie
- Bereitstellung von Blindleistung durch PV-Anlagen
- Regelung der Spannung am Ortsnetztransformator in Abhängigkeit der gemessenen Spannungen im Niederspannungsnetz
- Steuerung von Lasten im Niederspannungsnetz
- Speicherung der überschüssigen Energie vor Ort, beispielsweise in den Akkumulatoren von Elektrofahrzeugen.

Während der erste Punkt mit hohen Kosten für den Ausbau des Niederspannungsnetzes verbunden ist und deshalb nur langsam voranschreitet, werden die zweite und dritte Möglichkeit durch die Novellierungen des EEG in Form einer Selbstverbrauchsvergütung, und einer Verpflichtung zur Bereitstellung von Blindleistung umgesetzt.

7.2.6 Smart Grids

Insbesondere die letzten drei zuvor genannten Punkte erfordern ein weitverzweigtes Messnetz zur Spannungsmessung im Niederspannungsnetz sowie Möglichkeiten zur aktiven Steuerung von Lasten und (zukünftigen) Speichereinrichtungen. Allgemein erfordert die Integration regenerativer elektrischer Energie einen Umbau der bestehenden Übertragungs- und Versorgungsnetze. Große Energiemengen werden in bisher nur gering erschlossenen Gebieten – insbesondere von Offshore-Windkraftanlagen sowie von küstennahen Windkraftanlagen in Ost- und Nordfriesland – bereitgestellt, die in entfernten Ballungszentren genutzt wird. Des Weiteren müssen sehr viele dezentrale Anlagen (Wind, PV, Biogas) geregelt und gesteuert werden, um möglichst viel ihrer elektrische Energie in die Netze einspeisen zu können. Um diesen Anforderungen gerecht zu werden, müssen die Netze erweitert und optimal ausgelastet werden. Der Begriff Smart Grid bezeichnet elektrische Netze, die durch Mess- Steuer- und Regelungstechnik ergänzt wurden. In einem Smart-Grid können die Netzzustände in Echtzeit erfasst werden und es besteht die Möglichkeit der Steuerung und Regelung sowohl von elektrischen Lasten als auch von Anlagen zur Bereitstellung elektrischer Energie und der Netzinfrastruktur. Smart Meter („intelligente" Stromzähler) dienen neben der Erfassung von Netzparametern (Stromstärke, Spannung, Frequenz und Phasenlage) vor allem der (variablen) Abrechnung elektrischer Energie. Steht ein Überangebot an (regenerativer) Energie zur Verfügung, kann ein zeitlich vergünstigter Energie-Tarif dazu führen, dass vermehrt elektrische Energie genutzt wird. Entsprechend sind Smart Meter ein Baustein des Smart Grids, der in Kombination mit monetären Anreizen dazu beitragen kann, eine Balance zwischen Angebot und Nachfrage zu schaffen.

7.2.7 Sektorenkopplung

Unter dem Schlagwort Sektorenkopplung werden Bereiche, die Energie in Form von Wärme, elektrischer Energie oder chemischer Bindungsenergie benötigen, gemeinschaftlich betrachtet, mit dem Ziel die schwankend bereitgestellten erneuerbaren Energien möglichst vollständig zu nutzen und sukzessive fossile Energieträger zu substituieren (Dekarbonisierung). Lässt sich die Umwandlung von elektrischer Energie in Wärme (Power-to-Heat) noch einem intelligenten Last Management zuordnen, ist die Kopplung von elektrischen Netzen mit Gas-Netzen (Power to Gas) tiefgreifender.

Durch die Umwandlung von regenerativer elektrischer Energie in gasförmige chemische Energieträger eröffnen sich eine Vielzahl neuer Nutzungspfade. Die Einbindung der vorhandenen Gas-Infrastruktur zur Energie-Verteilung und Speicherung entlastet die elektrischen Transport und Versorgungsnetze und ermöglicht die Langzeitspeicherung großer Energiemengen. Das Arbeitsgasvolumen in den deutschen Erdgasspeichern beträgt rund 24,4 Mrd. m^3 [60]. Ausgehend von einem mittleren Brennwert für Erdgas (9,65 kWh/m^3) entspricht dies einer gespeicherten Energiemenge von 235 TWh. Zum Vergleich: Der Nettostromgebrauch in Deutschland liegt pro Jahr bei rund 530 TWh. Die in Form von Gas gespeicherte chemische Energie lässt sich jedoch nicht ohne Verluste wieder in elektrische Energie wandeln. Vielmehr bietet sich die Substitution von fossilem Erdgas durch das elektrisch bereitgestellte (Green-)Gas an. Insbesondere in Produktionsprozessen soll künftig aus regenerativer elektrischer Energie bereitgestellter Wasserstoff eingesetzt werden, um beispielsweise die Stahlproduktion CO_2-frei zu organisieren.

Die Sektorenkopplung bietet Vorteile hinsichtlich Transport und (Langzeit-)Speicherung von Energie. Bedingt durch die Umwandlungsprozesse entstehen jedoch erhebliche Verluste, weshalb sich der Kopplungsansatz nur zur Nutzung überschüssiger regenerativ bereitgestellter Energie eignet. Der Ausbau von Windkraft- und Photovoltaikanlagen über den eigentlichen elektrischen Bedarf hinaus ist deshalb eine Voraussetzung für die Sektorenkopplung.

Risiken der Energieerzeugung und Auswirkungen auf Klima und Umwelt

8.1 Der Erntefaktor – 109
8.1.1 Energiedichten – 110

8.2 Der Begriff Risiko – 111
8.2.1 Gesellschaftliche Akzeptanz – 112
8.2.2 Restrisiko – 112

8.3 Auswirkungen auf Atmosphäre und Klima – 113
8.3.1 Der Strahlungshaushalt der Erde – 113
8.3.2 Der natürliche Treibhauseffekt – 115
8.3.3 Der anthropogene Treibhauseffekt am Beispiel von CO_2 – 118

8.4 Natürliche Schwankungen des CO_2-Gehalts und dessen Auswirkungen auf die Temperatur – 119

8.5 Vorhersagen des globalen Klimas der Zukunft durch Computermodelle – 120
8.5.1 Klimamodelle – 121
8.5.2 Vorhersagen des International Commitee on Climate Changes (IPCC) – 121
8.5.3 Anthropogene Einflussnahmen: Brandrodung und Energieverbrauch – 122
8.5.4 Umweltbelastungen aus dem Verbrauch fossiler Energien – 126
8.5.5 Möglichkeiten der Rückhaltung von CO_2 und anderer Treibhausgase – 128

U. Blum, E. Rosenthal, B. Diekmann, *Energie – Grundlagen für Ingenieure und Naturwissenschaftler*,
https://doi.org/10.1007/978-3-658-26933-3_8

8.6 Ozonabbau durch Freisetzung atmosphärisch relevanter Spurengase – 130
8.6.1 Ozonschicht und Chapman-Zyklus – 130
8.6.2 Katalytischer Ozonabbau – 130
8.6.3 Polares Ozonloch – 132

8.7 Politische Maßnahmen zur Schadensbegrenzung bei Treibhauseffekt und Ozonloch – 135
8.7.1 Klimarahmenkonvention von 1992 – 135
8.7.2 Kyoto-Protokoll (Februar 2005) – 136
8.7.3 Klimaschutzabkommen von Paris (Dezember 2015) – 136
8.7.4 Montrealer Protokoll – 137

8.8 Umweltaspekte der Nutzung der Kernenergie – 137
8.8.1 Kerntechnische Anlagen im Normalbetrieb – 138
8.8.2 Große nukleare Störfälle der Kernenergienutzung – 138
8.8.3 Risikoanalysen für Störfälle – 149

Jegliche Form der Umwandlung und Nutzbarmachung von Energie im industriellen Maßstab stellt einen massiven Eingriff in die Natur dar und hat unterschiedlichste Umweltbelastungen und Risiken zur Folge. Der Einsatz fossiler Energieträger wirkt sich auf das globale Klima aus, der Einsatz von Kernenergie birgt das Risiko eines Betriebsunfalls mit weitreichenden und schwerwiegenden Folgen und der Ausbau regenerativer Energien ist nicht ohne Konsequenzen für die Natur. In diesem Kapitel sollen die unterschiedlichen Umweltbelastungen und Risiken im Einzelnen betrachtet werden.

8.1 Der Erntefaktor

Wie oft eine regenerative Anlage in ihrer Lebenszeit den kumulierten Energieaufwand wieder einspielt bzw. an anderer Stelle wieder einspart, wird über den Erntefaktor (siehe ▶ Gl. 8.1) angegeben. Der kumulierte Energieaufwand gibt an, wie viel Primärenergie für Bau, Betrieb, Wartung und Entsorgung einer Anlage anfällt.

$$\varepsilon = \frac{\text{Energieerzeugung im Verlaufe der Lebensdauer einer Anlage}}{\text{(Primär-) Energieaufwand für Bau, Betrieb, Wartung und Entsorgung}} \tag{8.1}$$

Eine Anlage muss momentan oder zukünftig in der Lage sein, einen Erntefaktor >1 zu erzielen. Kann dies nicht gewährleistet werden, so sollte diese Nutzungsform eingestellt werden.

Das hört sich trivial an, ist aber in der Realität durchaus kompliziert und – weil auch durch nicht-naturwissenschaftlich definierte Einflussfaktoren mitbestimmt – nicht exakt quantifizierbar. Der kumulierte Energieaufwand einer Anlage (KEA) stellt keine wissenschaftliche Größe dar, da er nicht nur den reinen (Primär-)Energieaufwand des Kraftwerksbetriebs erfasst, sondern auch den für die gesamte vor- und nachgeschaltete Prozesskette (z. B. Primärenergiebedarf für die Materialverarbeitung, aber auch *Sekundäraufwendungen* wie Transport oder geldliche und daher in Energieeinheiten umzurechnende Arbeitskosten usw.) eines Energie*vorhabens* abschätzt und kumuliert. Das Ziel der Vereinheitlichung von Kennzahlen zur Bewertung von Energieerzeugungstypen muss daher beim KEA stets besonders im Auge behalten werden.

Erntefaktoren verschiedener Energieerzeugungstypen sind in ◘ Tab. 8.1 aufgelistet.

Für alternative Systeme wird ein jeweils *günstiger* Standort (Windeenergie >2000 Jahresnennleistungsstunden, bei Solarenergie >1000 h/a Insolation) unterstellt. Wartung und Entsorgung (teilweise Recycling) sind jeweils nur überschlägig berücksichtigt.

Bei der Photovoltaik hängen kumulierter Energieaufwand (Herstellungsverfahren, Materialkosten etc.), Wirkungsgrad und damit auch der Erntefaktor stark vom Typ der Solarzelle ab.

In der Solarthermie besteht eine starke Abhängigkeit vom Kollektortyp (Parabolrinnen, Fresnellinsen etc.).

Hinsichtlich der Wasserkraft (▶ Abschn. 3.5) hängt das kumulierte Energieaufkommen erheblich von der geologischen Umgebung ab (z. B. Mehrkosten für eine Flussbegradigung).

Für die Kernenergie erscheint ein Rechenansatz, bei dem nur die Anreicherungstechnik des Urans wesentlich für das kumulierte Energieaufkommen zu Buche schlägt, zumindestens als hinterfragungswürdig. Zwar macht rein marktwirtschaftlich die Brennstoffbeschaffung 61 % des gesamten KEA aus, wobei sich Gasdiffusionstechnik (ca. 25 %) und Zentrifugentechnik (ca. 75 %) den Markt teilen (▶ Abschn. 4.3.2). Ob aber und in welchem realistischen Umfang z. B. Entsorgungskosten bzw. deren energetische Umrechnung (z. B. über die Bildung des Quotienten).

Tab. 8.1 Erntefaktoren verschiedener Energieerzeugungstypen [25, 163]

Erzeugungstyp	Nennleistung [MW]	Lebensdauer [a]	Auslastung [h]	KEA [TJ]	ε
Windenergie	1,5	20	2000	13,1 …13,9	16
Photovoltaik	40–110	25	1000	880 … 8020	1,2 … 4
Solarthermie	40	30	1000	747 … 930	17 … 21
Wasserkraft	90	100	3000	2035	50
Kernenergie	1340	60	8000	30.990	75
Erdgas	820	35	7500	26.855	28
Steinkohle	509	50	7500	23.960	29
Braunkohle	929	50	7500	40.170	31

Primärenergieverbrauch/Bruttosozialprodukt, in Deutschland 2014 = 0,8 kWh/€) im KEA angemessen Berücksichtigung finden, ist Gegenstand (umwelt)politischer Diskussionen, die mitunter leidenschaftlich geführt werden.

Für die kohlebasierten Energieerzeugung stammen die KEA-Werte größtenteils aus der Brennstoffbereitstellung ohne Transport bei Tagebau (Braunkohle) bzw. Untertagebau (Steinkohle). Unterschiede liegen hier im niedrigeren Heizwert der Braunkohle.

Man kommt schnell zu dem Schluss, dass Erntefaktoren je nach Anlagentyp, Standort, Betreibungsform etc. sehr unterschiedlich ausfallen können, da das kumulierte Energieaufkommen für verschiedene Energieerzeugungsformen schwer einheitlich erfassbar ist. Ein Vergleich auf rein ökonomischer Basis ist sicherlich nicht das einzige Beurteilungskriterium, dieser sollte aber in jedem Falle objektiv und nach einem eindeutig fixiertem Schema durchgeführt und sein Ergebnis in die Entscheidungsfindung einbezogen werden.

8.1.1 Energiedichten

Bevor man sich dem Risiko einer Nutzungsart zuwendet, und dabei zwangsläufig auf ‚Kernenergie' fokussiert, könnte man sich von einem unbedarften Kind natürlich die Frage stellen lassen, warum man sich so etwas trotz offensichtlich (aus den Erfahrungen von Fukushima und Tschernobyl) nicht zu vernachlässigendem Restrisiko antut (und erspart sich somit die Überlegungen aus ▶ Abschn. 8.3).

Die Frage könnte man – sicherlich verkürzt und buchstäblich plakativ – durch die Aufforderung beantworten, einmal bei GOOGLE EARTH aus fixierter Höhe von vielleicht 1000 m einen Blick auf ein Kernkraftwerk von 1,3 GW_{el} und eine Biogasanlage von 1,3 MW_{el} zu werfen. Beide ‚Bauzäune' umschließen etwa dieselbe Fläche. Das Beispiel verdeutlicht, dass die immense Energiedichte der Kernenergie ihre Nutzung so attraktiv macht. Zwischen der Energiedichte (gemessen in kWh/m^3) eines blühenden Rapsfeldes als Quelle von Rapsmethylester und einem Kubikmeter Reaktorvolumen liegen 10 Größenordnungen – entsprechend dem Größenvergleich zwischen einer Haselnuss und dem Petersdom.

Tab. 8.2 zeigt typische Energiedichten verschiedener Energiequellen bzw. -speicher im Vergleich, wobei es natürlich schwierig ist, einigen erneuerbaren Quellen wie Windenergie oder Photovoltaik ein Volumen zuzuordnen (und damit aus Energie/Volumen bzw. Energie/Masse eine Energiedichte zu berechnen.

Tab. 8.2 Energiedichten im Vergleich (in kWh_{th}/kg bzw. quellenangepasste Volumen- oder Flächeneinheit, Angaben für Wasser im Schwerefeld der Erde) [10]

Quelle	Gespeichert in	Als	Energieinhalt
Fossile Energien	Kohle	Steinkohle	8,1 kWh/kg
		Braunkohle	2 bis 6 kWh/kg
	Öl		12 kWh/kg
	Gas		9 kWh/m^3
Sonnenenergie	Biomasse	Flüssige Treibstoffe	≈11 kWh/kg
		Feste Brennstoffe	4 kWh/kg
	Solarzellen: Strom		100 kWh/m^{2}a
	Flachkollektoren: Heizwärme		1000 kWh/m^{2}a
	Aufwindkraftwerke: Strom		≈50 kWh/m^{2}a
Müll			2 bis 3 kWh/kg
Wärme	Aus Wasser/Boden/Luft (Wärmepumpen)		0,0012 kWh/kg
Wind	$v_w = 5$ m/s		707 kWh/m^{2}a
	$v_w = 10$ m/s		5600 kWh/m^{2}a
Wasser	Laufwasser (Gefälle)		0,0000027 kWh/kgm
Kernspaltung	(für ^{235}U)		22×10^6 kWh/kg
Kernfusion	(für Wasserstoff als Brennstoff)		172×10^6 kWh/kg

8.2 Der Begriff Risiko

Während z. B. alternative Ressourcen und deren Nutzung insbesondere unter dem Kriterium der Ergiebigkeit (Erntefaktor) kritisch hinterfragt werden, ist bei der Kernenergie das Risiko im Fokus der Aufmerksamkeit und bedarf einer sorgfältigen Prüfung.

Die direkte Definition des formalen Begriffs Risiko lautet [1]:

$$\text{Risiko} = \text{Schadenshöhe} \cdot \text{Eintrittswahrscheinlichkeit} \quad (8.2)$$

Ein Risiko kann aufgrund historischer Schadensdaten und statistisch abgeleiteter Wahrscheinlichkeiten[1] ermittelt werden. Fehlen entsprechende Erfahrungswerte, müssen – unter Inkaufnahme größerer Ungenauigkeiten – Abschätzungen oder vereinfachende Modellberechnungen hinzugezogen werden. Der Risikobegriff, nach obiger Definition betrachtet, berücksichtigt ausschließlich materielle Schadensäquivalente, etwa – durchaus makaber – nicht erbrachte Lebensarbeitsstunden eines Unfalltoten, z. B. infolge eines Unfalls, und versucht so das Risiko objektiven Maßstäben zu unterwerfen. Risiken können über diesen formalen Risikobegriff nach ▶ Gl. 8.2 vereinheitlicht und miteinander verglichen werden. Die Frage der gesellschaftlichen Akzeptanz eines bestimmten Risikos lässt sich auf diese Weise nicht ermitteln; ob eine solche Akzeptanz in der politischen Bewertung berücksichtigt werden sollte, wird häufig medienwirksam diskutiert. Auch hier

1 Wahrscheinlichkeiten gelten dabei als objektiv, wenn sie nach statistischen Kriterien mit hinreichendem Beobachtungsumfang ermittelt wurden.

gilt, dass die Durchführung einer solchen Bewertung unerlässlich ist und ihr Ergebnis in wesentlichem Umfang in die Entscheidungsfindung einfließen sollte.

8.2.1 Gesellschaftliche Akzeptanz

Der technische Risikobegriff unterscheidet nicht zwischen seltenen Ereignissen mit großem Schaden und der Summe häufigerer Ereignisse mit geringerem Schaden. Psychologisch schätzt eine Gesellschaft aber ein Risiko subjektiv umso höher ein, je höher die im Schadensfall zu erwartenden Konsequenzen ausfallen [1]. Eine Erklärung liefert der für jeden Menschen immens wichtige Faktor der Gewohnheit. Je gleichförmiger und konstanter Konsequenzen erfahren werden und je eher katastrophale Konsequenzen ausgeschlossen werden können, desto eher wird das Ausmaß der Summe aller Konsequenzen unterschätzt [45].

Der Faktor der Akzeptanz einer Gesellschaft bzgl. eines technologischen Risikos ist stark von der medialen und politischen Kommunikation abhängig. Auch der Aspekt der Freiwilligkeit, mit der ein Risiko eingegangen wird, ist psychologisch relevant. Jeder kennt das Phänomen, dass – statistisch gesehen und geeignet auf Entfernung und Personenzahl normiert – das Fliegen ungefährlicher ist als die Autofahrt zum Flughafen; nur das ‚Bauchgefühl' kommt zu einer anderen Bewertung. Zum Vergleich verschiedener Technologien aus politischer Sicht könnte man den Risikobegriff um den Faktor Akzeptanz erweitern, müsste sich dann aber Wege einfallen lassen, den nicht-konstanten Faktor Akzeptanz steuern und quantitativ *messen* (d. h. regelmäßig abschätzen) zu können. Aus rein komparativer Sicht verschiedener Alternativen ist die Fortlassung des Akzeptanzbegriffs besser auf die Ergebnisfindung fokussiert. Nicht nur neigt man dazu, kleine aber häufige Risiken eher zu akzeptieren als große aber seltene. Auch bei *Pluspunkten* kann die Psychologie einem Streiche spielen: *wenig spürbare aber häufige,* beinahe selbstverständliche *Pluspunkte* einer Bewertung fallen unter den Tisch: Bei der *Kernenergie* ist daher nicht nur ein besonderes Augenmerk auf die Reaktorunfälle von Fukushima und Tschernobyl *zu legen,* vielmehr ist auch ein wesentliches Argument *für* deren Einsatz angemessen in die Risikokalkulation einzubeziehen: Diese Energiequelle hat den unbestreitbaren Vorteil, deutlich weniger CO_2 bei der Stromerzeugung freizusetzen als konventionelle Kraftwerke mit fossilen Brennstoffen. Während – je nach technischem Aufwand – die Stromerzeugung aus fossilen Quellen mit 700–1200 g CO_2/kWh_{el} zu Buche schlägt, sind es hier – wiederum je nach Rechenansatz – Werte von <50 g CO_2/kWh_{el}.

8.2.2 Restrisiko

Für die Einschätzung eines Risikos nach ► Gl. 8.2 besteht ein weiteres Problem: Die Risikodefinition bietet zwar einen anwendungsbezogenen Ansatz, die Verwendung mathematisch-statistischer Methoden zur Erzeugung von Parametern führt jedoch zu einem unkalkulierbaren Restrisiko, z. B. aufgrund einer falschen Annahme, die Einfluss auf die Eintrittwahrscheinlichkeit hat. Statistisch erhobene Daten (etwa Todesursachenstatistiken oder prozentuale Häufigkeiten von Krebserkrankungen) können keine sichere Prognose für die Zukunft in einer komplexen, sich stetig wandelnden Welt geben. Fukushima war auf eine Erdbebenstärke von 8,2 (in der logarithmischen sog. Richterskala) sogenannte Momentmagnituden ausgelegt, eingetreten war aber ein Beben der Stärke 9.

Die resultierenden Reaktorunfälle wurde auf der internationalen Bewertungsskala für nukleare Ereignisse (INES) als größtmögliche Katastrophe eingestuft (Stufe 7, wie bei der

Katastrophe von Tschernobyl 1986). Es zeigt sich also, dass Annahmen, die allein auf statistischen Daten beruhen, einer schwer abzuschätzenden Unsicherheit unterliegen, welche sich bei der Berechnung des Risikos noch fortpflanzt. Dennoch ist die hier vorgestellte Risikoberechnung im nukleartechnischen Bereich ebenso wie bei anderen großtechnischen Vorhaben (Großraumflugzeuge, MW-Windanlagen – weil auch hier keine empirische Erfahrung aus den Unfallwahrscheinlichkeiten extrahiert werden kann) als ein Baustein einer Gesamtbewertung unerlässlich.

8.3 Auswirkungen auf Atmosphäre und Klima

Fossile Energieträger setzen bei ihrer Verbrennung insbesondere Kohldioxid (CO_2) frei und verstärken damit den natürlichen Treibhauseffekt. Aufgrund des natürlichen Treibhauseffekts liegt die Oberflächentemperatur der Erde im globalen Mittel bei ca. 15 °C und nicht bei −18 °C. Der anthropogene Treibhauseffekt, basierend auf der vom Menschen verursachten Emission klimarelevanter Spurengase wie z. B. CO_2 oder CH_4, führt zwar zu deutlich kleineren Temperaturänderungen – kann aber gravierende Auswirkungen auf das Klimasystem Erde haben.

Der Abbau der stratosphärischen Ozonschicht ist ebenfalls eine Folge der anthropogenen Emission von Spurengasen. Diese Spurengase entstammen in der Regel zwar keinen Energieumwandlungsprozessen, sind aber z. B. als Bestandteil von Kühlmitteln ein Nebenprodukt der Industrialisierung. Insofern ist der Abbau des stratosphärischen Ozons zwar nur mittelbar eine Folge unseres Umgangs mit Energie, soll aber dennoch kurz erläutert werden, weil dieser häufig zusammen mit dem anthropogenen Treibhauseffekt genannt wird, obwohl beide Effekte in erster Näherung keine kausale Verknüpfung besitzen. Untersucht man beide Effekte jedoch genauer, entdeckt man allerdings Zusammenhänge höherer Ordnung.

8.3.1 Der Strahlungshaushalt der Erde

Die gesamte auf die Querschnittsfläche der Erde auftreffende Strahlung der Sonne mit der Bestrahlungsintensität I_{Solar}, verteilt sich auf die Oberfläche der Erde mit dem Radius r_E:

$$I = \frac{I_{\text{Solar}} \cdot \pi r_E^2}{4\pi r_E^2} = \frac{I_{\text{Solar}}}{4} = 342 \frac{W}{m^2} \quad (8.3)$$

Ein Teil dieser Leistung wird von der Erde aufgenommen; der restliche Anteil wird reflektiert. Die Albedo[2](A) beschreibt das Reflexionsvermögen einer Oberfläche und ist definiert als der Quotient von reflektierter zu einfallender Strahlung. Schneebedeckte Flächen ($A \approx 0{,}75 \ldots 0{,}95$) besitzen ebenso wie Wolken ($A \approx 0{,}6 \ldots 0{,}9$) eine hohe Albedo[3], im Gegensatz zu Grünlandflächen ($A \approx 0{,}1 \ldots 0{,}3$). Im Mittel lässt sich die Albedo der Erde mit (A=0,3) abschätzen. Dementsprechend werden 70 % der eingestrahlten Leistung von der Erde aufgenommen und aufgrund des thermischen Gleichgewichtes der Erde wieder abgestrahlt; 30 % werden sofort reflektiert. Mithilfe des Stefan-Boltzmann-Gesetzes (▶ Gl. 3.8) und der in ▶ Gl. 8.3 berechneten Leistung pro Quadratmeter, lässt sich eine erwartete Oberflächentemperatur der Erde bestimmen:

$$\begin{aligned} I_{\text{in}} &= I_{\text{out}} \Leftrightarrow (1 - \mathrm{A}) \cdot \mathrm{I} = \sigma \cdot T^4 \\ \Rightarrow T &= \sqrt[4]{\frac{(1 - A) \cdot \mathrm{I}}{\sigma}} \approx 255\,\mathrm{K} \end{aligned} \quad (8.4)$$

Durch die einfallende Strahlung würde die Erde lediglich auf 255 K aufgeheizt. Die gemessene mittlere Temperatur der Erde beträgt jedoch ≈ 288 K. Bei dieser Temperatur emittiert die Erde eine Leistung pro Quadratmeter von:

$$I_{\text{out}} = \sigma \cdot T^4 \approx 390 \frac{W}{m^2}, \quad (8.5)$$

2 aus dem Lateinischen album = weiß.
3 Siehe auch ▶ Abschn. 3.1; ◘ Tab. 3.1.

was gemäß ▶ Gl. 3.7 einer Wellenlänge von

$$\lambda_{\max} = \frac{h \cdot c}{4{,}965 \cdot k_B \cdot 288\,\mathrm{K}} \approx 10\,\mu\mathrm{m} \quad (8.6)$$

im infraroten Bereich des elektromagnetischen Spektrums entspricht.

Folglich müsste die Erde mehr Leistung abstrahlen als sie von der Sonne erhält, nämlich

$$390\,\mathrm{W/m^2} - (1 - A) \cdot 342\,\mathrm{W/m^2} \approx 150\,\mathrm{W/m^2} \quad (8.7)$$

Die Folge wäre, dass die Erde auskühlen würde, bis sie eine mittlere Temperatur von 255 K erreicht hätte. Selbst wenn die Erde sämtliche einfallende Sonnenstrahlung absorbierte ($A = 0$), läge die erwartete Oberflächentemperatur lediglich bei 279 K; die Erde würde weiterhin auskühlen.

8

Diese Überlegungen beruhen auf der Annahme, dass die Erde einem idealen schwarzen Körper gleicht – was in der Realität natürlich nicht zutrifft.

Vergleicht man die von Satelliten gemessenen Abstrahlungsspektren der Erdatmosphäre mit Verläufen von Schwarzstrahlerkurven (Planck'sches Strahlungsgesetz, ▶ Gl. 3.6) verschiedener Temperaturen (◻ Abb. 8.1), so lässt sich das Rückstrahlungspotenzial von Wasserdampf, Ozon und Kohlendioxid anhand der Absorptionspeaks erkennen. Vereinfacht dargestellt liegt dies daran, dass – von der Sonne ausgehend – die Treibhausgase zwar für einfallende sichtbare und UV-Strahlung durchlässig sind, die im Infrarotbereich von der Erde re-emittierte Strahlung jedoch teilweise absorbieren und ihrerseits in alle Raumrichtungen streuen.

8.3.1.1 Treibhausgase

Im Gegensatz zu Atomen, die im Allgemeinen radialsymmetrisch aufgebaut sind, können Moleküle rotieren und ihre Atome können gegeneinander schwingen. Der Spektralbereich der emittierten oder absorbierten elektromagnetischen Strahlung von Molekülen ist abhängig von der Art des Energieübergangs eines Moleküls. Ändert sich ausschließlich die Rotationsquantenzahl, so liegt die Wellenlänge λ der Strahlung im Mikrowellenbereich.

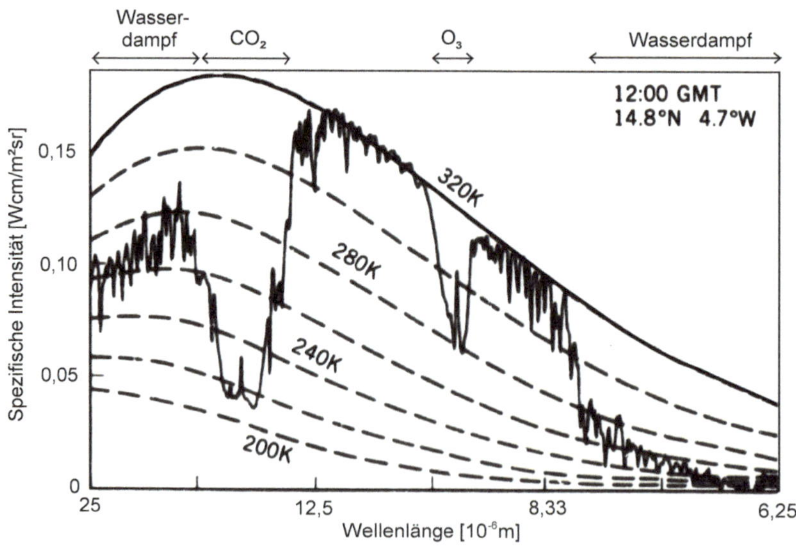

◻ **Abb. 8.1** Satellitenaufnahmen von Abstrahlungsspektren der Erdatmosphäre über den nordafrikanischen Tropen bei klarem Himmel; bearbeitet, Original aus [35]; die durchgezogene Schwarzstrahlerkurve spiegelt die Oberflächentemperatur der Erde als schwarzen Strahler wieder

Kombinierte Schwingungs- und Rotationsspektren liegen dagegen im infraroten Bereich und Übergänge zwischen zwei elektronischen Zuständen eines Moleküls finden im sichtbaren Bereich des Spektrums statt. Moleküle mit gleichen Kernen (homonukleare Moleküle) besitzen in erster Näherung keine erlaubten Schwingungsrotationsübergänge innerhalb des gleichen elektronischen Zustands.

Die Atmosphäre der Erde besteht zu einem Großteil aus Stickstoff (N_2), gefolgt von Sauerstoff (O_2). Diese beiden Moleküle besitzen keine Schwingungsrotationsübergänge, sodass sie die Wärmestrahlung, die sich im infraroten Bereich des elektromagnetischen Spektrums befindet, ungehindert passieren lassen. Bei Kohlendioxid (CO_2), Wasserdampf (H_2O), Methan (CH_4) und Lachgas (N_2O) handelt es sich nicht um homonukleare Moleküle. Sie können deshalb Wärmestrahlung absorbieren sowie emittieren und tragen damit zum Treibhauseffekt bei.

Sprachlich wird zwischen dem natürlichen und dem anthropogenen Treibhauseffekt unterschieden. Letzterer wird durch die von den Menschen emittierten Treibhausgase hervorgerufen. Eine Erhöhung der Treibhausgaskonzentration in der Atmosphäre führt dazu, dass der Anteil, der von der Atmosphäre absorbierten und zurück auf die Erde gestrahlten Leistung im infraroten Bereich des Spektrums zunimmt. Entsprechend weniger Strahlungsleistung kann ungehindert die Atmosphäre passieren. Als Folge steigt die mittlere Temperatur der Erde.

8.3.1.2 Berechnung des Treibhauseffekts eines Gases

Die Treibhausgase unterscheiden sich in ihrer Fähigkeit, elektromagnetische Strahlung im infraroten Bereich des Spektrums zu absorbieren bzw. zu emittieren und tragen deshalb unterschiedlich zum Treibhauseffekt bei. Zum Vergleich gibt es das *Global Warming Potential* (GWP). Als Referenzwert dient Kohlendioxid, das den GWP-Wert 1 besitzt. Der GWP-Wert quantifiziert das Schadenspotenzial eines Gases und lässt somit eine politische Prioritätenrangordnung der Emissionsbegrenzung verschiedener Treibhausgase zu.

$$GWP_i = \frac{\int_0^T a_i c_i(t)dt}{\int_0^T a_{\mathrm{CO_2}} c_{\mathrm{CO_2}}(t)dt} \tag{8.8}$$

Dabei gilt: a_i: Wärmestrahlungsabsorption pro Einheitskonzentrationsanstieg eines Treibhausgases i; $c_i(t)$: Konzentration eines Treibhausgases i zur Zeit t nach Austritt; T: Anzahl der Jahre, über die integriert wurde.

Die Berechnung des Treibhauseffekts eines Gases i (in Äquivalenten kg CO_2) mittels der GWP_i-Faktoren wird wie folgt durchgeführt (m_i: emittierte Menge des Gases i):

$$\mathrm{Treibhauseffekt[kgCO_2equiv.]} = GWP_i \left[\frac{\mathrm{kgCO_2equiv.}}{\mathrm{kg_{Gas}}}\right] \cdot m_i[\mathrm{kg_{Gas}}] \tag{8.9}$$

Tab. 8.3 gibt einen Überblick über die wichtigsten Treibhausgase, ihre GWP-Werte und ihre aktuelle Konzentration in der Atmosphäre.

Neben den direkten gibt es indirekte Treibhausgase, die selbst kein GWP, aber Auswirkungen auf die chemische Reaktion anderer Treibhausgase besitzen. Auch Aerosole haben einen Einfluss auf den Strahlungshaushalt der Erde und damit auf das Klima.

8.3.2 Der natürliche Treibhauseffekt

Die Temperaturdifferenz von 33 °C zwischen berechneter und beobachteter mittlerer Oberflächentemperatur kann durch den natürlichen Treibhauseffekt erklärt werden. Die dominanten Strahlungsflüsse beim Treibhauseffekt sind in Abb. 8.2 dargestellt. Abb. 8.1

Tab. 8.3 Konzentration und GWP-Wert typischer Treibhausgase; Daten aus [86]

Gas	Konzentration vor Jahr 1750	gegenwärtige Durchschnittskonzentration	GWP
CO_2	280 ppm	399,5 ppm	1
CH_4	722 ppb	1834 ppb	28
N_2O	270 ppb	328 ppb	265
CFC-11	0 ppt	232 ppt	4660
CFC-12	0 ppt	516 ppt	10.200
CF-113	0 ppt	72 ppt	5820
HCFC-22	0 ppt	233 ppt	1760
HCFC-141b	0 ppt	24 ppt	782
HCFC-142b	0 ppt	22 ppt	1980
Halon 1211	0 ppt	3,6 ppt	1750
Halon 1301	0 ppt	3,3 ppt	6290
HFC-134a	0 ppt	84 ppt	1300
CCl_4	0 ppt	82 ppt	1730
SF_6	0 ppt	8,6 ppt	23.500

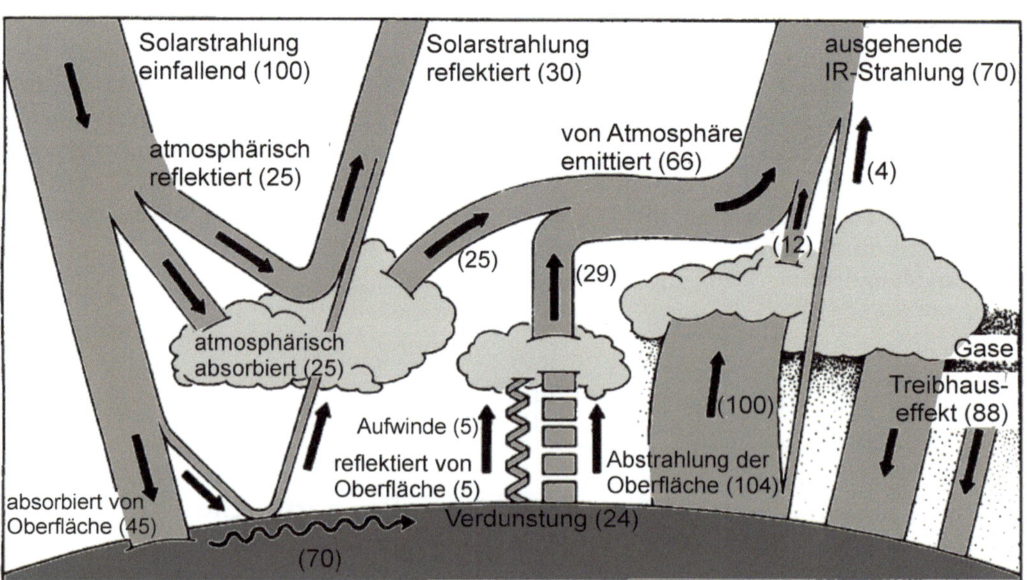

Abb. 8.2 Skizze der dominanten Strahlungsflüsse beim Treibhauseffekt; bearbeitet, Original aus [72]; die Zahlen in Klammern beziehen sich prozentual für jeden Strahlungsvektor auf die mittlere Solarkonstante der Erde (1367 W/m²)

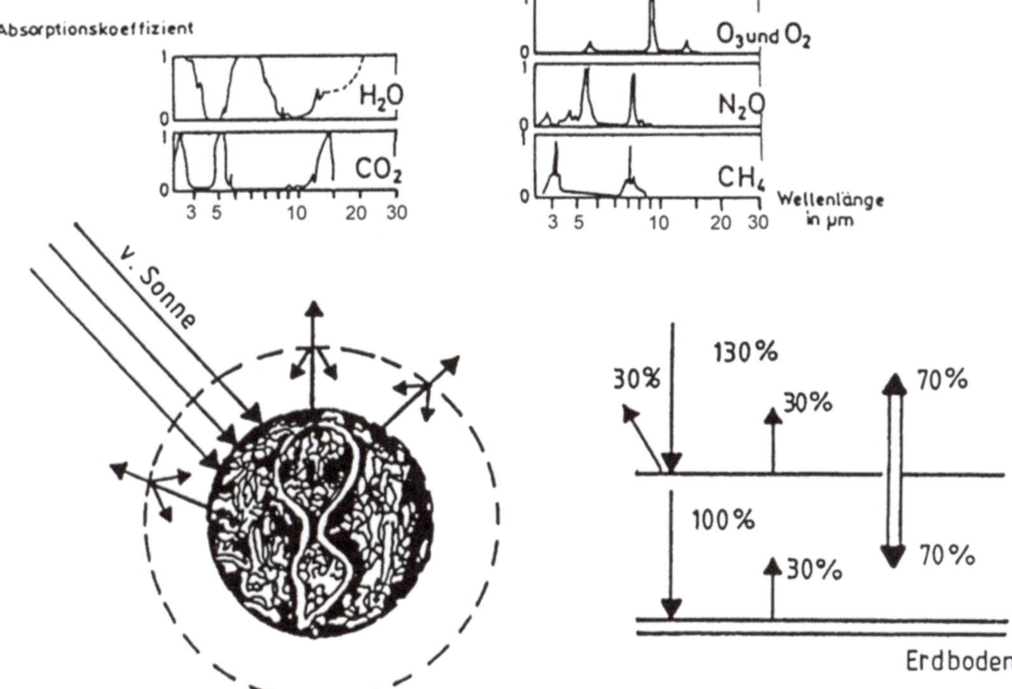

Abb. 8.3 Absorptionsspektren treibhausrelevanter Gase und relative Strahlungsflüsse des statischen Einscheibenmodells [1]

zeigt, wie CO_2, Wasserdampf und Ozon aufgrund ihrer Absorptionsfähigkeit im IR-Bereich des elektromagnetischen Spektrums die direkte Abstrahlung der Wärmestrahlung von der Erdoberfläche ins Weltall verhindern und die Wärme so – ähnlich wie in einem Glashaus – einfangen. Die Treibhausgase re-emittieren die absorbierte Strahlungsleistung isotrop, also auch zurück zur Erdoberfläche, allerdings aus unterschiedlichen Höhen und somit bei unterschiedlichen Temperaturen und somit – nach dem Planck'schen Strahlungsgesetz – mit einer niedrigeren Energiedichte[4]. Der erste Hauptsatz der Thermodynamik fordert eine ausgeglichene Energiebilanz, d. h. die Erdoberfläche muss sich soweit erwärmen, dass im Gleichgewicht wieder 137 W/m^2 ins Weltall zurückgestrahlt werden.

Man kann den Mechanismus des Treibhauseffekts, gerade wenn es um die schnelle Handhabe von Überschlagsrechnungen geht, mit dem Glasscheibenmodell beschreiben.

$$P_{\text{Absorber}} = \frac{n+1}{\frac{n}{2}+1} \cdot P_{\text{Einfallend}} \tag{8.10}$$

$$T_n = (n+1)^{1/4} \cdot T_{n=0} \tag{8.11}$$

Dabei wird eine Gasschichtdicke fiktiv in n äquidistante Glasscheiben zerlegt, wobei eine Glasscheibe zwei Absorptionslängen[5] entspricht.

Abb. 8.3 zeigt die relativen Strahlungsflüsse des statischen Einscheibenmodells.

4 Wasserdampf re-emittiert dabei ab 5 km Höhe bei 260 K = −13 °C, Kohlendioxid aus 11 km Höhe bei 220 K = −53 °C und Ozon aus 3 km Höhe bei 280 K = 7 °C; aus [35].

5 Die Absorptionslängen entsprechen den Strecken, nach denen die Intensität von IR-Licht einer bestimmten Wellenlänge auf die Hälfte abgefallen ist. 350 ppm CO_2 entsprechen z. B. im Mittel 8 Absorptionslängen, während 350 ppm für Wasserdampf 4 Absorptionslängen entsprechen.

Bezogen auf die Durchlässigkeit des eingestrahlten Sonnenlichts beträgt die von den Treibhausgasen eingefangene und isotrop re-emittierte Leistung 70 %. Legt man daher einen Konvektionsanteil von 1/3 zugrunde und berücksichtigt für die verbleibenden 2/3 den 30 %igen Durchschlupfeffekt der IR-Quanten durch die Banden, so resultiert mit Formel 8.10 und 8.11 eine gute Abschätzung der Oberflächentemperatur der Erde. Dabei lässt sich aus den relativen Gewichten der Stoffkomponenten der Atmosphäre eine mittlere Absorptionslänge abschätzen, woraus mit bekanntem Betrag der einfallenden Strahlungsleistung gemäß ▶ Gl. 8.10 und 8.11 die Leistung und damit auch die Temperatur an der Erdoberfläche resultiert.

8.3.3 Der anthropogene Treibhauseffekt am Beispiel von CO_2

Die Klimawirksamkeit eines Treibhausgases wird über dessen Klimasensitivität beschrieben. Diese bezeichnet die global gemittelte Temperatursteigerung – ohne Rück- oder Gegenkopplungseffekte – bei einer Konzentrationsverdopplung eines Treibhausgases in der Atmosphäre.

Eine anthropogene Verdopplung der CO_2-Konzentration könnte beispielsweise erreicht werden, wenn der Mensch alle zur Verfügung stehenden fossilen Brennstoffreserven verbrennen würde (das sind etwa 1250 *GT C;* nach [52]).

Das Glasscheibenmodell schätzt bei einer Verdopplung des atmosphärischen CO_2-Gehalts, einen globalen Temperaturanstieg von etwa 4 °C ab.

Die Freisetzung von CO_2 bedeutet eine Zunahme der atmosphärischen Konzentration (◘ Abb. 8.4), deren absoluter Wert zwar immer noch gering (spurenweise vorhanden, deswegen Spurengas) bleibt, der aber über seine Fähigkeit der Infrarotquantenabsorption den Strahlungshaushalt der Erde empfindlich beinflussen kann. Die Rückstrahlung von der Erde in den Weltraum wird erschwert, was – ähnlich der Ersetzung von einfachem Fensterglas durch Doppelverglasung – letztlich zu einer Erwärmung führt.

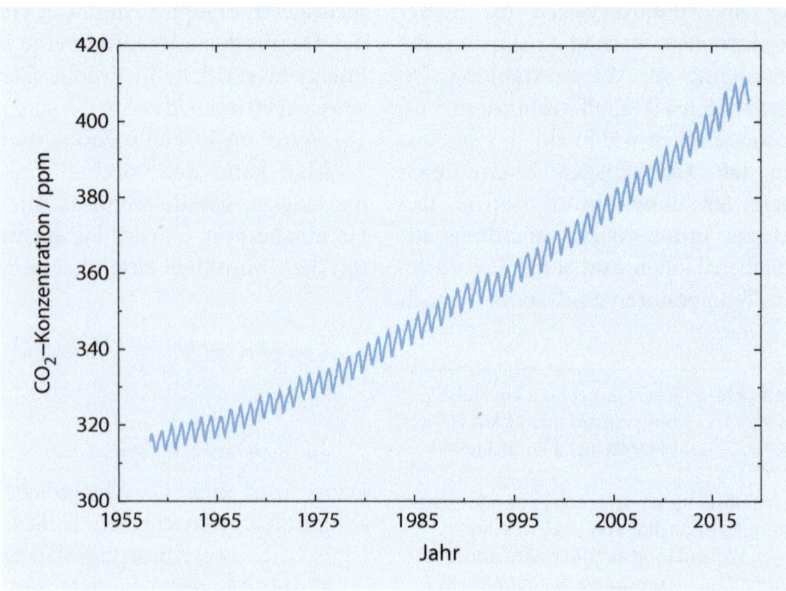

◘ **Abb. 8.4** Atmosphärische CO_2-Konzentration auf dem Mauna Loa, Daten aus [87]

Der Effekt ist folgerichtig eine sehr wesentliche Randbedingung für den zukünftigen Umgang mit Energie.

8.4 Natürliche Schwankungen des CO_2-Gehalts und dessen Auswirkungen auf die Temperatur

Bevor man die Vorhersagen von groben Überschlägen mit Modellierungen des globalen Klimageschehens vergleicht, welche heutzutage von immenser Komplexität sind, sollte die Korrelation zwischen Temperatur und CO_2-Gehalt durch einen Blick in die Vergangenheit geprüft werden.

Während letzterer direkt aus Lufteinschlüssen in zeitlich genau datierbaren Eisbohrkernen bestimmt wird, lässt sich die Temperatur aus der Bestimmung des $^{18}O/^{16}O$-Verhältnisses in Meeressedimenten oder des D_2O-Gehalts in Eisbohrkernen bestimmen. Beide Größen lassen sich eindeutig einer absoluten Temperatur zur Zeit ihrer Entstehung zuordnen.

Abb. 8.5 zeigt die *Vostok*-Messung [11] und jene die eindeutige Korrelation zwischen Temperatur und CO_2-Gehalt. Natürlich kann man die Frage stellen, wer hat was ausgelöst? Ist es bewiesen, dass das CO_2 die Temperatur gesteuert hat, oder kann umgekehrt eine, wie auch immer verursachte, Temperaturerhöhung verantwortlich für den Anstieg des CO_2 gewesen sein? Diese Frage ist letztlich unbeantwortet, für beide Schlussrichtungen gibt es Plausibilitätsszenarien.

Obwohl die erstgenannte Schlussrichtung für den Physiker plausibler erscheint, soll der Disput hierüber nicht im Detail aufgeschlüsselt werden. Es sei nur so viel festgehalten: Ist die erste Schlussrichtung korrekt, hat uns die Natur einen von Computersimulationen und -modellen unabhängigen Test der Relevanz des Treibhauseffekts bereits vorgeführt; im andern Fall ist das *Experiment* Eiszeit in seiner Aussagekraft bezüglich einer zu erwarten Erhöhung des Anteils infrarotaktiver Gase nur eingeschränkt aussagekräftig und zuverlässige Vorhersagen nur mit in ► Abschn. 8.5 geschilderten Computersimulationen machbar.

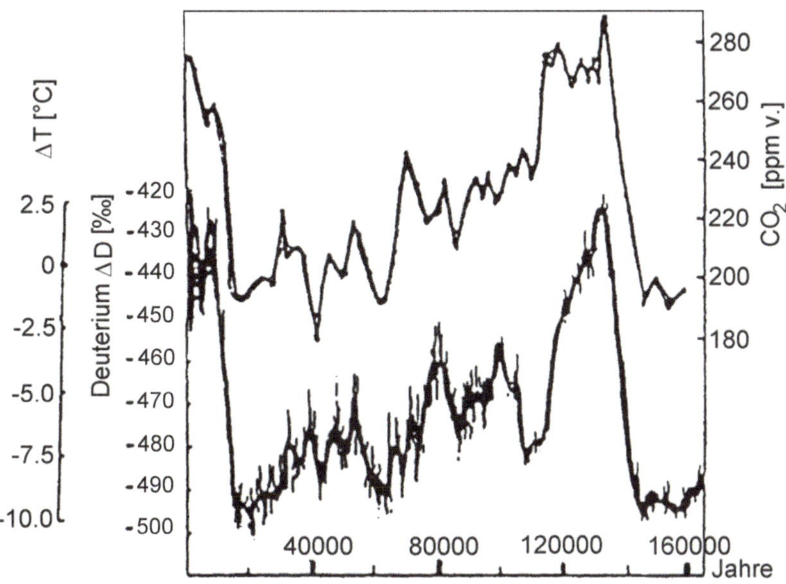

Abb. 8.5 CO_2-Gehalte gegen Temperatur der letzten 160.000 Jahre [1]

8.5 Vorhersagen des globalen Klimas der Zukunft durch Computermodelle

In der zweiten Hälfte des 20. Jahrhunderts begann die wissenschaftlichen Beobachtung und Untersuchung des globalen Klimawandels. Damit einher ging die Entwicklung von Computermodellen zur Beschreibung der beobachteten Klimaänderungen sowie zur Modellierung zukünftiger Veränderungen des globalen oder regionalen Klimas. Eine quantitative Analyse des globalen Klimageschehens muss die unterschiedlichsten Effekte der Atmosphäre, der Ozeane aber auch der Biosphäre sowie deren Wechselwirkungen berücksichtigen. Der Reflexionsgrad der Erde, die Albedo, wird sich durch einsetzende Erwärmung (Abschmelzen hochreflektiver Eisflächen) mindern und somit den Effekt verstärken. Zunehmende Desertifikation subtropischer Regionen könnte hingegen, ebenso wie natürliche oder anthropogene Staubeinträge in die Atmosphäre einen gegenteiligen Trend auslösen. Der Ausbruch des Vulkans Pinatubo auf den Phillipinen im Jahr 1991 führte z. B. zu einem außergewöhnlich großen Aerosoleintrag in der Tropo- und Stratosphäre, in dessen Folge eine globale Dunstschicht entstand, die zu einer Abkühlung der Troposphäre von ca. 0,5 °C für einige Jahre führte [z. B. 91 und 93].

Zudem begünstigte die erhöhte Aerosolkonzentration in der Stratosphäre die Bildung polarer Stratosphärenwolken sowie den katalytischen Ozonabbau, sodass im südpolaren Frühjahr 1992 ein außergewöhnliches großes Ozonloch beobachtet wurde [z. B. 94 und 95].

Ebenso müssen Konvektion, Wind und Wasserdampfverteilung in Klimamodellen berücksichtigt werden, die ebenfalls miteinander korreliert sind. Konvektion und Wind hängen z. B. von der globalen Temperaturverteilung und ihrem Gradienten ab. Wasserdampf wiederum wird in warmer Luft vermehrt gespeichert. Andererseits kann verstärkte Wolkenbildung die Albedo vergrößern. Nach heutiger Erkenntnis überwiegt je nach Höhe der Wolken der Albedo- oder der IR-Absorptions-Effekt.

Die Speicherkapazität der Ozeane für CO_2 stellt ein weiteres, wesentliches Problem dar. Die Temperaturabhängigkeit folgender Mechanismen muss korrekt eingebracht werden: Die Löslichkeit gemäß dem sog. Henry'schen Gesetz sinkt. Die Dissoziation von H_2O in OH^- und H^+ steigt und CO_2 wird über $CO_2 + OH^- \rightarrow HCO_3^-$ verstärkt gebunden. Die H^+ Ionenkonzentration steigt. [118] geht aufgrund dieser Effekte von einer zeitlichen Verzögerung des CO_2-Temperatursignals durch den ozeanischen Puffer von 40 ± 20 Jahren aus.

Erwärmtes Meerwasser wiederum enthält weniger Phyto-/Zoomasse (Plankton), welches CO_2 photosynthetisch abbaut bzw. durch (Nahrungs-)aufnahme einlagert, durch Absterben an den Meeresboden verbringt und somit aussedimentiert [28].

Meeresströmungen horizontaler und vertikaler Natur und deren Reaktionen auf Klimaveränderungen haben äußerst schwierig vorhersagbare Rückkopplungseigenschaften. So könnte ein *Umkippen* des Golfstroms in Europa innerhalb eines Szenarios weltweiter Erwärmung zur Abkühlung führen [47].

In der Biosphäre kann ein steigendes CO_2-Angebot zu einem erhöhten Pflanzenwachstum führen und sich so selbst über vermehrte photosynthetische Aktivitäten wiederum reduzieren. Allerdings könnte bei mehrjährigen Pflanzen das auf Dauer vermehrte Angebot *Stressreaktionen* bewirken und den ursprünglichen *Mehr*- in einen *Minder*-Effekt umschlagen lassen [41].

Dies ist ohne Frage eine Zusammenstellung äußerst komplexer Themen mit z. T. noch unbekannten Interdependenzen. Ihre Berücksichtigung und Modellierung stellt die zur Zeit wohl größten Ansprüche an die Entwicklung von Klimamodellen und ihrer Berechnung auf Supercomputern.

8.5.1 Klimamodelle

In Abhängigkeit von Zielsetzung und verfügbarer Rechenkapazität wurden mit der Zeit unterschiedliche Klimamodelle entwickelt. Die zeitlich ersten Vorhersagen (Energy Balance Models, EBMs) stellen Erweiterungen des Glasscheibenmodells dar, Radiative Convection Models (RCMs) berücksichtigen insbesondere Konvektionsmechanismen besser. In Global Circulation Models (GCMs) wurde die Atmosphäre in Kuben von $\approx 500\,\mathrm{km} \cdot 500\,\mathrm{km} \cdot 3\,\mathrm{km}$ eingeteilt und die Temperaturentwicklung im Kubus bei CO_2-Verdoppelung als Funktion von Konvektion, Strahlung, (Latent-) Wärmespeicherung, Wasserkreisläufen und Albedoeffekten berechnet, unter Vorgabe von meteorologischen Startwerten der Temperatur, des Drucks und der Feuchte. Hieran schließt sich die Integration unter Energie- und Impulserhaltung über alle Kuben an.

Moderne Klimamodelle unterteilen die topografische Beschaffenheit der erweiterten Erdoberfläche und der Meere in unterschiedlich detaillierte, dreidimensionale Pixel (Voxel). Die mittlere Auflösung liegt mittlerweile nicht mehr bei einer Kantenlänge von 500 km wie in den 90er-Jahren, sondern bei etwa 110 km. Dabei werden z. B. Atmosphäre und Ozeane durch 30 Schichten dargestellt, bestehend aus solch feinen Voxeln. Sowohl atmosphärenchemische Prozesse wie der Kohlenstoffkreislauf als auch die Einflüsse von Vegatation, Meeresströmungen sowie von Flüssen, Wolken, Wind, Eis, Regen, Aerosolen u. v. w. m. fließen in die detailliertesten Klimasimulationen ein. Die im Kern auf den Navier-Stokes-Gleichungen beruhenden, mathematischen Gleichungen fließen in großer Zahl in die Berechnung ein, wobei auch globale Auswirkungen einzelner Klimaaspekte berechnet werden[6]. Zur Vorhersage des zukünftigen Klimas werden sogenannte *Große* Klimamodelle verwendet, deren mathematische Auswertung von Supercomputern teilweise bis zu mehreren Monaten oder gar Jahren benötigen kann.

Neben den globalen Klimamodellen werden auch zahlreiche lokale und regionale Klimamodelle mit einer deutlich besseren Ortsauflösung entwickelt und betrieben.

8.5.2 Vorhersagen des International Commitee on Climate Changes (IPCC)

Das International Panel on Climate Change (IPCC, Weltklimarat) ist eine Institution der Vereinten Nationen und wurde 1988 in Zusammenarbeit mit der World Meteorological Organisation (WMO) mit Sitz in Genf gegründet. Seit seiner Gründung hat das IPCC fünf Sachstandberichte (1990, 1995, 2001, 2007 2013/2014 und 2019) veröffentlicht, die jeweils aus drei Teilberichten und seit dem dritten Sachstandsbericht aus einem Synthesebericht bestehen. Die drei Teilberichte konzentrieren sich auf die naturwissenschaftlichen Grundlagen, auf die Folgen von, die mögliche Anpassungen an und die Verwundbarkeit durch den Klimawandel sowie Möglichkeiten zur Minderung des Klimawandels. In diesen Berichten stellt das IPCC die aktuellen wissenschaftlichen Ergebnisse zusammen, führt jedoch keine eigenen Forschungsarbeiten durch. Im fünften Sachstandsbericht von 2013/2014 sind in vier Klimamodellen mögliche Szenarien der Entwicklung der mittleren Temperatur der Erdoberfläche veröffentlicht. In diesen Szenarien wurden mögliche natürliche Fluktuationen des globalen Klimas unberücksichtigt gelassen (z. B. Vulkanaerosole oder Schwankungen der solaren Einstrahlung). Der Fokus lag hingegen auf der Simulation der Temperaturzunahme unter Berücksichtigung unterschiedlicher anthropogener Emissionen klimarelevanter Spurengase. Die vier verwendeten Szenarien modellieren die globale Erwärmung unter

6 Zum Beispiel der Einfluss der Meeresströmungen auf den Wärmehaushalt der Atmosphäre (Konvektion) oder der des Pflanzenwachstums auf den atmosphärischen CO_2-Gehalt.

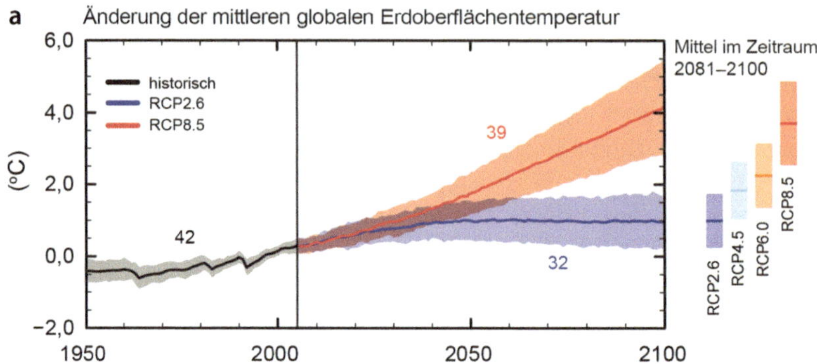

Abb. 8.6 Veränderung der globalen mittleren Oberflächentemperatur von 2006 bis 2100, wie durch Multimodell-Simulationen ermittelt. Alle Veränderungen sind bezogen auf den Zeitraum 1986–2005. Die Zeitreihen der Projektionen und ein Maß für die Unsicherheit (Schattierung) sind für die Szenarien RCP2.6 (blau) und RCP 8.5 (rot) dargestellt. Die über 2081–2100 gemittelten Mittel und dazugehörigen Unsicherheiten sind für alle RCP-Szenarien als farbige senkrechte Balken auf der rechten Seite der Grafik dargestellt. Die Anzahl der für die Berechnung des Multimodell-Mittels verwendeten Modelle aus dem Gekoppelten Klimamodell-Vergleichsprojekt Phase 5 (CMIP5) ist als farbige Zahl angegeben [96]

der Annahme unterschiedlicher Strahlungsantriebe im Jahr 2100 bezogen auf das Jahr 1750. Im Modell mit dem niedrigsten Strahlungsantrieb wird von einer zusätzlichen Einstrahlung aufgrund des anthropogenen Treibhauseffekts von 2,6 W/m^{2}ausgegangen (RCP2.6), im Modell mit dem höchsten Strahlungsantrieb von einer zusätzlichen Einstrahlung von 8,5 W/m^2 (RCP8.5). Im ersten Szenario (RCP2.6) stagniert der Temperaturanstieg bereits vor 2050 und übersteigt nicht 2,0 °C. Im zweiten Szenario (RCP8.5) übersteigt die Temperaturzunahme im Jahr 2100 den Wert von 4 °C und steigt darüberhinaus noch weiter an (vgl. Abb. 8.6). Die Simulationen zwei weiterer Szenarien (RCP4.5 und RCP6.0) liegen erwartungsgemäß zwischen diesen beiden Extremwerten.

Seit dem vierten Sachstandsbericht 2007 hat eine deutliche Entwicklung der verwendeten Klimamodelle stattgefunden. Re-Analysen zeigen u. a. im Vergleich mit den Messdaten in der zweiten Hälfte des 20. Jahrhunderts eine sehr gute Übereinstimmung bzgl. der mittleren globalen Erdoberflächentemperatur. Auch die Simulation extremer Wetter- und Klimaereignisse konnte verbessert werden und stimmt im Wesentlichen mit den Beobachtungen überein. Insofern steigt auch das Vertrauen in die Aussagekraft der Klimamodelle für die Simulation zukünftiger Klimaentwicklungen. Abb. 8.7 zeigt den Vergleich beobachteter und simulierte Parameter des Klimawandels sowohl auf regionalen als auch auf globalen Skalen. Die beobachtete Zunahme der Oberflächentemperatur seit Mitte des 20. Jahrhunderts lässt sich demnach in nahezu allen betrachteten Regionen sowie im globalen Mittel nur unter Berücksichtigung anthropogener Einflüsse darstellen. Gleiches gilt für den Wärmegehalt der Ozeane. Lediglich bei der Meereisfläche in der Arktis und Antarktis erlauben die Simulationen und Messungen keine Differenzierung zwischen natürlichen und anthropogenen Ursachen.

8.5.3 Anthropogene Einflussnahmen: Brandrodung und Energieverbrauch

8.5.3.1 Emissionsanteil durch Brandrodung

Holz besteht zum größten Teil aus Kohlenstoffverbindungen, die bei der Photosynthese

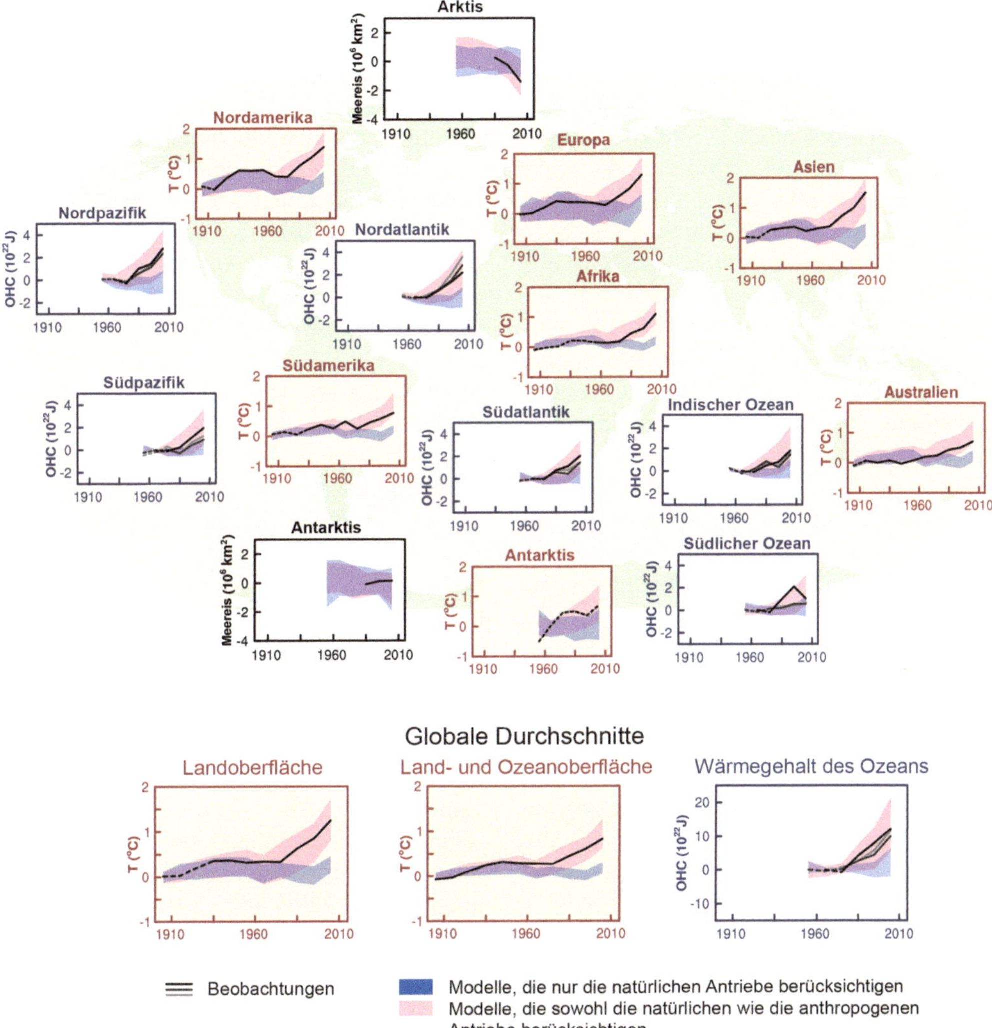

Abb. 8.7 Vergleich des beobachteten und simulierten Klimawandels basierend auf großräumigen Indikatoren in der Atmosphäre, der Kryosphäre und dem Ozean: Änderungen der kontinentalen Landoberflächentemperatur (gelbe Felder), Ausdehnung des arktischen und antarktischen Meereises im September (weiße Felder) und Wärmegehalt der oberen Ozeanschicht in den großen Ozeanbecken (blaue Felder). Die mittleren globalen Änderungen sind ebenfalls dargestellt. Die dargestellten Abweichungen beziehen sich auf 1880–1919 für Erdoberflächentemperaturen, 1960–1980 für den Wärmegehalt des Ozeans und 1979–1999 für das Meereis. Alle Zeitreihen sind 10-Jahres-Mittel, welche in der Mitte des Jahrzehnts markiert sind. In den Temperaturfeldern sind die Linien für die Beobachtungen gestrichelt, wenn die räumliche Abdeckung der untersuchten Flächen unterhalb von 50 % liegt. Für die Felder des Wärmegehalts im Ozean und des Meereises sind die Linien durchgehend, wo die Abdeckung durch Daten gut und von besserer Qualität ist, und gestrichelt, wo die Abdeckung durch Daten nur angemessen und deshalb die Unsicherheit größer ist. Die dargestellten Modellresultate sind Multi-Modell-Ensemblebereiche aus dem Gekoppelten Modellvergleichsprojekt Phase 5 (CMIP5), wobei schattierte Streifen den 5 bis 95 %-Vertrauensbereich anzeigen [96]

aus Kohlendioxid durch die Abspaltung des Sauerstoffs gewonnen wurde. Tropische Wälder bilden daher enorme Speicher des Treibhausgases, insbesondere weil sie etwa doppelt so viel organischen Kohlenstoff speichern können wie andere Wälder. Allein der Amazonas-Regenwald speichert Schätzungen zufolge etwa 90 Mrd. Tonnen[7] CO_2 [32]. Durch Verbrennen, wie etwa durch Brandrodungen, wird der in der Biomasse der Wälder gespeicherte Kohlenstoff als CO_2 freigesetzt und gelangt in die Atmosphäre, wo sein klimawirksames Potenzial zu greifen beginnt. Bestehende Tropenwälder wirken darüber hinaus über ihre Albedo und die Evapotranspiration[8] kühlend auf das Weltklima. Brandrodungen führen daher zu verminderter Wolkenbildung und verändern die Erd-Albedo. Sie führen darüberhinaus zur regionalen Austrocknung und begünstigen großflächige Spontanbrände. Die Brandrodung der tropischen Regenwälder trägt nach IPCC insgesamt zu etwa 15 % zum weltweiten Treibhauseffekt bei.

Eine durch Brandrodung zerstörte Bodenflora und -fauna führt zudem zur Freisetzung des Treibhausgases Methan, welches im Vergleich zu Kohlenstoffdioxid (siehe GWP-Wert) weit stärker klimawirksam ist. Die verheerenden Brände im brasilianischen Regenwald im Sommer 2019 belegen nachdrücklich die Notwendigkeit entschloßenen internationalen Handelns.

8.5.3.2 Emissionsanteil durch Energieverbrauch

Nach [97] wurden in Deutschland im Jahr 2016 durchschnittlich etwa 516 g CO_2/kWh in Folge der Stromerzeugung freigesetzt. Der resultierende CO_2-Ausstoß bedingt durch die Stromerzeugung beträgt für das Jahr 2016 somit 300 Mio. t.

Dies ist ein deutlicher Rückgang zum CO_2-Ausstoß gegenüber dem Jahr 1990, der noch bei 366 Mio. t lag. Der minimale CO_2-Ausstoß jedoch lag im Jahr 2009 bereits unter 300 Mio. t, was auf die Weltwirtschaftskrise des Jahres 2009 zurückzuführen ist. Seit 2013 nimmt der CO_2-Ausstoß wieder kontiunierlich ab – trotz eines gleichzeitig leichten Anstiegs des Stromverbrauchs. Dies ist insbesondere auf den steigenden Anteil erneuerbarer Energien am deutschen Strommix zurückzuführen, der im Jahr 2017 bei deutlich über 30 % liegt.

Abb. 8.8 zeigt die Anteile der CO_2-Emissionen im Jahr 2014 nach Quellkategorien. Aus der Energiewirtschaft stammen 46,3 % der gesamten CO_2-Emissionen. Dieser Anteil konnte seit 1990 von 424 Mio. t auf 341 Mio. t gesenkt werden.

Um den Anteil der CO_2-Emissionen aus dem Stromverbrauch weiter zu senken, sollten folgende Aspekte im Zentrum des politischen Handelns stehen: Senkung des Strom- und Primärenergieverbrauchs, Ausbau des Anteils erneuerbarer Energien und Steigerung der Effizienz in der Stromerzeugung. Die Handlungsoption *Kernenergie* ist derzeit ohne Bewertung der Richtigkeit dieser Maßnahme ausgeklammert.

In [17] wird ein Szenario zur Verringerung des Primärenergieverbrauchs in Deutschland um fast 50 % bis 2050 beschrieben. Demnach würde durch einen massiven Ausbau der erneuerbaren Energien die Struktur des Primärenergieverbrauchs in Deutschland so sehr verändert, dass jener auf 8,1 EJ im Jahr 2050 gesenkt würde. Hier bedarf es keiner Hellseherei, um zu erkennen, wie ein sehr optimistisches Szenario an die Stelle objektiver und kritischer Prognosen gestellt wird. Ein Indiz für diese These: die Internationale Energieagentur geht wiederum weltweit davon aus, dass sich der Primärenergiebedarf zwischen 2008 und 2035 um 36 % erhöhen wird, und auch das nur, wenn energiepolitische Maßnahmen, wie die Steigerung

7 Zum Vergleich: die gesamte deutsche Waldfläche bindet etwa 1,1 Mrd. Tonnen Kohlenstoff.

8 Evapotranspiration bezeichnet die Summe aus Transpiration und Evaporation, also der Gesamtverdunstung von Wasser aus Tier- und Pflanzenwelt sowie der Bodenoberfläche.

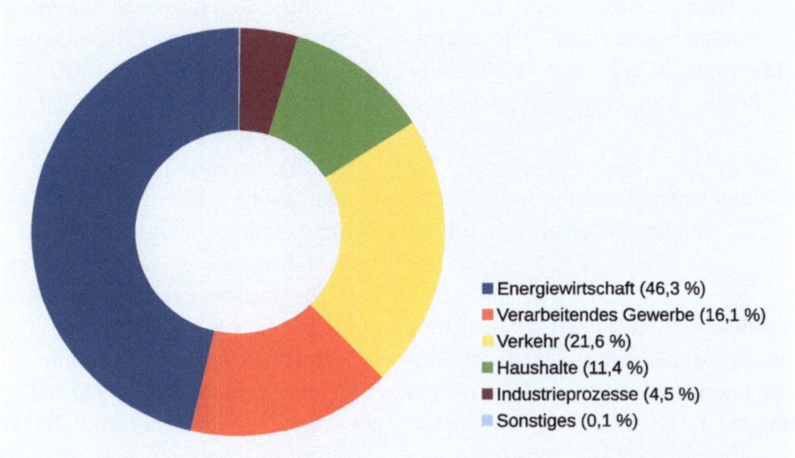

Abb. 8.8 Anteile der CO_2-Emission in Deutschland im Jahr 2014 nach Quellkategorien. Daten aus [98]

der Energieeffizienz, Ausbau der erneuerbaren Energien usw. umgesetzt werden [109].

8.5.3.3 Anthropogene Freisetzungen weiterer relevanter Gase

Neben Kohlendioxid zählen insbesondere Methan und Lachgas (N_2O) zu den klimawirksamsten Treibhausgasen. Der Anteil von Lachgas am Treibhauseffekt beispielsweise beträgt nur ca. 6 %, allerdings ist Lachgas 296-mal klimawirksamer als Kohlendioxid, d. h. Veränderungen der Atmosphärenkonzentration könnten diesen Anteil zukünftig schnell und deutlich verändern und müssen daher besonders überwacht und eingeschränkt werden.

Methan gelangt einerseits durch biochemische Prozesse[9] auf natürliche Weise in die Atmosphäre, andererseits zeichnet der Mensch für einen anthropogenen Anteil von etwa 60 % der jährlichen Gesamtemissionen verantwortlich [99, Tabelle AII.1.1a].

Natürliche Quellen für Methanemissionen sind Feuchtgebiete, Sümpfe, Tundren, der tropische Regenwald, Termiten, Ozeane und Methanhydrate.

Für die anthropogenen Beiträge sind hauptsächlich Rinderhaltung, Reisanbau, Bergbau, Öl- und Gasförderung, Mülldeponien und Biomasseverbrennung verantwortlich.

Die weltweiten Methanemissionen liegen nach dem Stand von 2011 jährlich bei etwa 354 Mio. t. Der Methananteil in der Atmosphäre ist von Beginn der Industrialisierung bis 2011 von 72 ppb auf über 1800 ppb gestiegen [99, Tabelle AII.1.1a]. Die zwischenzeitlich im Vergleich zur Mitte des 18. Jahrhunderts deutlich abgesenkten Zuwachsraten der atmosphärischen Konzentration steigen seit 2007 wieder an.

Lachgas trägt mit ca. 4 % direkt zum Treibhauseffekt bei. Es ist vor allem deswegen klimawirksam, weil es sehr stabil und langlebig ist und somit hohe atmosphärische Verweilzeiten aufweist. Der anthropogene Emissionsanteil liegt 2011 bei etwa 17 %. Lachgas wird überwiegend bei der Verbrennung von Biomasse und fossilen Brennstoffen freigesetzt, zudem bei

9 Methan entsteht bei der Zersetzung organischer Stoffe unter Sauerstoffabschluss, etwa bei den Zerfallsprozessen in Sümpfen.

8

der Düngemittelverwertung und bei verschiedenen Industrieprozessen. Die natürlichen Emissionen sind auf bakterielle Prozesse in Böden und Ozeanen zurückzuführen.

Seit Beginn der Industrialisierung bis 2009 ist der Lachgasanteil in der Atmosphäre von 270 auf 324 ppb angestiegen [99, Tabelle AII.1.1a].

Schwefelhexafluorid (SF_6) wird, nachdem es einmal in die Atmosphäre gelangt ist, aufgrund seiner chemischen Stabilität, nur sehr langsam abgebaut. Die mittlere atmosphärische Lebensdauer beträgt mehrere tausend Jahre. Auf natürliche Weise kommt es praktisch nicht in der Atmosphäre vor. Die Atmosphärenkonzentration steigt durch anthropogene Freisetzungen seit einigen Jahren um einige *ppt* pro Jahr kontinuierlich auf bis zu 7,3 ppt pro Jahr im Jahr 2011 an [99, Tabelle AII.1.1a]. Schwefelhexafluorid wird vom Menschen als Autoreifenfüllung, als Funken-Löschgas in Hochspannungsschaltanlagen, als Isoliergas in Wärmeschutzfenstern und bei der Solarzellen- und Aluminiumproduktion eingesetzt. SF_6 ist nach ◘ Tab. 8.2 deutlicher Spitzenreiter bezüglich des GWP.

Neben Kohlendioxid, Methan, Lachgas und Schwefelhexafluorid gibt es weitere anthropogen freigesetzte, direkte und indirekte Treibhausgase. Unter den direkten sind Ozon, F-Gase und Halokarbone zu nennen. Indirekte Treibhausgase sind z. B. Stickoxide (NO_x), die das OH-Radikal zerstören, welches Methan und FCKW bindet und so deren Klimawirksamkeit senkt. Quellen für Stickoxide sind die Verbrennung fossiler Brennstoffe und Biomasse.

VOCs[10] sind Kohlenstoffverbindungen, die bei unvollständiger Verbrennung entstehen. Anthropogene Quellen sind der Kraftfahrzeugverkehr, die Industrie, Heizanlagen, chemische Produktionsprozesse in Raffinerien und Chemieanlagen oder die Verdampfung von Lösemitteln. Natürliche Quellen für VOCs sind die Emission von Laub- und Nadelbäumen. Dies macht zwei Drittel der globalen Emission aus.

Kohlenmonoxid trägt zur Ozonbildung in der Troposphäre bei. Seine Atmosphärenkonzentration stagniert seit Mitte der 80er-Jahre. Eine wichtige Quelle ist die unvollständige Verbrennung fossiler Brennstoffe oder von Biomasse.

◘ Abb. 8.9 zeigt den Strahlungsantrieb verschiedener Quellen und das heutige wissenschaftliche Verständnis der strahlungsphysikalischen und atmosphärenchemischen Effekte. Anhand dieser Grafik lässt sich auch die große Unsicherheit von Vorhersagen aus Klimamodellen erklären, da nur ein exaktes wissenschaftliches Verständnis eine korrekte Gewichtungen der Einzelbeiträge im Modell gewährleisten kann.

8.5.4 Umweltbelastungen aus dem Verbrauch fossiler Energien

Durch die Verbrennung fossiler Brennstoffe wird einerseits aufgrund der freigesetzten Wärme das Energieaufkommen der Erde erhöht, und andererseits kommt es zur Freisetzung umweltschädigender Stoffe, wie etwa des Treibhausgases CO_2. In den vergangenen hundert Jahren hat sich die Erde aufgrund der Verbrennung fossiler Brennstoffe um etwa 0,76 °C erwärmt. Seit Mitte des 19. Jahrhunderts wurden dabei 1100 Gt CO_2 freigesetzt [71].

Würde man alle fossilen Brennstoffreserven verfeuern, so würden etwa 1250 Gt Kohlenstoff über Sauerstoffbindungen in die Atmosphäre gelangen (siehe ► Abschn. 8.3.3).

Im ► Abschn. 8.5.3 wurde erwähnt, dass das Verbrennen fossiler Energieträger u. a. zu erhöhten Emissionen von Lachgas, Stickoxiden und Kohlenmonoxid führt, die

10 VOC = Volatile Organic Compound = flüchtige organische Verbindung.

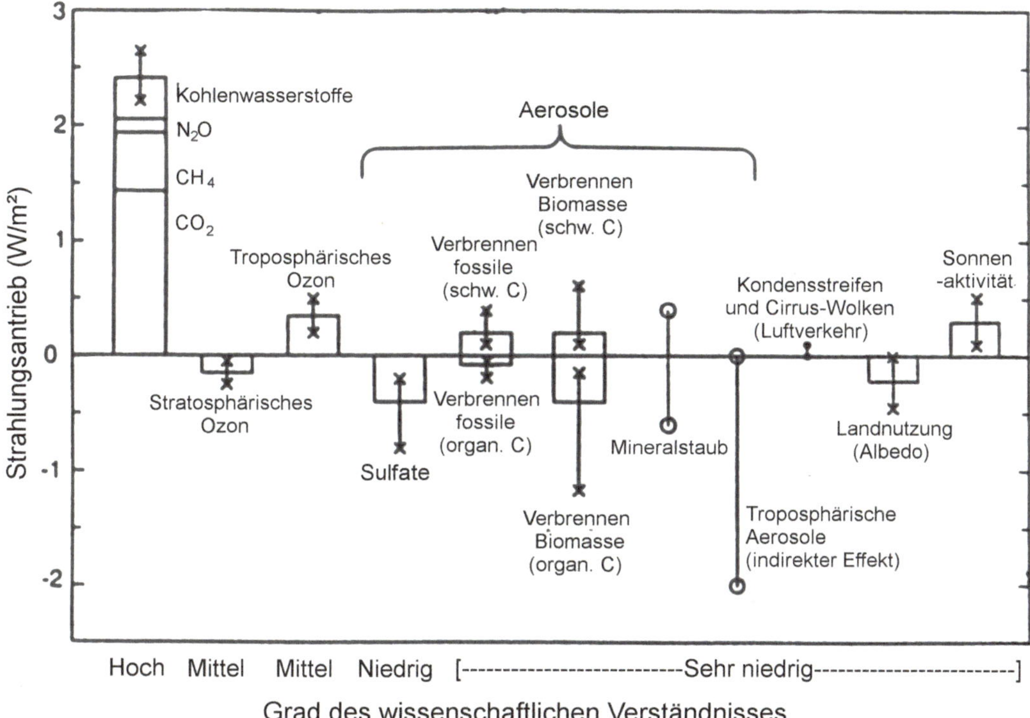

Abb. 8.9 Globaler Strahlungsantrieb (engl. *radiative forcing*) im Jahresmittel (1750 – heute) verschiedener Quellen und der Grad des wissenschaftlichen Verständnisses [1]

direkt bzw. indirekt am Treibhauseffekt teilhaben.

Auch muss bei einer Debatte um fossile Energieträger differenziert werden, um welche fossilen Energieträger es sich handelt. Braunkohle ist z. B. gegenüber der Steinkohle schwächer verdichtet und zudem schwefelhaltiger; das Erdöl wiederum ist, was die Vermeidung von Luftverschmutzung angeht, der Kohleverbrennung überlegen, schädigt die Umwelt aber durch das unkontrollierte Austreten von Öl bei den immer wieder vorkommenden Havarien von Öltankern.

Erdgas besitzt wiederum einen hohen Wirkungsgrad, ist generell *sauberer* und verbrennt nahezu rußfrei. Diese Aspekte sprechen dafür, Erdgas in Zukunft zu dem favorisierten fossilen Energieträger zu ernennen. Problematisch ist jedoch die Förderung, die umweltschädigende Aspekte mit sich bringt. Bei Förderbohrungen kommt es zum Entweichen von Methan, das sich über Jahre hinweg unter undurchlässigen Erdschichten zusammen mit weiteren gasförmigen Kohlenwasserstoffen über flüssigem Erdöl angesammelt hatte. Häufig wird beim Fördern die sogenannte Fracking-Technik angewandt, die pro Bohrloch die Verwendung von 1600 m^3 Wasser mit 32 m^3 Stützmitteln und 5 t Chemikalien erfordert [2]. Die chemischen Additive enthalten mutagene, karzinogene und toxische Substanzen. Das Flowback[11] enthält neben Kohlenwasserstoffen wie Toluol und Benzol, hohe Konzentrationen an Salzen und Schwermetallen; das Lagerstättenwasser ist teilweise radioaktiv und kann somit zur Schädigung bodennahen

11 Zurückgepumptes Fracking-Fluid und Lagerstättenwasser.

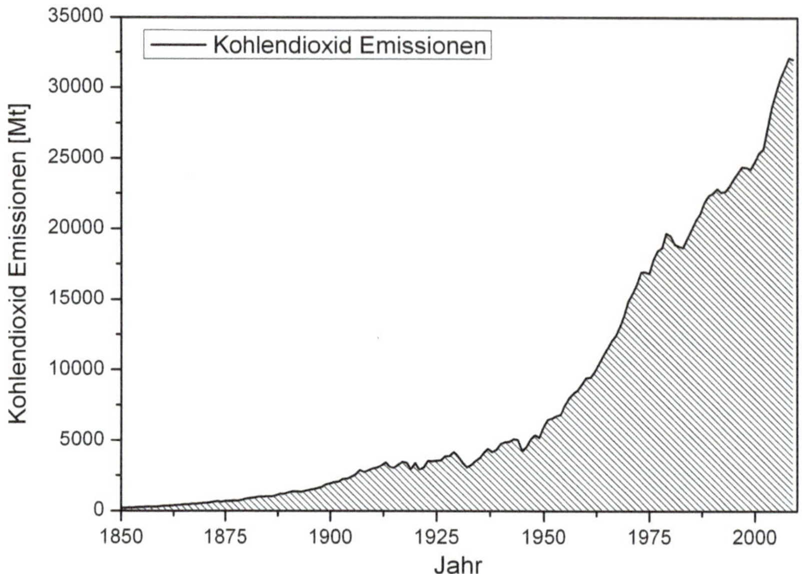

8

Abb. 8.10 Globale CO_2-Emissionen aus der Verbrennung fossiler Brennstoffe, Zementherstellung und Gasfackeln [75]

Lebens und zur Verunreinigung des Grundwassers führen (s. ► Kap. 2).

Abb. 8.10 zeigt die globale Entwicklung der CO_2-Emissionen aus der Verbrennung fossiler Brennstoffe zwischen 1850 und 2010. Seit 1950 beträgt der Emissionsanstieg im Mittel etwa 420 Mt/a, seit dem Jahr 2000 sogar etwa 940 Mt/a[12].

Tab. 8.4 zeigt verfügbare Energieressourcen, den Gesamtanteil der Erzeugung im Jahr 2005 und mögliche Emissionen pro Megajoule, sowie Umweltrisiken für fossile Energieträger, Nuklearenergie und erneuerbare Energien im Vergleich.

8.5.5 Möglichkeiten der Rückhaltung von CO_2 und anderer Treibhausgase

Trivialerweise verbietet sich der Rückprozess der CO_2-Spaltung aus Energieerhaltungsgründen. Stattdessen gibt es Bestrebungen, die Emissionen zumindest bis zu einer Phase nicht CO_2-basierter Energieversorgung zwischenzuspeichern.

Mögliche Verfahren wären die Abtrennung von CO_2 aus den Rauchgasen von Kraftwerken (post combustion), die CO_2-Abtrennung vor der Verbrennung (pre combustion) in Kohle- und Gaskraftwerken mit integrierter Vergasung oder das Oxyfuel-Verfahren (Verbrennung mit Sauerstoff) (vgl. ► Abschn. 2.3).

Dabei gilt es sowohl die CO_2-Abtrennung, den Transport als auch die Einlagerung möglichst so zu gestalten, dass der erhöhte Brennstoffmehraufwand auch hinsichtlich anderer Kennzahlen, wie Sommersmog, PM-10-Äquivalente (Feinstäube), Eutrophierung (Anreicherung von Nährstoffen in einem Ökosystem) und Versauerung (chemische Versauerung der Meere durch CO_2) vertretbar bleibt[13].

12 Entspricht der Steigung von linearen Regressionsgeraden an die Daten aus Abb. 8.10.

13 Die CCS-Technologie wurde bereits detailliert in ► Abschn. 2.3 behandelt.

Tab. 8.4 Daten zu globalen Energieressourcen [71]

Erzeugungsform	Quelle	Verfügbare Energie (EJ)	Gesamtanteil (%)	Umweltbelastungen *ohne große Störfälle*
Fossile Energie	Kohle	>100.000	25	92.0 g CO_2/MJ
	Torf	Groß	<0,1	
	Gas	13.500	21	52.4 g CO_2/MJ
	Öl	10.000	33	76.3 g CO_2/MJ
Nuklear	Uran	7400	5,3	Entsorgung der Brennelemente
	Uran (rec.)	220.000		Entsorgung
	Fusion	5.10^9		Tritium Handhabung
Erneuerbar	Hydro	60/a	5,1	Bodennutzungs-schäden
	Wind	600/a	0,2	
	Biomasse	250/a	1,8	Flächenbedarf für Pflanzen
	Geothermie	5000/a	0,4	Kontaminierung des Wassers
	Solar (PV)	1600/a	<0,1	Giftstoffe (Verarbeitung)
	Solar (fokus.)	50/a	0,1	Gering

Der beste Weg zur Reduktion der Emissionen ist daher die Steigerung der Wirkungsgrade. Das Nachrüsten bestehender Kraftwerke ist aus Gründen des Kostenaufwands und sinkender Wirkungsgrade politisch nahezu unforciert. Neuerrichtete Kraftwerke sollen aber mindestens *capture ready*, d. h. fertig zur Nachrüstung gebaut werden.

▪ Kohlevergasung

Bei der Kohlevergasung wird CO_2 – ähnlich wie bei der Rauchgaswäsche – aus dem entstandenen Rauch- oder Abgas mit Hilfe eines chemischen oder physikalischen Lösungsmittels entfernt. Dabei bleiben Teile des CO_2 im Gas zurück (Abscheidegrade liegen bei 85–90 %). Bei der Kohlevergasung wird die Kohle in *sauber* brennbares Synthesegas überführt, welches in Gas- und Dampfkraftwerken als Brennstoff dient. Dazu wird Kohle zusammen mit Wasser, Jauche und Sauerstoff in den Vergaser geführt, wo die Kohle endotherm in Synthesegas umgewandelt wird.

$$C + H_2O \rightarrow CO + H_2, \Delta H = 131 kJ/mol \tag{8.12}$$

Das Synthesegas ist z. B. eine Mischung aus Kohlenmonoxid und Wasserstoff (s. ► Gl. 8.12, entdeckt von Felice Fontana, 1780). Es verbrennt ähnlich sauber wie Erdgas. Weitere, in minderwertiger Kohle enthaltene Substanzen wie Schwefel, können bei der Kohlevergasung sauber abgetrennt und verwertet werden.

Im Verfahren der Rauchgaswäsche werden mithilfe von Filtern und Katalysatoren Schadstoffe aus den Verbrennungsabgasen entfernt. Die erste

Kohlendioxid-Rauchgaswäsche in Deutschland wurde 2009 in Betrieb genommen. Die Testanlage kostete rund neun Millionen Euro, wovon 40 % aus Fördergeldern des Bundeswirtschaftsministeriums stammten. Die Politik plant moderne Kohle- und Gaskraftwerke spätestens ab 2020 mit einer CO_2-Wäsche auszustatten [62].

8.6 Ozonabbau durch Freisetzung atmosphärisch relevanter Spurengase

8.6.1 Ozonschicht und Chapman-Zyklus

Nicht nur die von der Erde abgestrahlte Leistung im infraroten Bereich des Spektrums, sondern auch die einfallende solare Strahlung wechselwirkt mit der Atmosphäre der Erde. In der Stratosphäre, d. h. zwischen 15 km und 50 km über dem Erdboden, werden Sauerstoffmoleküle (O_2) gemäß der Reaktion $O_2 + h \cdot \nu \rightarrow 2O$ in zwei Sauerstoffatome (O) aufgespalten. Die Wellenlänge des dazu benötigten Photons muss im ultravioletten Wellenlängenbereich bei $\lambda < 240\,\text{nm}$ liegen. Die beiden entstandenen Sauerstoffatome können dann jeweils mit einem Sauerstoffmolekül zu einem Ozonmolekül reagieren. Dazu muss ein zusätzlicher Stoßpartner M (z. B. Stickstoff) vorhanden sein, um Energie- und Impulserhaltung bei der Reaktion sicherzustellen.

$$O_2 + h \cdot \nu \rightarrow 2O$$

$$(O_2 + O + M) \rightarrow (O_3 + M) \tag{8.13}$$

Das Ozonmolekül kann durch die Einwirkung von Licht mit einer Wellenlänge zwischen 220 nm und 350 nm (sog. Hartley-Bande) oder zwischen 400 nm *und* 800 nm (sog. Chappuis-Bande) gemäß der Reaktion

$$O_3 + h \cdot \nu \rightarrow O_2 + O \tag{8.14}$$

wieder in seine Bestandteile zerfallen und rekombinieren. Die in diesem Zyklus freigesetzte Energie führt zu einer Erwärmung der Schicht, sodass die Temperatur, im Gegensatz zur Troposphäre, in der Stratosphäre (Ozonschicht) mit steigender Höhe zunimmt. Durch Stoß mit einem Sauerstoffatom kommt dieser Ozonzyklus gemäß

$$O_3 + O \rightarrow 2O_2 \tag{8.15}$$

zum Abbruch. Dieser Zyklus wurde zuerst 1930 von dem britischen Physiker Sidney Chapman beschrieben [88] und wird als Chapman-Zyklus bezeichnet.

Insgesamt stellt sich in der Stratosphäre ein Gleichgewicht zwischen der Bildung und dem Zerfall von Ozon ein, bei dem vornehmlich elektromagnetische Strahlung im ultravioletten Bereich absorbiert wird. Die UV Strahlung der Sonne wird in drei Bereiche unterteilt:

$$\text{UV-C}: \lambda < 280\,\text{nm}$$

$$\text{UV-B}: 280\,\text{nm} < \lambda < 315\,\text{nm und}$$

$$\text{UV-A}: 315\,\text{nm} < \lambda < 400\,\text{nm}.$$

Dabei wird UV-C-Strahlung bei der Photodissoziation der Sauerstoffmoleküle und UV-B-Strahlung bei der Photodissoziation der Ozonmoleküle absorbiert. Somit bietet der Ozonzyklus einen effektiven Schutz vor der hautschädigenden UV-B und UV-C-Strahlung. Lediglich die vergleichsweise weniger schädliche UV-A-Strahlung (Sonnenbrand) gelangt bis auf die Erdoberfläche.

8.6.2 Katalytischer Ozonabbau

Berechnungen des stratosphärischen Ozonprofils basierend auf dem Chapman-Zyklus weisen eine deutliche Diskrepanz zu tatsächlichen Messungen stratosphärischen Ozons auf. Der Chapman-Zyklus überschätzt die Ozonkonzentration nahezu um einen Faktor 2. Die Ursache hierfür liegt im sog. katalytischen Ozonabbau.

Freie Radikale wie OH, NO, Cl oder Br sind sehr reaktiv und tragen über die Reaktionskette

$$O_3 + X \rightarrow O_2 + XO$$

$$O_3 + h\nu \rightarrow O_2 + O$$

$$XO + O \rightarrow O_2 + X \quad (8.16)$$

$$\text{netto}: O_3 + O \rightarrow 2O_2$$

katalytisch zum Ozonabbau bei, wobei X z. B. für eines der oben genannten Radikale steht. Da die einzelnen Reaktionspartner X in diesem Prozess als Katalysator wirken und erhalten bleiben, sind sie in der Lage, fortwährend Ozonmoleküle aufzuspalten. Während das Hydroxyl-Molekül durch Photodissoziation von Wassermolekülen natürlich in der Stratosphäre vorkommt und Stickstoffmonoxid zumindest teilweise aufgrund natürlicher Mechanismen z. B. in tropischen Regenwäldern aber auch aufgrund der Verbrennung von Biomasse Einzug in die Atmosphäre findet, sind Chlor und Brom (überwiegend) auf anthropogenen Einfluss zurückzuführen. Insbesondere sind hier die sog. Fluorchlorkohlenwasserstoffe (FCKW) und Halone zu nennen. Ihr chemisch inaktives Naturell sowie ihre günstigen physikalischen Eigenschaften (Siedepunkte bzw. kritische Werte) prädestinierten sie für den Einsatz als Treibmittel in Spraydosen und als Kühlmittel von Wärmepumpen/Kältemaschinen. Einmal freigesetzt, gelangen sie in die Stratosphäre und weisen dort beträchtliche Verweildauern von ≈100 Jahren auf. Erst dort werden sie von der kurzwelligen UV-Strahlung in reaktive und ozonzerstörende Bestandteile aufgespalten.

Neben der Reaktion mit Ozon können die Radikale auch untereinander oder mit anderen Atmsophärenbestandteilen wie NO_2 oder HO_2 reagieren und sog. Reservoirgase wie z. B. $ClONO_2$, HCl oder HOCl bilden. Diese Reservoirgase wiederum können photo-dissoziieren. Diese Reaktionen wirken entsprechend als Bremse für den katalytischen Ozonabbau, sodass sich ein Gleichgewicht der einzelnen Reaktionen bei einer reduzierten Ozonkonzentration im Vergleich zum reinen Chapmanzyklus einstellt.

Eine abgeschwächte Ozonkonzentration führt zu einer stärkeren Transmission der Sonnenstrahlung im UV-Bereich; negative Auswirkungen auf Pflanzen, Tiere und Menschen sind die Folge (z. B. Erhöhung des Hautkrebsrisikos, Schädigung der DNA, usw.).

Abb. 8.11 zeigt die Entwicklung der Gesamtozonschichtdicke in DU[14] im Verlaufe der letzten Jahrzehnte. Die Hauptantriebe der langfristigen Ozonänderungen, wie Chlor und Brom aus FCKW, der 11-jährige Sonnenzyklus sowie Vulkanausbrüche mit großem Eintrag in die stratosphärische Ozonschicht, sind ebenfalls gezeigt. Meteorologische Schwankungen, wie die quasi-zweijährige Oszillation der Stratosphären-Winde über dem Äquator (QBO) oder die nordatlantische Oszillation (NAO), spielen eine zusätzliche Rolle. Sie erklären z. B. die großen Schwankungen in den Jahren 2010 und 2011.

Seit Mitte der neunziger Jahre beginnt die Ozongesamtsäule sich entgegen der obigen Trends nachhaltig zu regenerieren[15]. Dies kann als erster Erfolg des Montrealer Protokolls (siehe ▶ Abschn. 8.7.4) gewertet werden.

Zusätzlich zur Eindämmung der Produktion von FCKW bildet eine sorgfältige Beobachtung stratosphärischer N_2O- und CH_4-Konzentrationen und deren Auswirkungen auf die Ozonschichtdicke eine Randbedingung zukünftiger Energie- und Nahrungsversorgungspolitik.

14 DU = Dobson Units: Stoffmenge pro Fläche in einer vertikalen Luftsäule bei STP (Standard Temperature and Pressure); 1 DU = 0,4462 mmol/m^2.

15 In Abb. 8.11 ist zu sehen, dass die Kurvenverläufe von Hohenpeißenberg (Deutschland) und dem weltweiten Mittel (60° S bis 60° N) fast kongruent sind, wodurch die Globalität der anthropogen verursachten atmosphärenchemischen Prozesse sichtbar wird.

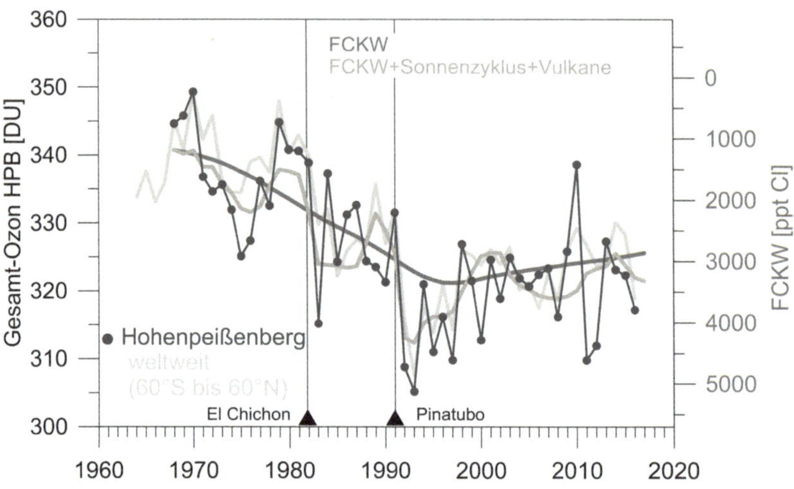

Abb. 8.11 Jahresmittelwerte der Ozongesamtsäule aus den Messungen am Hohenpeißenberg (linke Skala) sowie die entsprechenden weltweiten Daten außerhalb der Polargebiete (rechte Skala) [76]

8.6.2.1 Berechnung des Ozon-Zerstörungs-Potenzials eines Gases

Zur quantitativen Abschätzung des Ozonabbaus eines Gases wird das Ozone Depletion Potenzial (ODP) definiert, indem der durch eine Einheit des Gases *i* verursachte Ozonabbau auf den durch die Leitsubstanz Trichlorfluormethan ($CCl_3F = $ FCKW-11) verursachten Ozonabbau normiert wird [40]:

$$ODP_i = \frac{\delta[O_3]_i}{\delta[O_3]_{\text{FCKW-11}}} \tag{8.17}$$

$\delta[O_3]_i$: bezeichnet den globalen Ozonabbau verursacht durch eine Einheit des Gases *i*
$\delta[O_3]_{\text{FCKW-11}}$: bezeichnet den globalen Ozonabbau verursacht durch eine Einheit FCKW-11.

Der Abbau der Ozonschicht (in Äquivalenten kg FCKW-11) ergibt sich dann aus der Multiplikation der emittierten Masse eines Gases m_i in kg mit dem ODP-Faktor:

$$\begin{aligned} &\text{Ozonabbau}\left[\text{kg FCKW-11} - \text{equiv.}\right] \\ &= ODP_i\left[\frac{\text{kg FCKW-11} - \text{equiv.}}{kg}\right] \cdot m_i[kg] \end{aligned} \tag{8.18}$$

ODP-Faktoren wurden bislang nur für FCKW abgeleitet, obwohl andere Elemente sowohl direkt durch chemische Reaktionen (NO_2 und N_2O) als auch indirekt durch den Treibhauseffekt (CH_4 und CO_2) am Ozonabbau beteiligt sind. Eine Quantifizierung dieser Beiträge ist wegen der komplizierten Vorgänge in der Stratosphäre schwierig. Auch Synergieeffekte sind im Modell nicht enthalten. Beispielsweise wirken FCKW teilweise katalytisch auf die Abbaureaktion anderer FCKW. Darüber hinaus ist die zeitlich sehr unterschiedliche Abbauintensität der Gase nur im Mittel enthalten, d. h. ein sehr reaktives und kurzlebiges Gas kann denselben ODP-Faktor haben wie ein langlebiges, aber nur schwach reaktives Element.

Tab. 8.5 fasst die relevante Eigenschaften von Freonen und Halonen (entsprechende Bromverbindungen: Feuerlöscher) zusammen.

8.6.3 Polares Ozonloch

Neben dem global beobachtbaren katalytischen Ozonabbau findet in polaren Breiten jeweils im Frühjahr ein nahezu kompletter

Tab. 8.5 Ausgewählte Eigenschaften ozonabbauender Substanzen

Gas	Chem.Str.	Siede/Frier/kritische			Dampfdruck	ODP
		Temperatur (°C)			T=25 °C, (bar)	
FCKW11	CCl_3F	23,7	−111	198	0,89	1
FCKW12	CCl_2F_2	−29,8	−155	112	5,67	1,1
FCKW13	$CClF_3$	−81,1	−181	28,8	31,77	–
FCKW113	$CCl_2FCCl_2F_2$	47,7	−33	214,1	0,36	0,9
FCKW114	$2(CClF_2)$	3,8	−94	145,7	1,82	0,8
Tetrachlork.	CCl_4					1,2
Halon 1211	$CBrClF_2$					3
Halon 1301	$CBRF_3$					8

Abbau stratosphärischen Ozons statt. Dieses Phänomen wurde erstmals 1985 beschrieben [89] und tritt in der Antarktis wesentlich deutlicher auf als in der Arktis. Dieser Effekt ist auf heterogene chemische Reaktionen zurückzuführen, die nur in der arktischen Stratosphäre während der Polarnacht stattfinden.

Während der Polarnacht bildet sich über den Polen der sog. polare Vortex aus, ein Luftwirbel der innerhalb der Stratosphäre sehr effektiv polare Luftmassen und Luftmassen aus mittleren Breiten voneinander trennt. Aufgrund der fehlenden Sonneneinstrahlung kühlt die Luft im Polarwirbel auf unter 190 K ab. Dies führt dazu, dass Salpetersäure, Schwefelsäure und Wasserdampf auskondensieren bzw. frieren. An den so entstehenden polaren Stratosphärenwolken (Polar Stratospheric Clouds, PSC) können Reservoirgase entweder direkt mit Wassereis z. B. gemäß der Reaktionsgleichung

$$ClONO_2 + H_2O \rightarrow HOCl + HNO_3 \quad \textbf{(8.19)}$$

oder an den Oberflächen von Eiswolken untereinander gemäß der Reaktionsgleichung

$$ClONO_2 + HCl \rightarrow Cl_2 + HNO_3 \quad \textbf{(8.20)}$$

chemische Reaktionen durchführen. Dabei werden die Stickstoffkomponenten, die z. B. das Reservoirgas Chlornitrat bilden, als Salpetersäure in die PSC aufgenommen und sedimentieren mit der Zeit aus. Die Radikale hingegen verbleiben leicht gebunden in hyperchloriger Säure oder als Chlormolekül in der Stratosphäre erhalten.

Mit Beginn des polaren Frühjahrs bricht langwelliges Sonnenlicht diese Verbindungen auf und setzt die Chlorradikale frei. Diese werden nun – aufgrund des Fehlens z. B. der Stickoxide – nicht in Reservoirgase gebunden, sondern können ungehindert stratosphärisches Ozon abbauen. Erst im späten Frühjahr, wenn der Polarwirbel zusammenbricht und sich Luftmassen aus polaren und mittleren breiten wieder vermischen können, steigt die Konzentration der Reservoirgase an und der Ozonabbau wird gebremst. Gleichzeitig wird aus mittleren Breiten Ozon in die polare Atmosphäre transportiert, was zu einer Erholung der Ozonschicht im Laufe des polaren Sommers führt.

Die räumliche Beschränkung des Ozonlochs auf polare Breiten wird in Abb. 8.12 deutlich, die die Ozonsäulendichte in der Höhe von 14 km bis 21 km über der Südhemisphäre am 13. September 2015 zeigt. Deutlich zu erkennen ist eine geringe Ozonsäulendichte von 50–90 DU im Bereich der Antarktis, während die Ozonsäulendichte außerhalb dieses Gebiets mit 130 DU und mehr deutlich höher liegt.

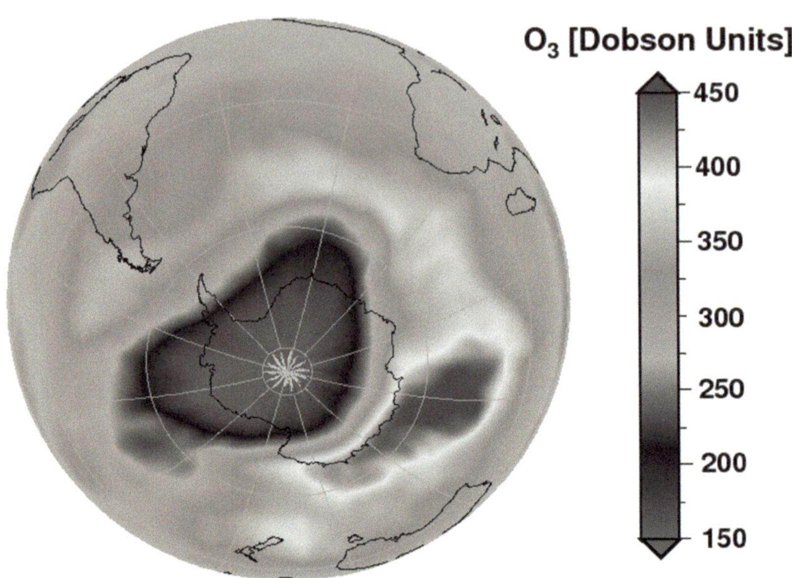

8

Abb. 8.12 Satellitenbeobachtung des antarktischen Ozonlochs; überarbeitete Darstellung aus [90]

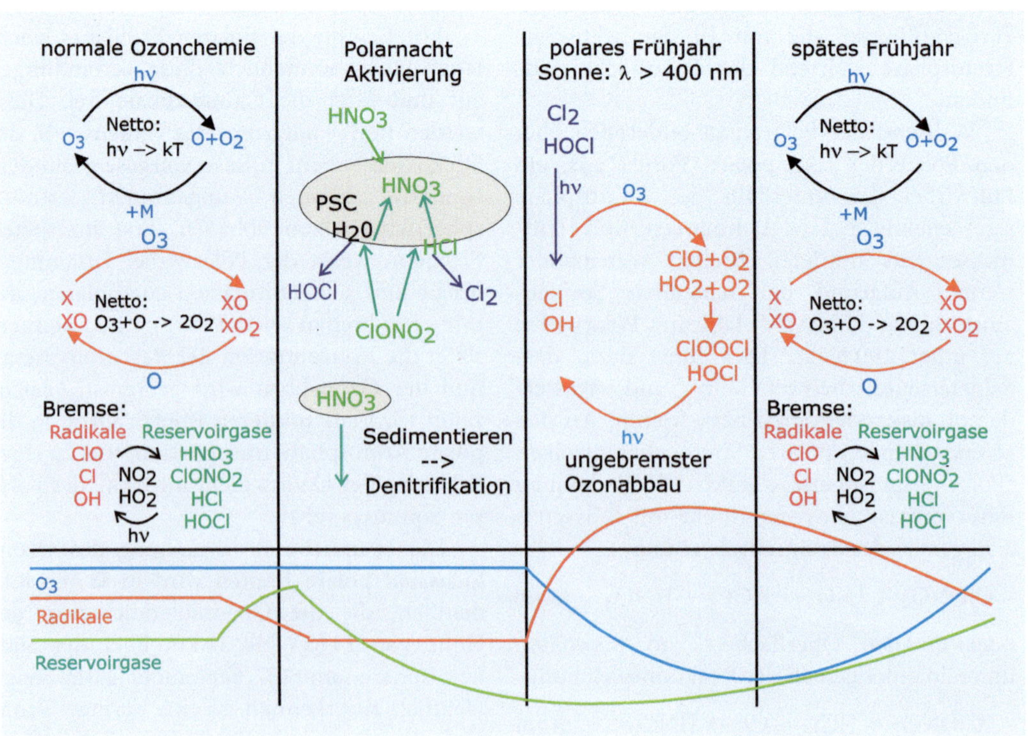

Abb. 8.13 Schematische Darstellung des jahreszeitlichen Ablaufs stratosphärischer Ozonchemie in polaren Breiten

Abb. 8.13 fasst die Abläufe zur Bildung des polaren Ozonlochs schematisch zusammen.

Um die Ozonschicht zu schützen, wurde im Montrealer Protokoll von 1987 die Herstellung, Verwendung und Freisetzung von Substanzen verboten, die den Abbau des stratosphärischen Ozons begünstigen. Aktuelle Messungen deuten auf eine langsame Erholung der Ozonschicht hin und belegen die Wirksamkeit des Verbots. Der Einfluss des Klimawandels auf die zyklische Bildung und den Abbau des Ozons in der Stratosphäre sind jedoch noch nicht vollständig verstanden. Mit einer vollständigen Wiederherstellung der Ozonschicht wird bis etwa Mitte des 21. Jahrhunderts gerechnet [91], wobei neuere Studien eine Verzögerung aufgrund der vermehrten Freisetzung von Di-Chlormethan (CH_2Cl_2) vorhersagen, das als kurzlebiges, ozonschädigendes Gas nicht durch das Montrealer Protokoll verboten wurde [103].

8.7 Politische Maßnahmen zur Schadensbegrenzung bei Treibhauseffekt und Ozonloch

Seit Mitte bis Ende des 20. Jahrhunderts rückt die politisch gesteuerte Eindämmung anthropogener Einflussfaktoren immer mehr in den Mittelpunkt staatengemeinschaftlicher Abkommen. Diese Entwicklung ist allerdings noch lange nicht abgeschlossen und überaus ausbaufähig, was z. B. das Kyoto-Nachfolgeabkommen in Doha vom Dezember 2012 zeigt, bei dem am Ende höchstens ein schwammiger Kompromiss mit wenig Rechtsverbindlichkeit erreicht wurde. Dabei wird es generell auf Klimakonferenzen immer schwieriger, die Einzelinteressen mehrerer hundert ratifizierender Staaten gemeinsam mit dem Gesamtinteresse der Eindämmung globaler Erwärmung etc. unter einen Hut zu bringen. Gerade diejenigen Staaten, die sich jetzt an der Schwelle zu Industriestaaten befinden, haben ein Anrecht bei Einschnitten nicht so stark belangt zu werden wie die wirtschaftlich stärkeren Staaten, die ihrerseits innerhalb jener industriellen Phase vor einigen Jahrzehnten – ohne Rücksicht auf Verluste – Emissionen umweltschädigender Substanzen in die Atmosphäre geblasen haben. In Doha konnten die Beschlüsse nur aufgrund des massiven persönlichen Einsatzes des Präsidenten (Abdullah Bin Hamad Al-Attiyah) der Klimakonferenz – quasi im Alleingang – erzielt werden.

Erst zur Klimakonferenz, die im Jahr 2015 in Paris stattgefunden hat, konnte ein Durchbruch erzielt werden, dessen Umsetzung aber noch geschehen muss.

8.7.1 Klimarahmenkonvention von 1992

Die Klimarahmenkonvention wurde im Jahr 1992 von der Staatengemeinschaft in New York City (USA) verabschiedet. Die meisten Staaten haben diese Konvention im gleichen Jahr auf der Konferenz der Vereinten Nationen über Umwelt und Entwicklung in Rio de Janeiro (Brasilien) unterschrieben. Die Vertragsstaaten verpflichten sich dazu, regelmäßige Berichte zu veröffentlichen, die Fakten und Trends zu aktuellen Treibhausgasemissionen enthalten.

UNFCCC: United Nations Framework Convention on Climate Change; Sitz: Bonn

Das Ziel ist es, *die Stabilisierung der Treibhausgaskonzentrationen in der Atmosphäre auf einem Niveau zu erreichen, auf dem eine gefährliche anthropogene Störung des Klimasystems verhindert wird. Ein solches Niveau soll innerhalb eines Zeitraumes erreicht werden, der ausreicht, dass sich die Ökosysteme auf natürliche Weise den Klimaänderungen anpassen können, die Nahrungsmittelerzeugung nicht bedroht wird und die wirtschaftliche Entwicklung auf nachhaltige Weise fortgeführt werden kann.*

Intergovernmental Panel on Climate Change; Sitz: Genf, Schweiz
Essenzielle Erkenntniss des Weltklimarates (IPCC) ist die Notwendigkeit, die globale Temperaturerhöhung langfristig auf maximal 2 °C über dem vorindustriellen Niveau zu begrenzen. Sollte es gelingen, die Konzentration der Treibhausgase in der Atmosphäre bei 450 ppm zu stabilisieren, so kann dieses Ziel mit einer 50 %-Wahrscheinlichkeit erreicht werden.

8.7.2 Kyoto-Protokoll (Februar 2005)

Die europäische Union (EU 15) hat sich im Kyoto-Protokoll verpflichtet, die Emissionen der sechs wichtigsten Treibhausgase[16] im Durchschnitt der Jahre 2008 bis 2012 gegenüber dem Basisjahr (meist 1990) um 8 % zu reduzieren. Deutschland hat sich zu einer Minderung um 21 % verpflichtet. Tab. 8.6 zeigt die im Rahmen des Kyoto-Protokolls festgeschriebenen Grenzen für den Emissionsanstieg der einzelnen EU-15-Staaten, den sogenannten Lastenausgleich. Für die Zeit nach 2012 kam im Dezember 2012 auf der Klimakonferenz in Doha eine Quasi-Verlängerung des Kyoto-Protokolls heraus. Wichtige Staaten wie Russland, Kanada und Japan übernahmen erneut keinerlei Verbindlichkeiten. Daher wurde das Ziel erklärt, bis 2015 ein neues Klimaabkommen auszuhandeln, welches dann 2020 in Kraft treten soll. Das Problem bleibt, dass die teilnehmenden Staaten aktuell nur etwa 15 % der globalen CO_2 -Emissionen verursachen.

16 Kohlendioxid (CO_2), Methan (CH_4), Distickstoffoxid (N_2O), Halogenierte Fluorkohlenwasserstoffe (H-FKW), Fluorkohlenwasserstoffe (FKW), Schwefelhexafluorid (SF_6).

Tab. 8.6 Kyoto-Protokoll: EU-15 Lastenausgleich *(burden sharing)*

EU-Staat	Grenze für Emissionsanstieg (%)
Belgien	−7,5
Dänemark	−21,0
Deutschland	**−21,0**
Finnland	0,0
Frankreich	0,0
Griechenland	25,0
Irland	13,0
Italien	−6,5
Luxemburg	−28,0
Niederlande	−6,0
Österreich	−13,0
Portugal	27,0
Schweden	4,0
Spanien	15,0
Vereinigtes Königreich	−12,5
EU-15 Gesamt	**−8,0**

8.7.3 Klimaschutzabkommen von Paris (Dezember 2015)

Vom 30. November bis 12. Dezember 2015 fand in Paris die 21. UN-Klimakonferenz der Vertragsparteien des Rahmenübereinkommens über Klimaänderungen und die 11. Tagung der Vertragsparteien des Kyoto-Protokolls statt.

Bei dieser Konferenz gelang es erstmals, ein Klimaschutzabkommen zu formulieren, das alle Länder in die Pflicht nimmt. Der Ausstoß von Treibhausgasen soll demnach schnellstmöglich reduziert werden, wobei die maximal zulässige Treibhausgasemission in Abhängigkeit von der Leistungsfähigkeit eines Landes variiert. Die Ziele sollen spätestens bis zur zweiten Hälfte des 21. Jahrhunderts erreicht werden.

Ziel dieser Maßnahmen ist eine Beschränkung der globalen Temperaturzunahme auf deutlich unter 2 °C, wenn möglich sogar auf unter 1,5 °C. Dabei werden auch die Möglichkeiten der einzelnen Staaten berücksichtigt. Die Industriestaaten gehen somit eine größere Verpflichtung ein als Entwicklungsländer oder die am wenigsten entwickelten Länder der sog. 4. Welt und stellen für diese Staaten finanzielle Unterstützung bereit.

Die offizielle Unterzeichnungszeremonie fand am 22. April 2016 in New York statt. Das Klimaschutzabkommen trat am 4. November 2016 in Kraft, 30 Tage nachdem mindestens 55 Staaten das Abkommen ratifiziert hatten, die zusammen mindestens 55 % der globalen Treibhausgasemissionen abdecken. Nachdem im November 2017 zuletzt Syrien dem Abkommen beigetreten ist, erkennen alle Staaten der Erde dieses Abkommen an, wenngleich die USA bereits angekündigt haben, 2020 aus diesem Abkommen wieder austreten zu wollen.

Ab 2020 müssen die Unterzeichnerstaaten im Fünfjahres-Rhythmus ständig ehrgeizigere Klimaschutzpläne entwickeln und kommunizieren. Ebenso berichten die einzelnen Staaten über die erzielten Ergebnisse einer Reduzierung der nationalen Treibhausgasemissionen und ermöglich so die Überprüfung der zugesagten Klimaschutzziele [100].

8.7.4 Montrealer Protokoll

Aufgrund der Katalysatorfunktion von FCKW-Verbindungen auf den Ozonabbau wurde am 16. September 1987 mit dem Montrealer Protokoll der Ausstieg aus Produktion und Verbrauch von Ozonschicht schädigenden Stoffen völkerrechtlich verbindlich festgelegt. Die Vertragsstaaten verschärften den im Montrealer Protokoll vereinbarten Zeitplan auf verschiedenen Konferenzen in London (Juni 1990), Kopenhagen (November 1992), Wien (Dezember 1995), Montreal (September 1997), Peking (1999) und erneut Montreal im September 2007.

Im Rahmen des Protokolls verpflichteten sich die führenden Industriestaaten, bis zum 1. Januar 1996 die Produktion und den Verbrauch von vollhalogenierten Fluorchlorkohlenwasserstoffen (FCKW), von Tetrachlorkohlenstoff und von 1,1,1-Trichlorethan einzustellen. Für Entwicklungsländer (Artikel-5-Staaten) galt ein etappenweiser Ausstieg bis 2010, der von den Industriestaaten im Rahmen des multilateralen Fonds finanziell unterstützt wurde.

Durch das Montrealer Protokoll konnte die weltweite Produktion und Verwendung ozonschichtschädigender Stoffe erfolgreich eingedämmt werden. Ein Produktionsstopp führt allerdings erst mit Verzögerung zu einer merkbaren Eindämmung der in die Atmosphäre gelangenden FCKW-Konzentrationen, da FCKW in vielen bereits zuvor produzierten, aber noch verwendeten Dämmstoffen, Feuerlöscheinrichtungen, Kälte- und Gefriergeräten sowie Klimaanlagen enthalten sind. Diese werden über Jahre sukzessive an die Atmosphäre abgegeben. Das Ozonabbaupotenzial der heute noch produzierten und verwendeten Mengen ist verglichen mit dem des Endes der achtziger Jahre jedoch gering. Weiterhin wurden auf den weiter oben erwähnten Folgekonferenzen Maßnahmen zur Rückgewinnung, zum Recycling und zur Zerstörung ozonschichtschädigender Stoffe, die noch im angewandten Bestand gebunden sind, erörtert.

8.8 Umweltaspekte der Nutzung der Kernenergie

Sicherlich nicht unbestritten aber – der gebotenen Kürze geschuldet – plakativ vorangestellt ist hier das Statement: Das wesentliche Risiko liegt in Betriebsstörungen des Reaktors! Der übrige Brennstoffkreislauf, die Schritte von der Gewinnung von Brennstoff über Anreicherung bis zur Zwischenlagerung, ggf. Wiederaufarbeitung und – mit Abstrichen – der Endlagerung, sind bei hinreichendem technischen Aufwand und ökologischem Verantwortungsgefühl kontrollierbar.

8.8.1 Kerntechnische Anlagen im Normalbetrieb

Der letzte Satz kann auf Kernkraftwerke im Normalbetrieb übertragen werden. Sie stellen im Regelbetrieb keine relevante zusätzliche Strahlenquelle dar. Aus Abwasser und -luft deutscher KKW resultiert eine zusätzliche Belastung von <6 μSv/a (bei 1 mSv/a natürlicher Belastung im Mittelwert: siehe ▶ Abschn. 4.2).

Zwar hat es in den vergangenen Jahren immer wieder Berichte über Anomalien im Umfeld deutscher KKW gegeben. Keines dieser Phänomene hielt aber einer Überprüfung unter Zugrundelegung angemessener statistischer Methoden stand.

8.8.2 Große nukleare Störfälle der Kernenergienutzung

Die Gefahr der Kernenergie liegt in einem schweren Stör- oder Unfall eines Reaktors. Die quantitative Evaluierung eines hieraus resultierenden Risikos, dem Produkt aus Schadenshöhe und Eintrittswahrscheinlichkeit, ist Gegenstand häufig emotional geführter Diskussionen. Es stellt sich außerdem die Frage, ob dem Risiko ein Faktor *Akzeptanz* zugefügt werden muss (siehe die ausführlicheren Überlegungen in ▶ Abschn. 8.2.1).

Ist andererseits die *Schadenshöhe* für jahrzehntelange Unbewohnbarkeit einer Region überhaupt quantifizierbar? Sind also Risikobewertungen, die letztlich moderate Risiken als Ergebnis einer verschwindenden Häufigkeit mal einem hypothetisch riesigen Schaden evaluieren nicht nur Makulatur?

Mit weltweit 14.500 Reaktorbetriebsjahren (2012) und drei schweren Unfällen (Harrisburg, Tschernobyl und Fukushima) ist – salopp formuliert – die praktische Erfahrung dürftig.

Im Unglücksreaktor Three Miles Island in Harrisburg blieb durch menschliches und technisches Versagen der Reaktorkern zu lange ungekühlt (Nachwärmeabfuhr), sodass der Kern teilweise verschmolz. Nennenswerte Radioaktivität wurde nicht freigesetzt. Gutachten über Leukämiehäufungen in der Nachbarschaft hielten einer seriösen statistischen Prüfung nicht stand.

Der Unfall wird von Gegnern der Kernenergie als erster Beleg für die konkrete Gefahr von Kernschmelzen interpretiert, von Befürwortern als erster Beleg für die Rückhaltung radioaktiver Freisetzungen.

Zur Klassifizierung nuklearer Zwischenfälle wurde durch die IAEO die INES (International Nuclear Event Scale) entwickelt (◘ Tab. 8.7).

Sie bewertet nukleare Zwischenfälle anhand drei verschiedener Kriterien. Diese sind die radiologischen Auswirkungen außerhalb und innerhalb der jeweiligen Anlage sowie der Zustand der Sicherheitsvorkehrungen. Die Stufe 0 wurde später hinzugefügt, um auch Zwischenfälle ohne sicherheitstechnische Bedeutung berücksichtigen zu können.

Der Unfall von Three Miles Island wurde in die Stufe 5 eingeordnet, der Unfall mit der höchsten Stufe in Deutschland war ein Zwischenfall im Kernkraftwerk Grundremmingen mit Stufe 2 im Jahr 1977. Im folgenden soll auf die beiden Unfälle in Tschernobyl und Fukushima, die in die höchste Stufe 7 eingeordnet wurden, näher eingegangen werden.

8.8.2.1 Der Unfall von Tschernobyl

Tschernobyl war als Graphit moderierter Reaktortyp ein anderer als die in westlichen Ländern üblichen Typen, der daher nur bezüglich der Unfallfolgen, nicht aber der Unfallursachen für Risikoanalysen herangezogen werden kann. Der großvolumige Kern (siehe ▶ Abschn. 4.4.4) war durch insgesamt 240 Steuerstäbe global und lokal geregelt. Die Bedienungsvorschrift besagte, dass bei Unterschreiten von 30 Stäben im Kern, der Reaktor abzuschalten sei. Der positive Dampfblasenkoeffizient

Tab. 8.7 Systematik der Bewertungsskala nuklearer Unfälle (INES Scala)

	Erster Aspekt	Zweiter Aspekt	Dritter Aspekt
Stufe/Kurzbezeichnung	Radiologische Auswirkungen außerhalb der Anlage	Radiologische Auswirkungen in der Anlage	Beeinträchtigung der Sicherheitsvorkehrungen
7/Katastrophaler Unfall	Schwerste Freisetzung: Auswirkung in weitem Umfeld		
6/Schwerer Unfall	Erhebliche Freisetzung: voller Einsatz des Katastrophenschutzes		
5/Ernster Unfall	Begrenzte Freisetzung: Einsatz einzelner Katastrophenschutzmaßnahmen	Schwere Schäden am Reaktorkern und den radiologischen Barrieren	
4/Unfall	Geringe Freisetzung: Strahlenbelastung der Bevölkerung im Bereich der natürlichen Belastung	Begrenzte Schäden am Reaktorkern und an den radiologischen Barrieren	
3/Ernster Störfall	Sehr geringe Freisetzung: geringe Belastung der Bevölkerung	Größere Kontamination: Akute Gesundheitsschäden beim Personal	Weitgehender Ausfall der Sicherheitsbarrieren
2/Störfall		Signifikante Kontamination: Unzulässige Belastung des Personals	Begrenzter Ausfall der gesatffelten Sicherheitsbarrieren
1/Störung			Abweichung vom zulässigen Betrieb für den sicheren Bereich
0/Unterhalb der Skala			Keine sicherheitstechnische Bedeutung

(positives = leistungserhöhendes Reaktorverhalten bei Dampfblasenbildung im Hauptkühlmittel) gebot u. a. diese Vorschrift, die aber nicht technisch erzwungen war (keine Automatiken).

Ausgangspunkt der Katastrophe war ein sicherheitstechnisches Experiment, mit dem erprobt werden sollte, ob die Rotationsenergie des auslaufenden Turbinenrotors noch in genügend Elektrizität umgewandelt werden kann, um die Notkühlung zu gewährleisten. Die Simulation realistischer Bedingungen im Ernstfall konnte nur dadurch erreicht werden, dass das automatische Notprogramm *Havarieschutz* (Notkühlung, automatisches Einfahren der Abschaltstäbe) *per Hand abgeschaltet* wurde.

Der eigentliche Auslöser des Unglücks war ein Bedienungsfehler mit einer anschließenden Verkettung bewusster Missachtungen von Betriebsvorschriften gepaart mit einem Konstruktionsfehler der Bremsstäbe. Die Details des weiteren Ablaufes insbesondere der Umstand, dass eine unzulässig *niedrige* Reaktorleistung den weiteren Fortgang negativ beeinflusste (durch ein neutroneneinfangedes Xe-Isotop, das zunächst die Leistungssteigerung verzögert, das dann aber – weil es verbraucht ist – einen schnellen und nur durch Regelstäbe zu kontrollierenden Leistungsanstieg bewirkte) sind in [1] detailliert dargestellt. Eine von Hand eingeleitete Reaktorschnellabschaltung kam wegen der geringen Geschwindigkeit der Bremsstäbe (40 cm/s) zu spät, um eine Erhitzung des Kerns zu verhindern.

Diese Konstruktionsfehler der trägen Einfahrgeschwindigkeit der Bremsstäbe führten zu einem positiven Dampfblasenkoeffizienten im niedrigen Leistungsbereich und folglich dazu, dass die Leistung des Reaktors innerhalb von Sekunden auf etwa das hundertfache ihres Nennwertes anstieg. Der Brennstoff erhitzte sich so stark, dass sein Schmelzpunkt (2850 °C) erreicht wurde. Der Kern schmolz, und auch das Material der Brennstabhüllen (Zirkonium) und der Druckröhren erhitzte sich auf über 1500 °C. Die Druckröhren platzten und der freiwerdende Wasserdampf reagierte mit dem Zirkonium in der Reaktion $Zr + 2H_2O \rightarrow Zr_2O + 2H_2$. Es entstanden große Mengen Wasserstoff. Da die Temperatur oberhalb der Zündtemperatur des Wasserstoff-Luft-Gemischs (560 °C) lag, verbrannte der Wasserstoff explosionsartig. Durch die Explosionen wurde der obere Teil des Reaktorgebäudes zerstört und Brennstoff sowie andere brennende Teile des Corebereichs wurden hinausgeschleudert. In der Folge wurde der Reaktorkern unterkritisch. Das moderierende Graphit wurde durch die exotherme Reaktion auf über 1000 °C erhitzt und entzündete sich. Es brannte mit einer Rate von ca. 1–2 Volumenprozent pro Stunde mehrere Tage ab. Hierdurch wurde eine zusätzliche Leistung von ca. 300 MW erzeugt, die radioaktiven Stoffe wurden durch den Auftrieb in große Höhen getragen und in weiten Teilen Europas verbreitet [1]. Durch Abwurf von 5000 t Sand, Dolomit, Bor und Blei von Hubschraubern aus konnte der Brand gelöscht werden.

Von 237 Personen (Betriebspersonal und Rettungsmannschaften), die Dosen von mehr als 0,8 Gy erhielten und die Symptome der Strahlenkrankheit (verringerte Knochenmarksfunktion, Absenkung der Lymphozyten) zeigten, konnte die Diagnose bei 134 Personen bestätigt werden. Hiervon starben 28 Personen in den ersten vier Monaten nach dem Unfall (◘ Tab. 8.8). Zwischen 1987 und 1998 starben weitere 11 Personen, die 1986 an akutem Strahlensyndrom gelitten hatten, eine davon an Leukämie [1].

Die Zahl der Liquidatoren (Personen, die nach einer Katastrophe zur Eindämmung des Unglücks eingesetzt sind), die zwischen 1986 und 1989 eingesetzt wurden, beträgt 381.000; unter ihnen betrug die mittlere effektive Dosis 113 mSv. Dies entspricht der natürlichen Strahlendosis von ca. 50 Jahren. Nur für ungefähr 50 % der eingesetzten Arbeiter ist die genau erhaltene Dosis bekannt, dementsprechend fehlerbehaftet sind auch die hieraus geschlossenen Dosis-Wirkung-Beziehungen.

Das freigesetzte Aktivitätsinventar des Reaktors betrug etwa $5{,}3 \times 10^{18}$ Bq [1]. Die Edelgase ^{133}Xe und ^{85}Kr wurden hierbei vollständig freigesetzt.

◘ Tab. 8.8 Personen mit akutem Strahlensyndrom (ARS) [1]

Grad des ARS	Dosisbereich (Gy)	Anzahl Patienten	Anzahl Tote	Anzahl Überlebende
Mild (I)	0,8–2,1	41	0	41
Mittel (II)	2,2–4,1	50	1	49
Schwer (III)	4,2–6,4	22	7	15
Sehr schwer (IV)	6,5–16	21	20	1
Total	0,8–16	134	28	106

Tab. 8.9 Freisetzung von Radioaktivität in Tschernobyl [1]

Isotop	$t_{1/2}$	Inventar (PBq)	Freigesetzt (PBq)	Proz. Anteil (%)	Freiges. nach DRS/FK1	
					Phase A	Phase B
^{131}I	8 d	3200	1760	55	79	50–90
^{137}Cs	30 a	260	85	33	50	50–90
^{90}Sr	28 a	220	10	5	≤7	40
^{239}Pu	25.000 a	0,96	0,03	3	Keine Angabe	Keine Angabe

Radiologisch relevantere Freisetzungen entnehme man Tab. 8.9. Die Spalte DRS bezieht sich auf die beiden Phasen A und B der deutschen Risikostudie Kernkraftwerke (DRS); zur Freisetzungskategorie 1 (FK1) (siehe ► Abschn. 8.8.3).

Dies führte in Russland, Weißrussland und der Ukraine zu folgenden Einträgen: auf insgesamt 146.300 km^2 Fläche (entspricht ca. 40 % der Fläche Deutschlands) waren Einträge von ≥37 kBq/m^2 durch den ^{137}Cs-Fallout zu verzeichnen, auf 3100 km^2 sogar ≥ 1480 kBq/m^2. Angaben über die Kontamination mit Sr- und Pu-Radioisotopen sind deutlich schwerer zu erstellen, da hier weniger Proben genommen wurden und der Nachweis deutlich aufwändiger ist [1].

Die Strahlenbelastung betrug in der nahegelegenen Stadt Pripjat (50.000 Einwohner, ca. 10 km entfernt) am Abend des 26.04.1986 10–100 µSv/h. Sie wurde am 27.04.1986 evakuiert [1]. Insgesamt wurden 116.317 Personen aus 187 Siedlungen evakuiert. Die dort genannte Personengruppe war einer mittleren Dosis von 30 mSv (ohne Schilddrüsendosis) ausgesetzt.

Ab ungefähr 1990 wurde in Weißrussland bei Kindern, die zum Unglückszeitpunkt jünger als 15 Jahre waren, ein signifikanter Anstieg der Schilddrüsenkrebsfälle verzeichnet. Die Zahl der Fälle stieg von ca. 5 pro Jahr vor dem Unfall auf ungefähr 90 Fälle im Jahr 1993. Zwischen 1986 und 1998 wurden in dieser Gruppe 1036 Fälle beobachtet. Auch Zahlen aus der Ukraine und Russland bestätigen einen Zusammenhang zwischen der Schilddrüsendosis und den Fallzahlen. Es konnte eine lineare Dosis-Risiko-Beziehung im Bereich von 0,07 bis 1,2 Gy beobachtet werden. Bei Erwachsenen ist ein Anstieg der Fallzahlen nicht erkennbar. Dies lässt sich aus der geringeren Schilddrüsendosis und Maskierung der strahleninduzierten Fälle durch die spontane Schilddrüsenkrebshäufigkeit erklären [1].

Im Gegensatz zu den Schilddrüsenkrebszahlen ist kein signifikantes Leukämiesignal feststellbar. Erhöhte Missbildungen an Neugeborenen oder genetische Defekte wurden ebenfalls nicht schlüssig nachgewiesen.

8.8.2.2 Der Unfall von Fukushima

Eigentlich könnte die Darlegung der Details des Unfalls relativ kompakt erfolgen: Ein Flugzeug kann mit noch so vielen und intelligenten Sicherheitssystemen ausgestattet sein; wird es von einer Rakete getroffen, fällt es vom Himmel. Dennoch kann (und wird) man aus dem Geschehen Lehren ziehen bzw. aus Fehlern lernen (müssen).

Die Reaktorkatastrophe ereignete sich am 11.03.2011; 7 Jahre nach dem Unglück können die Unfallhergänge in den Reaktorblöcken 1–4 recht eindeutig nachvollzogen werden. Die Deutsche Gesellschaft für Anlagen- und Reaktorsicherheit (GRS) hat zu Beginn des Jahres 2013 [1] neueste Erkenntnisse zum Unfallablauf und den radiologischen Folgen veröffentlicht, welche u. a. eine Grundlage dieses Abschnitts bilden. Bei den Reaktorblöcken (Baujahr 1971–1979 handelt es sich um Siedewasserreaktoren der Baureihe BWR 35 (General Electric, USA). Die maximale Gesamtleistung aller sechs Blöcke liegt bei 4,7 GW_{el}. Die Laufzeit der Anlage wurde im Februar 2011, also einen Monat vor der Katastrophe, um 10 Jahre verlängert. Zum Katastrophenzeitpunkt befanden sich 11.300 Brennelemente (2000 t Kernbrennstoff) im Abklingbecken, im Lagerbecken und im Trockenlager. In den Reaktorkernen waren es 2800 Brennelemente (480 t Kernbrennstoff), d. h. auch bei einer Stilllegung im Februar 2011 hätten sich etwa 80 % des vorhandenen Kernbrennstoffs auf dem Reaktorgelände befunden.

▪ Die Mechanismen im Unglücksfall

Nach einer Reaktorschnellabschaltung (RESA) führt die Reaktornachwärme der immer noch vorhandenen radioaktiven Zerfallsreaktionen selbst nach 24 h noch zu einer Leistung von 0,8 %, also zu einer thermischen Leistung von mehr als 10 MW_{th}[17] pro Rekator. Fällt nun durch schwerwiegende äußere Einflüsse die Bespeisung des Reaktorkerns mit frischem Kühlwasser aus, so erwärmt sich das Wasser im Reaktordruckbehälter (RDB) nach und nach, sodass es infolgedessen verdampft, wodurch einerseits Kernbrennelemente freigelegt werden können und andererseits der Druck im RDB ansteigt. Freigelegte Brennelemente unterliegen einem raschen Temperaturanstieg, wobei es zur Kernschmelze kommen kann.

▪ Kühlsysteme bei einer Reaktorschnellabschaltung

Zur Nachkühlung stehen daher mehrere Kühlsysteme zur Verfügung, etwa das Notkühlsystem, das Notkondensationssystem und das Containment-Sprühsystem. Diese Systeme können über stromgesteuerte Magnetventile mit dem Containment verbunden werden. Nicht jedes Notkühlsystem kann die aufgenommene Wärme langfristig über einen Wärmetauscher an das äußere Reservoir abgeben. Daraus ergeben sich Probleme, falls die Stromversorgung, bestehend aus 2 Netzanschlüssen, Kopplungen zu weiteren Reaktorblöcken, Notstromdieselaggregaten und DC-Batterien, allesamt ausfallen, da in diesem Fall sowohl die Druckregulierung über stromgesteuerte Ventile als auch die Ventilsteuerung der Notkühlsysteme nicht mehr sichergestellt ist.

▪ Notstromversorgung und Containment

Die Notstromversorgung ist im Katastrophenfall sowohl für die Druckregulierung als auch zur Kühlung essentiell und sollte daher unbedingt sichergestellt sein. Zu diesem Zweck besitzen die einzelnen Reaktorblöcke die oben aufgeführten Strom- und Notstromversorgungen.

Zunächst kann sich im regulären Betrieb jeder Reaktorblock selbst mit einem Teil der erzeugten elektrischen Leistung versorgen. Kommt es zur RESA, so verfügt ein Reaktorblock über zwei Netzanschlüsse: einen 275 kV Netzanschluss und ein Reservenetz mit 66 kV, zudem gibt es Kopplungsmöglichkeiten zu weiteren Reaktorblöcken. Falls diese Optionen im Ernstfall nicht zur Verfügung stehen, gibt es (im Untergeschoss des Turbinengehäuses) zwei wassergekühlte Notstromdieselgeneratoren, die z. B. die Versorgung der Pumpen zwischen Kühlwasser und RDB sicherstellen. Fallen auch die Notstromdieselgeneratoren aus, beim sogenannten SBO (Station Blackout), so kann als letzte Stromversorgungsoption noch auf die im selben Trakt befindlichen DC-Batterien zugegriffen werden.

Es darf natürlich an dieser Stelle hinterfragt werden, wieso bei einem KKW an der Küste in direkter Nähe zum Meer in einem durch Erdbeben gefährdeten Gebiet

17 Legt man etwa die thermische Leistung des ältesten Reaktorblocks (Block 1) von 1380 MW_{th} zu Grunde.

sämtliche Stromversorgungsredundanzen teilweise in demselben Reaktortrakt und dann auch noch im Erdgeschoss, d. h. dort, wo ein Tsunami maximalen Zugriff hat, platziert wurden. Bereits an dieser Stelle wird klar, dass das Ausmaß der Reaktorkatastrophe mit diesem planungstechnischen Mangel in direktem Zusammenhang steht.

Bevor das Erdbeben und damit der unheilbringende Tsunami genauer erläutert wird, sei noch ein Wort zum Containment[18] der Reaktorblöcke gesagt. Die Kernbrennstäbe befinden sich im RDB, welcher von einer Kondensationskammer umgeben ist. Das umschließende Containment ist mit Stickstoff inertisiert, damit es im Falle einer Kernschmelze, bei der es zu exothermen Oxidationsreaktionen nicht zu einem kritischen Sauerstoff-Wasserstoff Gemisch (Knallgas) kommt, welches bei den Drücken von einigen bar, die im Containment vorherrschen, hochexplosiv wäre. Generell dient das Containment dazu, den Reaktorkern und die äußere Umgebung voneinander zu isolieren.

■ Das Tohoku-Erdbeben

Die Ostküste der japanischen Hauptinsel Honshu ist lagebedingt besonders durch Erdbeben – und damit verbunden – durch Tsunamis gefährdet, da sich in näherer Umgebung mehrere Erdplatten berühren. Dadurch bedingt kommt es zyklisch alle Jahrzehnte zu solch schweren Subduktionen[19], dass sich die dabei entstehenden tektonischen Spannungen in mehreren teilweise sehr starken Erdbeben entladen. Das Hypozentrum[20] des Erdbebens lag am 11.03.2011 küstennah und zudem nur 30 km tief unter dem Meeresspiegel. Dadurch, dass es neben horizontalen Plattenbewegungen, auch zu einem Vertikalversatz von 9 m kam, wurden geschätzte 125 Mrd. Tonnen Wasser in sehr kurzer Zeit verdrängt, wodurch es zur Bildung von Schwerewellen[21] ungeheurer Kraft kam. In Küstennähe sind die Wellen meterhoch aufgetürmt. Bereits am 09.03.2011, also 4 Tage vor dem eigentlichen Unglück, gab es ein sehr starkes Vorbeben mit 7,3 M_w (Momentmagnituden). Das stärkere Hauptbeben, welches mit 9,0 M_w das stärkste Erdbeben seit Beginn der Aufzeichnung in Japan war, kam demnach nicht *aus heiterem Himmel*. Die Zahl der Toten und Vermissten durch Erdbeben und Tsunami wird (Stand Dez 2013) mit etwa 22.000 abgeschätzt.

55 min nach dem Erdbeben erreichte die Hauptwelle des Tsunamis die Küste bei Fukushima, wobei sich die Wellenfront teilweise bis zu 14 m hoch auftürmte. Die Anlage war ursprünglich für Wellen von bis zu 3,7 m ausgelegt worden. Berechnungsgrundlage war damals ein schweres Erdbeben in Chile aus dem Jahr 1960. Im Jahr 2002 wurde auf bis zu 5,8 m nachgerüstet. Im Jahr 2008 schloss der Betreiber der Anlage, TEPCO, selbst ein Szenario, bei dem es zu Wellenhöhen von bis zu 15 m kommen könnte, nicht mehr aus, verwarf diese Bewertung allerdings zu einem späteren Zeitpunkt wieder.

■ Der Unfallhergang

Am 11. März 2011 um 14:46 h bebte die Erde vor der Ostküste Japans mit einer Stärke von 9,0 in einer Entfernung von ca. 370 km von Tokyo. In der Folge des Bebens wurden mehrere Kernkraftwerke in Japan durch automatische Reaktorschnellabschaltungen aus dem Leistungsbetrieb genommen.

18 Das Containment des Reaktorblocks 1 wurde für Drücke von bis zu 5,8 bar ausgelegt, bei den moderneren Reaktorblöcken 2–4 waren es nur 4,8 bar.

19 Am 11.03.2011 kam es zur Subduktion, als sich die pazifische Platte unter die eurasische und philippinische Platte schob.

20 räumlicher Ursprung eines Erdbebens (Epizentrum: vertikale Projektion des Hypozentrums)

21 Für eine mathematische Beschreibung der Entstehung von Wasserwellen und der Amplituden von Flutbergen siehe [1].

Unter diesen KKW befanden sich auch die Reaktoren am küstennahen Standort Fukushima-Dai-ichi (sechs Blöcke) und die vier Blöcke des Standorts Fukushima-Dai-ini. Aufgrund der durch das Erdbeben ausgelösten Zerstörungen wurde der Standort Fukushima-Dai-ini von der externen Stromversorgung abgeschnitten (sogenannter Station Blackout, SBO). Die am Kraftwerksstandort vorgehaltenen Notstromdiesel konnten die Energieversorgung der Blöcke aber sicherstellen. Der Standort Dai-ichi wurde gegen 15:41 h von einer Tsunamiwelle mit einer geschätzten Höhe von ca. 13 bis 15 m überrollt.

Bei der erwähnten Auslegungshöhe von 5.7 m wurden somit die 10 m über dem Meeresspiegel gelegenen Kraftwerke ca. 5 m tief überschwemmt. Die meerseitig gelegenen Notstromaggregate bzw. die zugehörigen Schaltanlagen sowie die meisten Stromverteilerschränke wurden durch die Welle überschwemmt. Infolge dessen kam es zu einem Ausfall der Notstromversorgung, der zu einem Ausfall der Kühlsysteme führte.

In Folge des Ausfalls der Stromversorgung stiegen die Temperaturen der Kerne der Blöcke 1 bis 3 und der Brennelemente im Lagerbecken des Blocks 4 aufgrund der Nachzerfallswärme an. Die Brennelementebecken der Blöcke 5 und 6 konnten durch Notstromsysteme, die höher gelegen positioniert waren und daher nicht durch das Wasser zerstört wurden, weiter gekühlt werden (Die Blöcke 4 bis 6 befanden sich zu der Zeit in Revision).

In den Blöcken 1 bis 3 konnten die elektrisch betriebenen Pumpen der Kühlsysteme nach dem Ausfall der Notstromversorgung nicht mehr weiter genutzt werden. Daher kam ein zweites Notkühlsystem zum Einsatz, welches auf Pumpen, die mit Wasserdampf betrieben wurden, basierte. Hierbei wurde der erhitzte Wasserdampf aus dem Reaktordruckbehälter in die sogenannten Kondensationskammern im unteren Bereich des Reaktorgebäudes geleitet und dort kondensiert. Zur Steuerung der dampfgetriebenen Pumpen wurde Strom benötigt, der durch Notstrombatterien zur Verfügung gestellt wurde. Solche Systeme sind nur für kurze Einsatzzeiträume ausgelegt, bis die Batterien erschöpft sind. In der vorhergehenden Notfallplanung war man immer davon ausgegangen, dass die externe Stromversorgung, sei es durch Notstromsysteme oder das öffentliche Netz, nach einer kurzen Zeitspanne wieder hergestellt werden könne. In den Blöcken 1 bis 3 fielen die Notstrombatterien nach der vorgesehenen Einsatzzeit aus und die Einsatzkräfte *versuchten, die Stromversorgung durch ausgebaute Autobatterien aufrecht zu erhalten.* Nachdem auch diese Maßnahmen versagten bzw. nicht ausreichten, fiel der Wasserstand innerhalb der Reaktordruckbehälter der drei Blöcke aufgrund des Verdampfens des Wassers und des nicht Nachfüllens von Wasser immer weiter ab und die Brennstäbe in den Reaktordruckbehältern begannen zu überhitzen und zu schmelzen.

Ab einer Temperatur von ca. 800 °C begann das Zirkonium der Zirkalloy-Brennstabhüllen mit dem Wasserdampf der Umgebung unter Bildung von Wasserstoff zu reagieren. Die wieder exotherme Reaktion trieb die Temperatur der Brennstäbe weiter in die Höhe, und ab ca. 1000 °C nahm die Oxidation des Zirkoniums drastisch zu. Bereits ab ca. 900 °C begannen die Brennstäbe unter dem inneren Gasdruck zu bersten und die gasförmigen Spaltprodukte (z. B. ^{131}I und ^{129}I) wurden in den Reaktordruckbehälter freigesetzt. Hierdurch stieg der Druck in den Reaktordruckbehältern weiter an und es erfolgte eine automatische Druckentlastung in die Sicherheitsbehälter der drei Blöcke. Hierdurch stieg auch der Druck in den Sicherheitsbehältern auf ca. 8 bis 9 bar an (Auslegungsdruck 4 bis 5,7 bar) und man entschloss sich, eine Druckentlastung der Sicherheitsbehälter über das Ventingsystem vorzunehmen. Leckagen im Ventingsystem oder eine Undichtigkeit im Containment führten außerdem zur Ansammlung des bei der Kernschmelze entstandenen Wasserstoffs

(Zirkon-Wasser-Reaktion) im oberen Bereich des Reaktorgebäudes. Dieser Bereich ist nicht N-inertisiert, wodurch bedingt es zu einem zündfähigen Gemisch von H_2 und O_2 kam, was eine gewaltige Explosion und dadurch die vollständige Freisetzung in die Umwelt für leicht- und schwerflüchtige radioaktive Spaltprodukte zur Folge hatte[22]. Es wurde versucht, die Notkühlung zur Sicherstellung der Kritikalität des Reaktors durch mobile Pumpen sicherzustellen. Zu Beginn wurde Frischwasser, dann Meerwasser (ab 29 h) und schließlich Borsäure (ab 32 h) in den Reaktorkern gepumpt. Zeitweise stand die Stromversorgung des Ventingsystems nicht zur Verfügung und die mobilen Pumpen, welche für Drücke von bis zu 7 bar ausgelegt waren, kamen gegen die hohen Drücke von 9 bis 10 bar im Containment nicht an. Erst am 20.03.2011, also nach neun Tagen, kam es zur endgültigen Wiederherstellung der Stromversorgung. Die kontinuierliche Bespeisung der Kühlsysteme mit Meerwasser gelang über das Speisewassersystem nach 12 Tagen.

Wird ein Reaktor für mehrere Stunden nicht bespeist, so nimmt die Menge des flüssigen Kühlwassers im Reaktordruckbehälter ab. Aufgrund der Nachzerfallsleistung kommt es auch nach einer RESA zum Verdampfen des Wassers. Der Wasserdampf gelangt über Sicherheitsventile und die Frischdampfleitung in die Kondensationskammern, wodurch der Druck im RDB und im Containment ansteigt. Nach einigen Stunden ohne Bespeisung kommt es zur Freilegung und dem damit verbundenen schnellen Aufheizen des Reaktorkerns. Die Folgen sind Beschädigungen von Brennelementen bis hin zum Schmelzen des Kernbrennstoffs. ◘ Tab. 8.10 zeigte die Vorgänge im Reaktorkern, die bei einer Kernfreilegung im Verlaufe des rasanten Temperaturanstiegs ausgelöst werden. Ab 900 °C kommt es zu größeren Kernschäden.

▪ Radiologische Folgen

Zur Einschätzung der radiologischen Folgen der freigesetzten radioaktiven Nuklide und als Einstufungsgrundlage gibt die INES die freigesetzte (Gesamt-)Aktivität in ^{131}I-Äquivalenten an. Über den zeitlichen Verlauf der Ortsdosisleistung, gemessen an weiträumig in Japan verteilten Messstationen aus der Umweltüberwachung, kann, kombiniert mit meteorologischen Messdaten desselben Zeitraumes, in Modellen die freigesetzte Aktivitätsmenge schwer- und leichtflüchtiger Radionuklide a posteriori abgeschätzt werden. ◘ Tab. 8.7 zeigt die Bewertungsskala für nukleare Störfälle. Die Einstufung in die höchste Stufe 7 *Schwerste Freisetzungen, Auswirkungen auf Gesundheit und Umwelt in einem weiten Umfeld,* erfolgt ab einem Iod-Äquivalent von $5 \cdot 10^{16} Bq$. Für Fukushima werden – in unabhängigen Studien ermittelte – Werte zwischen $3,7 \cdot 10^{17} Bq$ bzw. $6,3 \cdot 10^{17} Bq$ angegeben, was jeweils klar oberhalb dieses Schwellwerts liegt.

Zu Freisetzungen[23] radioaktiver Aerosole/Gase kam es hauptsächlich über das

22 Ein zusätzliches Problem ergab sich daraus, dass sich im Brennelementelagerbecken des Blocks 4 abgebrannte Brennelemente befanden. Diese Becken befinden sich beim in Fukushima gebauten Reaktortyp außerhalb des Sicherheitsbehälters, sodass eine Freisetzung von Spaltprodukten aus den Brennelementen, in Folge von Überhitzung ebendieser, direkt in die Umgebung gelangt. Aufgrund der fehlenden Kühlung der Brennelementelagerbecken durch den Stromausfall sank der Wasserspiegel im Becken, und die Brennelemente lagen teilweise frei. Währenddessen erhöhte sich die Temperatur innerhalb des Reaktordruckbehälters weiter und ab ca. 1430 °C schmolzen die Hüllstäbe und das Uranoxid der Brennelemente, welches ab ca. 2850 °C schmilzt, sammelte sich auf dem Boden des Reaktordruckbehälters als Kernschmelze.

23 Eine weitere Umweltbelastung ergab sich aufgrund von Leckagen an der Aufbereitungsanlage, Undichtigkeiten am Kühlwassereinlauf sowie durch Niederschlag und gezieltes Umleiten, wodurch flüssige radioaktive Stoffe – in der Frühphase des Unglücks – als kontaminiertes Wasser in den Pazifik gelangten.

Tab. 8.10 Vorgänge im Reaktorkern in Abhängigkeit von der Temperatur

Temperatur (K)	Ereignis
1100	Schmelzpunkt von Ag-In-Cd
1170	Bersten von Brennstäben, Beginn Spaltproduktfreisetzung
1210	Eutektika-Stahl – Zr, relevant für DWR-Steuerstäbe
1270	Verstärkte Zry-Oxidation
1420	Eutektika-Stahl-B_4C, Zerstörung SWR-Steuerstäbe
1450	Eutektika Zry-Ag, Zerstörung DWR-Steuerstäbe
1700	Schmelzpunkt von Edelstahl
1850	Eskalation der Zry-Oxidation
2030	Schmelzpunkt von Zry
2100	Beg. Verflüssigung UO_2-Zry
2400–2600	Zerstörung der Brennstäbe
2620	Schmelzpunkt B_4C
2960	Schmelzpunkt ZrO_2
3120	Schmelzpunkt von UO_2

Ventingsystem (Druckabsenkung im RDB) und durch Wasserstoffexplosionen. Der großflächige Transport in die Umwelt erfolgte über Winde (hauptsächlich Richtung Westen) und Niederschläge führten zu lokalen Ablagerungen. Freigesetzt wurden hauptsächlich leicht flüchtige Radionuklide mit niedrigen Siedepunkten. Schwere und langlebige α-Strahler wie $^{89/90}$Sr und Plutoniumisotope wurden, anders als bei der Reaktorkatastrophe von Tschernobyl, nur in so geringen Mengen freigesetzt, dass sie nach Bodenproben nicht zur Strahlenbelastung der Bevölkerung beitrugen.

Die in Fukushima freigesetzten Aktivitätsmengen entsprechen etwa 10 % der in Tschernobyl freigesetzten Aktivitätsmengen. Die am Reaktorgelände über Luftproben gemessene Freisetzung radioaktiver Stoffe nimmt seit dem Unglück exponentiell ab. Im Dezember 2012 lag die Freisetzungsrate von radioaktivem Cäsium laut TEPCO bei etwa einem MBq/h, was schätzungsweise zu einer zusätzlichen maximalen Strahlenbelastung von $0{,}03\,\mathrm{mSv/h}$ (am Anlagenrand) führen würde, am 15.03.2011 lag die Freisetzungsrate noch bei circa 1 TBq/h.

Im Rahmen des Katastrophenschutzes wurde mehrere Stunden nach dem Unglück um Fukushima eine Zone von 20 km rund um das Kraftwerk evakuiert. Insgesamt gelten laut ENSI (Eidgenössisches Nuklearsicherheitsinspektorat) ca. 340.000 Bewohner von dem Reaktorunglück betroffen (außerhalb der evakuierten Zone bis 70 km nordwestlich); zum Vergleich: bei Tschernobyl waren es ca. 75 Mio. Menschen (außerhalb der evakuierten Zone, 30–1000 km). Man geht davon aus, dass die 20 km-Zone für mehrere Jahrzehnte unbewohnbar sein wird, da die Dosis durch das langlebige Nuklid ^{137}Cäsium dominiert wird. Im April 2011 wurden außerdem Orte außerhalb der 20 km-Zone, für die die erwartete Jahresdosis 20 mSv/a übersteigen sollte, evakuiert. Dies ist die Folge sogenannter Hot Spots, d. h. Orte, an denen die nicht isotrope und homogene Ausbreitung der Radionuklide zu lokalen Dosen führte, die deutlich über dem großflächigen Mittelwert liegen. In Tokyo bedingte die luftgetragene Ausbreitung radioaktiver Nuklide an wenigen Tagen eine Erhöhung der örtlichen Dosisleistung, mit einem Höhepunkt am 31. März von $0,14\,\mu$Sv/h (aktuelles Mittel: $0,05\,\mu$Sv/h), was mit der natürlichen Strahlenbelastung an diversen Orten in Deutschland (Nordbayern, Thüringen, Sachsen, …) vergleichbar ist.

Die Dosen des bei den Notfallmaßnahmen eingesetzten Personals sind sehr schwer abzuschätzen, da zum einen zu Beginn der Katastrophe nicht genügend Dosimeter zur Verfügung standen und zum anderen das Dosimeterauslesesystem in den ersten drei Tagen aufgrund der fehlenden Stromversorgung nicht funktionierte. Der Betreiber TEPCO gibt an, dass ca. 100 Mitarbeiter eine Dosis größer 100 mSv erhalten haben, hiervon haben 14 Personen Dosen zwischen 150 und 200 mSv, 4 Personen zwischen 200 und 250 mSv erhalten und 6 Personen mehr als 250 mSv. Gemäß ▶ Abschn. 4.2 ergeben sich für die ungünstige Annahme von 10 % Spätschäden pro Sievert bei 100 Personen und ca. <120> mSv: 1 bis 2 Personen. Auch im Jahre 2018 geht die Weltgesundheitsorganisation WHO [111] nach derzeitigem Erkenntnisstand nicht von Todesfällen durch radioaktive Strahlung aus dem Reaktorunfall aus, und das vor dem Hintergrund von ca. 25.000 Toten durch Erbeben und Tsunami.

Die durchschnittliche äußere Strahlenexposition von mehr als 1000 Personen, die zur Unfallfolgenbekämpfung eingesetzt waren, gibt TEPCO mit 13,7 mSv an, die innere Strahlenexposition z. B. durch Einatmen lag im Mittel bei 9 mSv und wurde durch ^{131}J dominiert.

Die Kühlung der Reaktoren wird noch etliche Jahre andauern. Sie erfolgt aktuell wieder mit geschlossenen Kühlkreisläufen, in denen das aus den Reaktoren kommende kontaminierte Wasser aufbereitet und dekontaminiert wird, um es anschließend wieder zur Kühlung zu nutzen. Die bei dieser Dekontaminierung anfallenden Klärschlämme sind hochradioaktiv, für ihre weitere Behandlung gibt es derzeit noch keine Pläne. 2016 sollten die Brennelemente aus den Brennelementelagerbecken der Blöcke 1 bis 4 in die Becken der Blöcke 5 und 6 umgeladen werden. Anschließend sollen die Sicherheitsbehälter der Blöcke 1 bis 3 bis zum Jahr 2021 repariert werden um diese dann fluten zu können. Weiterhin sieht die japanische Regierung vor, die geschmolzenen Reaktorkerne bis 2025 zu entfernen, um das Kernkraftwerk bis 2050 abreißen zu können.

Der Anlagenbetreiber TEPCO gibt am Anlagenrand für 2013 mittlere Aktivitätsraten von $30\,\mu$Sv/h an.

Der Vergleich zwischen der Gesamtexposition in Tschernobyl und derjenigen in Fukushima ist in ◘ Abb. 8.15 wiedergegeben. Sicherlich ist zu konstatieren, dass der radiologische Impact für Mitarbeiter und Anrainer in Fukushima nicht höher war als in Tschernobyl (siehe ◘ Abb. 8.15). Auch eine aktuelle, vergleichende Bewertung der radiologischen Auswirkungen von Tschernobyl und Fukushima kommt zu dem Schluss, dass *die gesundheitlichen Auswirkungen des Unfalls von Fukushima – bei konservativer Betrachtung – zumindestens im direkten Vergleich zu Tschernobyl als moderat einzustufen sind.* Dies liegt wiederum daran, dass *flüchtige Nuklide wie* ^{90}*Sr in Fukushima nur in sehr geringer Menge freigesetzt worden sind.* Details hierzu gibt ◘ Abb. 8.14 wieder. Folglich konstatiert der [112].

Levels and effects of radiation exposure due to the nuclear accident after the 2011 great east-Japan earthquake and tsunami

No acute health effects (i.e. acute radiation syndrome or other deterministic effects) had been observed among the workers and the general public that could be attributed to radiation exposure from the accident. The most important health effects observed so far among the general public and among workers were considered to be on mental health and social well-being (◘ Abb. 8.15).

Deren Fortschreibung seit 2013 findet man z. B. in *‚Development since the 2013 UNSCEAR Report on the levels and effects of radioactive exposure due to the reactor*

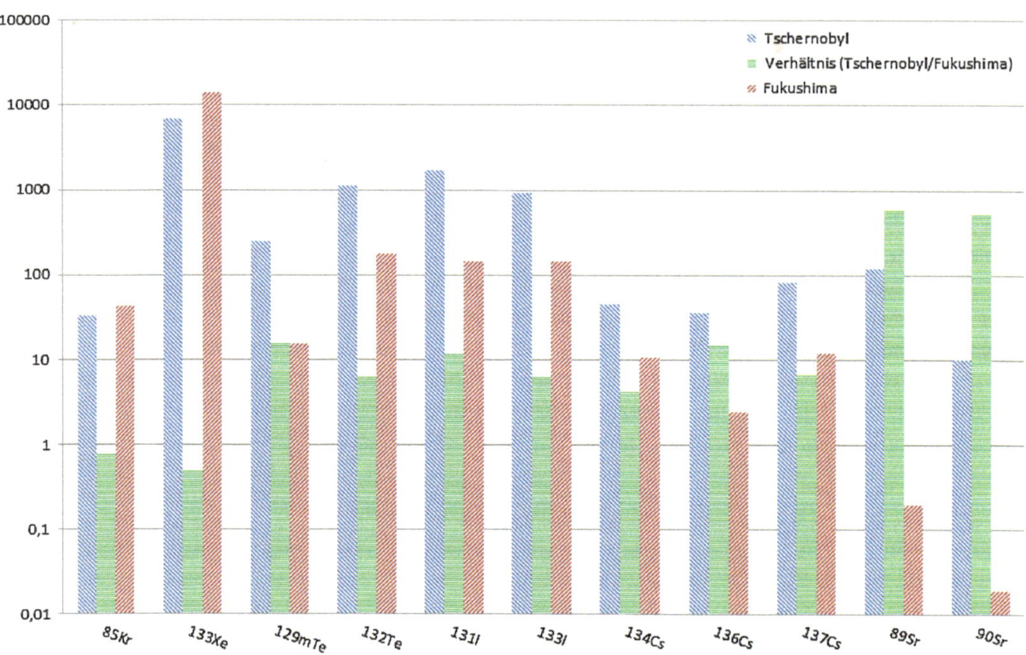

Abb. 8.14 Freisetzung relevanter Isotope als Folge des Unfalls in Tschernobyl (blau) und Fukushima (rot) in Petabequerel (PBq) sowie das Verhältnis der Freisetzungen. Die Daten entstammen [101]

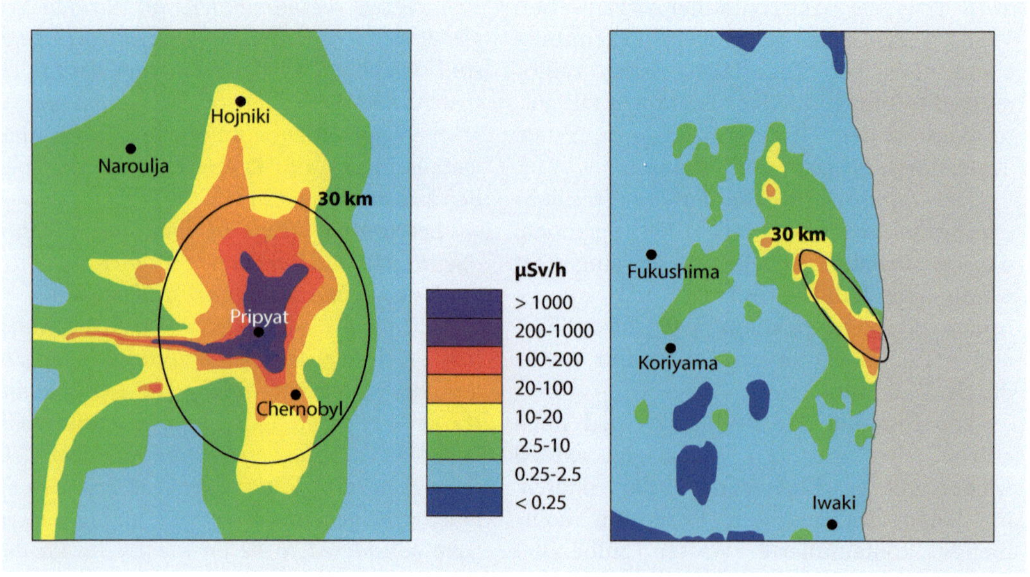

Abb. 8.15 Vergleich der lokalen Dosen in den Umgebungen von Tschernobyl (links) und Fukushima (rechts) in µSv/h, jeweils 1 Monate nach dem Unfall [102]

accident following the great east Japan earthquake and Tsunami' unter [113]

8.8.3 Risikoanalysen für Störfälle

Der Schluss, die Möglichkeit solch schwerer Unfälle würde den Ausstieg aus der Kernenergie *gebieten,* ist verständlich, aber nicht zwingend. In ▶ Abschn. 4.7 wurde gezeigt, dass die Kernenergie, ungeachtet des nationalen Ausstiegs, nach wie vor weltweit von großer Bedeutung ist und bleiben wird. Nachstehend skizzierte probabilistische Abschätzungen des Störfallrisikos bei Kernkraftwerken oder anderen großtechnischen Anlagen bleiben unerlässlich, wiewohl – dies sei nochmals betont – sie nicht das Gesamtrisiko der Anlage abbilden wollen und können. Militärische und terroristische Angriffe müssen als Beiträge zum Gesamtrisiko zumindest in Schritt (a) der Risikoabschätzung ebenso als mögliche Auslöser aufgelistet werden wie gewollte oder ungewollte Abstürze ziviler Flugzeuge.

Die globale Entwicklung eines standardisierten Leichtwasserreaktors in Interdependenz zu begleitenden Sicherheits-, Störfall- und Unfallfolgenanalysen erscheint daher als ein rationaler alternativer Beitrag zur weltweiten Risikominimierung. Hier kann man argumentieren, dass die experimentelle Verifikation sicherheitsbezogener Risikoabschätzungen fehle. Dem kann man entgegenhalten, die Vorhersagen der Analysen über die Freisetzung bei großflächigem Versagen des Sicherheitsbehälters seien im *Experiment Tschernobyl* sogar unterschritten worden (◘ Tab. 8.9).

Einer dargestellten probabilistischen Analyse wird Nichtberücksichtigung von *common modes* vorgehalten: wenn jede Reissleine eines Fallschirms in nur einem von 1000 Versuchen versagt, beträgt die Absturzwahrscheinlichkeit bei Doppelabsicherung 1 zu 1.000.000. Was geschieht aber, wenn die Leinen miteinander verknotet sind?

Hier werden zusätzliche Redundanzen gefordert und umgesetzt. Statt eines Ventils, das schließen muss, setzt man drei hintereinander; statt eines Ventils, das öffnen muss, setzt man drei nebeneinander (jeweils natürlich mit *diversifiziert* operierenden Ansteuerungen).

Die nachfolgend erläuterten Studien beziehen sich auf DWR deutscher Bauweise (DRS B: Biblis B), die nach dem Barrierenprinzip aufgebaut sind (◘ Abb. 8.16).

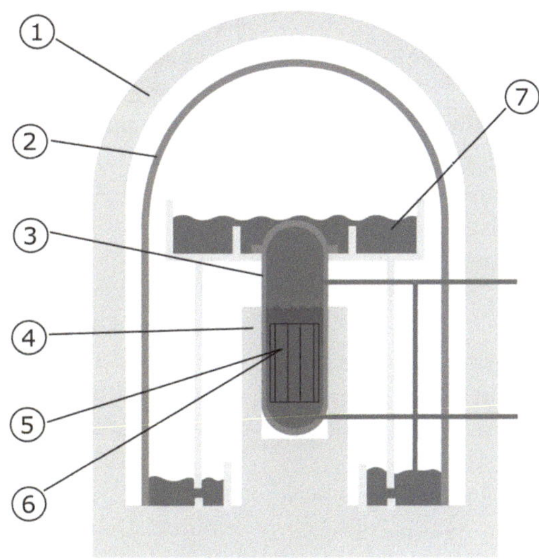

◘ **Abb. 8.16** Sicherheitsbarrieren beim Druckwasserreaktor [1]

Die Barrieren sind:
1. die Stahlbetonhülle
2. das N-inertisierte Containment (der Sicherheitsbehälter) aus Stahl
3. der Reaktordruckbehälter
4. das Biologische Schild aus Beton zur Abschirmung der Gamma- und Neutronenstrahlung
5. die Brennstabhüllrohre
6. das Kristallgitter des Brennstoffs
7. Becken mit boriertem Wasser, das im Notfall zur Kühlung der Kernbrennstäbe eingesetzt werden kann.

Natürlich sind auch SWR sowie die anderen Konzepte entsprechend analysiert worden. Die Beschränkung folgt dem Gebot der Kürze.

Sie enthalten die Schritte:
a) Probabilistische Ermittlung des Eintretens eines Störfalls
b) Störfall- und Störfallbegegnungsmaßnahmenanalyse
c) Freisetzungsszenarien
d) Unfallfolgenermittlung und Risikoabschätzung

zu a),/b):

Mögliche Störfälle werden in *Kühlmittelverluststörfälle* und *Transientenstörfälle* (u. a. Reaktivitätsstörungen durch falsche Stabbewegungen, Strom- sowie hierdurch erfolgende Pumpenausfälle) eingeteilt.

Z. B. würde ein irreparabler Bruch der Hauptkühlmittelleitung
1. die Reaktorschnellabschaltung,
2. die Druckwasserspeichereinspeisung,
3. die Flutwasserbehältereinspeisung,
4. die Sumpfwassereinspeisung sowie die langfristige Gewährleistung der Reaktorkühlung aus dem Sumpf erfordern.

Die einzelnen Prozessschritte sind in der Praxis mehrfach redundant bzw. diversitär abgesichert und werden so in der Analyse berücksichtigt.

Im Ergebnis dieser probabilistischen Berechnungen treten als Kernschmelzen bezeichnete Ereignisse bei 17 (deutschen, baugleichen oder -ähnlichen DWR- und SWR-Reaktoren zum Zeitpunkt der Berechnung) im Mittel etwa alle 690 Jahre auf. Dieser Wert entspricht in etwa dem des Vorläufers solcher Studien, der sogenannten Rasmussen Studie.

In DRS B ist mit wesentlich mehr Aufwand jedes Szenario neu durchgespielt worden, nun beträgt der mittlere Abstand solcher Ereignisse 2260 Jahre bei 17 Reaktoren.

Allerdings wird der Begriff *Kernschmelze* nicht mehr verwendet. Die Einleitungsstörfälle führen zu Situationen, in denen die Druckentlastung der Wärmekreisläufe, Kernkühlung und Wärmeabfuhr noch vor einem Schmelzen sicherstellen können: Bleed-and-Feed-Maßnahmen. Die eigentliche Schmelze hat dann nur noch eine Eintrittswahrscheinlichkeit von $2,6 \cdot 10^{-6}$/a [1].

zu c):

Nach Eintritt des Unfalls werden 6 Freisetzungskategorien (FK1-FK6) formuliert:

1 - Dampfexplosion;

2/3/4 - großes/mittleres/kleines Loch im Sicherheitsbehälter;

5 - Überdruckversagen (keine Filter);

6 - Überdruckversagen mit Filterfunktion

Die Freisetzungen in FK1 waren für DRS A und B in Tab. 8.9 angegeben. Zwar stellt sie die größtmögliche Freisetzung dar, nicht aber die risikoreichste. Sie ist zu unwahrscheinlich. Die häufigere FK4 setzt nach DRS A 2,2 % des Iods (organisch und JBr) und 0,5 % von Cs/Rb frei. In DRS B lauten die Zahlen 0,8 % und 0,035 %.

zu d):

Unfallfolgenermittlung und Risikoabschätzung: DRS A hat jeder Freisetzungskategorie ein Unfallfolgenmodell nachgeschaltet. Es wird mithilfe des Gaußmodells und einer Wetterstatistik, die aus der freigesetzten Radionuklidmenge an der ungünstigsten Einwirkungsstelle erwartete Strahlenexposition ermittelt. Dabei werden fünf Expositionspfade betrachtet, diese sind die γ-Strahlungsbelastung aus der Abluftwolke und den am Boden abgelagerten Nukliden, die β-Strahlung aus der Abluftwolke (nur die Dosisbelastung über die Haut) sowie die Belastung über Inhalation und Ingestion (Nahrungsaufnahme).

In 6500 Jahren muss demzufolge einmal mit einem Unfall aus 17 Reaktoren gerechnet werden, der statistisch gesehen 4000 oder mehr Krebstote verursacht. Bei Frühschäden ist ein solches Ereignis faktisch ausgeschlossen. Als Produkt von der gezeigten Eintrittshäufigkeit mit der jeweiligen Schadenshöhe errechnet sich eine mittlere, jährlich zu erwartende Ereignisrate für Spätschäden für FK1 bei 17 Reaktoren: $17 \cdot 4 \cdot 10^{-6} \cdot 44.000 = 3$ Krebserkrankungen/Jahr in Summe (einschließlich kleineren aber häufigeren Unfällen): 9,3 Krebserkrankungen/Jahr.

Dieser Wert der *mittleren Anzahl von Krebsopfern pro Jahr bei 17 Reaktoren* stehen etwa 220.000 *natürliche* Krebsopfer und immerhin noch 2360 Krebsopfer aus der natürlichen Strahlenbelastung gegenüber; die letzte Zahl erhält man in linearer Extrapolation von 1,2 %/Sv auf die natürliche Belastung von 2,1 mSv, bezogen auf die Bevölkerungszahl von 82 Mio. Deutschen (Stand Jan. 2013).

Das individuelle Schadensrisiko für Spätschäden ist also um einen Faktor 2770 kleiner als für *Tod im Straßenverkehr;* bei Frühschäden lautet der Faktor 23 Mio.

Für die Reaktoren der 3. Generation hat sich die Wahrscheinlichkeit einer Kernschmelze nochmals deutlich verringert, z. B. für den European Pressurized Reator (EPR, siehe ▶ Kap. 4).

Serviceteil

Literatur – 154

Sachverzeichnis – 159

U. Blum, E. Rosenthal, B. Diekmann, *Energie – Grundlagen für Ingenieure und Naturwissenschaftler*,
https://doi.org/10.1007/978-3-658-26933-3

Literatur

1. Diekmann B, Rosenthal E (2014) Energie: Physikalische Grundlagen ihrer Erzeugung, Umwandlung und Nutzung. Springer Spektrum. ISBN: 9783658005009
2. Experten EXXON Info-Dialog, April 2012
3. Dosiskoeffizienten zur Berechnung der Strahlenexposition (2001) Bekanntmachung der Dosiskoeffizienten in der Beilage 160 a und b zum Bundesanzeiger vom 28. August 2001
4. berchtol (2011) Institut für Fest Körper-Kernphysik 04.06.2013
5. BGR Kurzstudie (2009) Reserven, Ressourcen und Verfügbarkeit von Energierohstoffen
6. KWS SAAT AG. Biogas: Grundlagen der Gärbiologie. ▶ www.kws.de. Zugegriffen: 12. Febr. 2016
7. RWE Power AG (2010) ADELE Der adiabate Druckluftspeicher für die Elektrizitätsversorgung. ▶ www.rwe.com. Zugegriffen: 12. Febr. 2016
8. ASA, DPA (2011) Drei-Schluchten-Damm: Folgeschäden und Folgekosten, Fokus Online. ▶ www.fokus.de. Zugegriffen: 12. Febr. 2016
9. Ausschuss für Bildung, Forschung und Technikfolgenabschätzung (2008) Technikfolgenabschätzung: CO_2-Abscheidung und -Lagerung bei Kraftwerken
10. Diekmann B, Heinloth K (1997) Energie: Physikalische Grundlagen ihrer Erzeugung, Umwandlung und Nutzung, Teubner Studienbücher Physik. Springer, Wiesbaden
11. Barnola JM, Raynaud D, Korotkevich YS, Lorius C (1987) Vostok ice core provides 160,000-year record of atmospheric CO_2. Nature 329:408–414
12. Oswald B, Müller A, Krämer M (2005) Vergleichende Studie zu Stromübertragungstechniken im Höchstspannungsnetz, Zentrum für Windenergieforschung der Universitäten Oldenburg und Hannover. ▶ www.forwind.de. Zugegriffen: 12. Febr. 2016
13. Sankol B (2008) Thomas Veeser, Solarthermische Kraftwerke mit Fresnel-Kollektoren, 6th Leibniz conference of advanced science
14. Woischnik B, Richter FJ, Hummel J (2009) Klimaschutz und CCS. ▶ www.zeitbild.de. Zugegriffen: 12. Febr. 2016
15. Brasser T, Droste J (2008) Endlagerung wärmeentwickelnder radioaktiver Abfälle in Deutschland- Anhang Endlagerstandorte, September 2008
16. Bundesministerium für Umwelt, Naturschutz und Reaktorsicherheit, Nationaler Biomasseaktionsplan für Deutschland- Beitrag derBiomasse für eine nachhaltige Energieversorgung. ▶ www.bmu.de. Zugegriffen: 12. Febr. 2016
17. Bundesministerium für Umwelt, Naturschutz und Reaktorsicherheit (2010) Leitszenario 2010 – Langfristszenarien und Strategien für den Ausbau erneuerbarer Energien in Deutschland unter Berücksichtigung der europäischen und globalen Entwicklung, BMU
18. Castor W (2005) Grundlagen der elektrischen Energieversorgung, HAAG. ▶ www.haag-messgeraete.de
19. Pietschmann M, Rink J (Hrsg) (2011) Vorreiter Afrika, Technologie Review
20. Beecken CA, Knull B (2011) Windenergieanlagen: Planungsablauf am Beispiel einer Anlage mit Savoniusrotor. Bautechnik 88(5):292–300
21. World Energy Council (2010) Survey of energy resources, World Energy Council. ISBN: 9780946121021
22. Wolf D, Span R, Weidner E (2011) Mit Druckluft Wind zwischenspeichern, RUBIN, Wissenschaftsmagazin der Ruhr-Universität Bochum. ▶ www.ruhr-uni-bochum.de. Zugegriffen: 20. Sept. 2011
23. Wolf D, Span R, Weidner E (2011) Mit Druckluft Wind zwischenspeichern, RUBIN, Wissenschaftsmagazin der Ruhr-Universität Bochum. ▶ www.ruhr-uni-bochum.de. Zugegriffen: 12. Febr. 2016
24. Wissenschaftlicher Beirat der Bundesregierung (2003) Globale Umweltveränderungen: Energiewende zur Nachhaltigkeit. Springer. ISBN: 3-540-40160-1
25. Diehl JF (2003) Radioaktivität in Lebensmitteln. Wiley-VCH, Weinheim
26. Wissenschaftlicher Beirat der Bundesregierung (2003) Globale Umweltveränderungen: Energiewende zur Nachhaltigkeit. Springer. ISBN: 3-540-40160-1
27. Dubbel H, Grote K-H, Feldhusen J (2007) Dubbel. Taschenbuch für den Maschinenbau. Springer, Berlin
28. Esser G (1986) Zum CO_2-Austausch zwischen atmosphärischer und terrestrischer Biosphäre. Ann meteorol 23:42
29. Mathew S (2006) Wind energy: fundamentals, resource analysis and economics. Springer. ISBN: 3540309055
30. Fachagentur Nachwachsende Rohstoffe e. V. (2010) Leitfaden Biogas. Fachagentur Nachwachsende Rohstoffe e. V. ISBN: 3-00-014333-5

31. Mahnke E, Mühlenhoff J (2010) Renews Spezial Strom speichern, Agentur für Erneuerbare Energien e. V. ▶ www.unendlich-viel-energie.de. ISSN: 2190-3581
32. WWF Factsheet (2011) Der Amazonas – Regenwald der Superlative
33. Fernando A (2010) Embodied energy analysis of New Zealand power generation systems. University of Canterbury, berchtol, 09.22.2012
34. Siemens AG. Pressemitteilung, Communications and Government Affairs, Informationsnummer: PR201610135PGDE, vom 28.01.2016
35. Lüdecke H-J, Link R (2010) Der Treibhauseffekt, 09.15.2010
36. Beck H-P, Benger R (2009) Manuskript: Elektrische Energieversorgungssysteme, Technische Universität Clausthal, Institut für Elektrische Energietechnik. ▶ www.iee.tu-clausthal.de
37. Wagemann H-G, Eschrich H (2010) Photovoltaik: Solarstrahlung und Halbleitereigenschaften, Solarzellenkonzepte und Aufgaben. Springer. ISBN: 9783834806376
38. Klutz H-J, Moser C, Block D (2010) Stand der Entwicklung der WTA-Wirbelschichttrocknung für Braunkohle bei der RWE Power AG, Kraftwerkstechnik – Sichere und nachhaltige Energieversorgung. ▶ www.rwe.com. Zugegeiffen: 12. Febr. 2016
39. Hau E (2008) Windkraftanlagen: Grundlagen, Technik, Einsatz, Wirtschaftlichkeit. Springer. ISBN: 3540721509
40. Heijungs R, Guinee JB, Huppes G, Lankreijer RM, Udo de Haes HA, Wegener Sleeswijk A, Ansems AMM, Eggels PG, van Duin R, de Goede HP (1992) Environmental life cycle assessment of products: guide and backgrounds (Part 1), Institute of Environmental Sciences. CML, Leiden
41. Hämmerle H, Esser G, Hull DO (1989) Der Einfluss von CO auf die Biosphäre, Bd 12. Universität Tübingen im Auftrag der Hüls AG
42. Rettenmeier A, Blasche K, Lambers-Huesmann M, Schneehorst A, Wessel A (2012) RAVE-Forschen am Offshore-Testfeld. FIZ Karlsruhe. ISSN: 1610-8302
43. Stober I, Fritzer T, Obst K, Schulz R (2010) Nutzungsmöglichkeiten der tiefen Geothermie in Deutschland, Bundesministerium für Umwelt, Naturschutz und Reaktorsicherheit (BMU). ▶ www.bmu.de. Zugegriffen: 12. Febr. 2016
44. Paschen H (1976) Konsequenzen des gröstechnischen Einsatzes der Kernenergie in der Bundesrepublik Deutschland: Teil IV: Umweltauswirkungen von Kraftwerken und Anlagend kerntechnischen Brennstoffkreislaufes. Kernforschungszentrum Karlsruhe, Karlsruhe
45. Kahl A (2011) Risikowahrnehmung und -kommunikation im Gesundheits- und Arbeitsschutz: eine soziologische Betrachtung, Südwestdeutscher Verlag für Hochschulschriften, Habilitationsschrift, Technische Universität Dresden
46. Informationskreis Kernenergie. Ermitteln Sie Ihre persönliche jährliche Strahlendosis. ▶ http://www.kernenergie.de/kernenergie/service/dosisrechner/index.php. Zugegriffen: 27. Jan. 2013
47. Kerr R (1986) Greenhouse warming is still coming. Science 2:573
48. Kirchweger C (2010) Kleinwindkraft in der Praxis: Grundlagen, Markt, Potenziale,Probleme. GRIN Verlag. ISBN: 3640515056
49. Koelzer W (2001) Lexikon Zur Kernenergie. Forschungszentrum Karlsruhe GmbH, Karlsruhe (Philipp 11.27.2010)
50. Koelzer W (2001) Lexikon Zur Kernenergie. Forschungszentrum Karlsruhe GmbH, Karlsruhe
51. Krieger H (2009) Grundlagen der Strahlungsphysik und des Strahlenschutzes, 3. Aufl. Springer, Wiesbaden
52. Cramer B, Andruleit H (2010) Reserven, Ressourcen und Verfügbarkeit von Energierohstoffen 2011, Bundesanstalt für Geowissenschaften und Rohstoffe. ▶ www.bgr.bund.de. Zugegriffen: 17. Jan. 2012
53. Kuttler W (2008) Klimatologie. UTB. ISBN: 9783825230999 (berchtol 12.19.2012)
54. Löschel A (2009) Die Zukunft der Kohle in der Stromerzeugung in Deutschland. ISBN: 978-3-86872-127-0
55. Malberg H (1997) Meteorologie und Klimatologie. Springer. ISBN: 3-540-62784-7 (berchtol 12.19.2012)
56. Sterner M, Gerhardt N, Saint-Drenan Y-M, von Oehsen A, Hochloff P, Kocmajewski M, Jentsch M, Lichtner P, Pape C, Bofinger S (2010) Energiewirtschaftliche Bewertung von Pumpspeicherwerken und anderen Speichern im zukünftigen Stromversorgungssystem. Fraunhofer Institut für Windenergie und Energiesystemtechnik
57. Milch I (2002) Kernfusion – Berichte aus der Forschung. Max-Planck-Institut für Plasmaphysik (IPP), München
58. Möller D (2003) Luft: Chemie, Physik, Biologie, Reinhaltung, Recht. De Gruyter. ISBN: 9783110164312 (berchtol 12.19.2012)
59. Mueller AC, Abderrahim HA (2010) Transmutation von radioaktiven Abfall. Phys J 9:33–38
60. Statistischer Bericht (2017) Bundesverband Erdgas, Erdöl und Geoenergie e.V. ▶ www.bevg.de. Zugegriffen: 01. Sept. 2019
61. Oertel D (2008) Sachstandsbericht zum Monitoring Nachhaltige Energieversorgung, Energiespeicher, Stand und Perspektiven.

► www.tab-beim-bundestag.de. Zugegriffen: 12. Febr. 2016
62. DerWesten Online (2009) Erste Kohlendioxid-Rauchgaswäsche Deutschlands in Betrieb
63. Oswald BR (2005) Skript zur Vorlesung Elektrische Energieversorgung I, Universität Hannover, Institut für Energieversorgung und Hochspannungstechnik. ► www.iee.uni-hannover.de
64. Paschen H (1976) Konsequenzen des großtechnischen Einsatzes der Kernenergie in der Bundesrepublik Deutschland: Teil IV: Umweltauswirkungen von Kraftwerken und Anlagen kerntechnischen Brennstoffkreislaufes. Kernforschungszentrum Karlsruhe, Karlsruhe (Philipp 27.01.2013)
65. RWE Power (2009) Die WTA-Technik, RWE Power. ► www.rwe.com. Zugegriffen: 12. Febr. 2016
66. Radgen P, Cremer C, Warkentin S, Gerling P, May F, Knopf S (2006) Bewertung von Verfahren zur CO_2-Abscheidung und -Deponierung, Forschungsvorhaben im Auftrag des Umweltbundesamts, S 67
67. Quaschning V (2008) Erneuerbare Energien und Klimaschutz : Hintergründe – Techniken – Anlagenplanung – Wirtschaftlichkeit. Hanser. ISBN: 9783446414440
68. Gasch R, Twele J (2009) Windkraftanlagen: Grundlagen, Entwurf, Planung und Betrieb. Springer. ISBN: 3834806935
69. Tamme R, Laing D, Zunft S (2008) Thermische Speicher für rationelle Energienutzung. DLR Nachr 120:53–55
70. Maier-Reimer E, Hasselmann K (1987) Transport and storage of CO_2 in the ocean – an inorganic ocean-circulation carbon cycle model. Clim Dyn 2:63–90
71. IPCC Fourth Assessment Report (2007) Climate change 2007: mitigation of climate change
72. Schneider SH (1989) The greenhouse effect: science and policy. Science 243:772
73. Schorn R (2009) Pumpspeicherkraftwerk Limberg II – Europas größte Kraftwerksbaustelle. Porr Nachr
74. Specht E (2009) Skriptum zum Modul Wärmekraftanlagen. ► www.ltv.ovgu.de
75. Boden TA, Mariland G, Andres RJ (2010) Global, regional, and national fossil-fuel CO_2-emissions. Carbon Dioxide Information Analysis Center, Oak Ridge National Laboratory, U.S. Department of Energy. ► https://doi.org/10.3334/CDIAC/00001_V2010
76. Deutscher Wetterdienst Hohenpeißenberg, 2019
77. Qing D, Thibodeau J, Williams PB (1998) The river dragon has come!: the three gorges dam and the fate of China's Yangtze river and it's people. M.E. Sharpe. ISBN: 9780765602053
78. Demtröder W (2010) Experimentalphysik 4. Springer-Lehrbuch. ISBN: 9783642015984
79. Mie Gustav (1908) Beiträge zur Optik trüber Medien, speziell kollodialer Metalllösungen. Ann Phys 330(337–445):3
80. Michschenko MI, Hovenier JW, Travis LD (1999) Light scattering by nonspherical particles. Academic Press. ISBN: 9780124986602
81. Kugeler K, Schulten R (2013) Hochtemperaturreaktortechnik. Springer. ISBN: 9783642523335
82. Renn O (Hrsg) (2013) Partitionierung und Transmutation. Herbert Utz. ISBN: 9783831643806
83. Grotelüschen Frank (2016) Kernfusion am Ende? Bild Wiss 1:94–97
84. Sonnabend Kerstin (2016) Von der Vision zur Fusion. Phys J 3:25–29
85. Bundesministerium für Wirtschaft und Technologie (BMWi) (2008) Endlagerung hochradioaktiver Abfälle in Deutschland – Das Endlagerprojekt Gorleben. Bundesministerium für Wirtschaft und Technologie (BMWi)
86. Blasing TJ. Recent greenhouse gas concentrations. ► http://cdiac.ornl.gov. Zugegriffen: 9. Nov. 2018
87. National Oceanic and Atmospheric Administration. earth system research laboratory. ► http://www.esrl.noaa.gov. Zugegriffen: 7. März 2016
88. Chapman S (1930) A theory of upper atmospheric ozone. Q J Roy Meteor Soc 3:103–125
89. Farman JC, Gardiner BG, Shanklin JD (1985) Large losses of total ozone in Antarctica reveal seasonal ClO_x/NO_x interaction. Nature 315:207–210
90. Braathen G (2015) Antarctic Ozone Bulletin, Nr 2. WMO, 21 September 2015
91. WMO (2014) Scientific Assessment of Ozone Depletion: 2014. Global Ozone Research and Monitoring Project. Nr 55, WMO
92. Bundesnetzagentur Bericht der Bundesnetzagentur für Elektrizität, Gas, Telekommunikation, Post und Eisenbahnen über die Systemstörung im deutschen und europäischen Verbundsystem am 4. November 2006; Bonn, Februar 2007
93. Hansen J, Lacis A, Ruedy R, Sato M (1992) Potential climate impact of Mount Pinatubo eruption. Geophys Res Lett 19(2):215–218
94. Brasseur G (1992) Volcanic aerosols implicated. Nature 359:275–276
95. Hofmann DJ, Oltmans SJ (1993) Anomalous Antarctic ozone during 1992: evidence for Pinatubo volcanic aerosol effects. J Geophys Res 98(D10):18555–18561
96. Stocker TF, Qin D, Plattner G-K, Tignor M, Allen SK, Boschung J, Nauels A, Xia Y, Bex V, Midgley PM (Hrsg) (2014). IPCC 2013: Zusammenfassung für politische Eintscheidungsträger. In: Klimaänderung

2013: Naturwissenschaftliche Grundlagen. Beitrag der Arbeitsgruppe I zum Fünten Sachstandsbericht des Zwischenstaatlichen Ausschusses für Klimaänderungen. Cambridge University Press, Cambridge (Deutsche „Übersetzung durch Deutsche IPCC-Koordinierungsstelle," Österreichisches Umweltbundesamt, ProClim, Bonn/Wien/Bern)

97. Umweltbundesamt (2018) Entwicklung der spezifischen Kohlendioxid-Emissionen des deutschen Strommix in den Jahren 1990 bis 2017. ISSN 1862-4359
98. Umweltbundesamt (2016) Nationale Trendtabellen für die deutsche Berichterstattung atmosphärischer Emissionen 1990–2014. Umweltbundesamt, Dessau-Roßlau
99. Stocker TF, Qin D, Plattner G-K, Tignor M, Allen SK, Boschung J, Nauels A, Xia Y, Bex V, Midgley PM (Hrsg) (2014) IPCC: climate change 2013: the physical science basis. Cambridge University Press, Cambridge
100. United Nations. Paris Agreement. ▶ http://unfccc.int/files/essential_background/convention/application/pdf/english_paris_agreement.pdf. Zugegriffen: 8. Apr. 2016
101. Redaktion (2016) Folgenreiche Katastrophen. Phys J 15(3):30
102. Eidgenössisches Nuklearsicherheitsinspektorat ENSI. Vergleich zu Tschernobyl – Die Auswirkungen auf die Umgebung. ▶ http://www.ensi.ch/de/vergleich-zu-tschernobyl/die-auswirkungen-auf-die-umgebung/. Zugegriffen: 20. Mai 2016
103. Hossaini R, Chipperfield MP, Montzka SA, Leeson AA, Dhomse SS, Pyle JA (2017) The increasing threat to stratospheric ozone from dichloromethane. Nat Commun 8(15962). ▶ https://doi.org/10.1038/ncomms15962
104. Klutz H-J, Moser C, Block D (2010) Stand der Entwicklung der WTA-Wirbelschichttrocknung für Braunkohle bei der RWE Power AG, Kraftwerkstechnik – Sichere und nachhaltige Energieversorgung. ▶ www.rwe.com. Zugegriffen: 12. Febr. 2016
105. Dosiskoeffizienten zur Berechnung der Strahlenexposition 2001. Bekanntmachung in der Beilage 160a, b vom Bundesanzeiger 20.08.2001
106. Krieger, Hanno, Grundlagen der Strahlenphysik und des Strahlenschutzes, Vieweg + Teubner 2009
107. Bundesamt für Strahlenschutz, ▶ http://www.bfs.de/endlager/abfaelle/abfallbestand.html/
108. Advanced pressurized Reactor AP-1000 (Fa. Westinghouse) ▶ http://www.westinghousenuclear.com/ap1000-pwr
109. World Energy Statistics (2018) International Energy Agency (IEA) (▶ www.iea.org).
110. TerraPower, ▶ www.terrapower.com
111. World Health Organization, ▶ https://www.who.int/ionizing_radiation/a_e/fukushima/faqs-fukushima/en
112. United Nations Scientific Commission on atomic radiation (UNSCEAR), Dep. 6/2013 Chapter 3
113. United Nations Scientific Committee on the Effects of Atomic Radiation, ▶ www.unscear.org/unscear_/wp_2016.pdf
114. Stierstadt, Klaus (2019) Genug Platz an der Sonne. Physik in unserer Zeit. 3/2019 S. 128
115. Walter C, Brocinski P, Dubcak S (2016) Tschernobyl – 30 Jahre danach. Phys J 15(3):31
116. Steinhauser G, Koizumi A (2016) Fukushima, 5 Jahre danach. Phys J 15(3):39
117. Mohrbach L (März 2018) Tagungsband „Arbeitskreis Energie" der Deutschen Physikalischen Gesellschaft, S 120
118. Meyer Reimer et al (1987) Transport and Storage in Oceans. Climate Dynamics 2:63

Sachverzeichnis

A

Abfall, radioaktiver 66
- Endlagerung 67
- Transport 66

Absorber 19
Aerosolkonzentration 120
Akkumulator s. Energiespeicher
Akzeptanz 112
Albedo 16
Anlagenmanagement 32
Anlagenwirkungsgrad 38
Anstellwinkel 29
Anströmgeschwindigkeit 30
Asynchrongenerator 31
Atmosphäre 115
- Kohlendioxidgehalt 119

B

Becquerel 52
Beurteilungskriterium 110
Bindungsenergie 49, 50
Biogas 39
Biogasanlage 40
Biokraftstoff 38
Biomasse 38
Blackout 97
Bleed-and-Feed 150
Blindleistung 100
Braunkohle 8
Brennelement 59
Bündelleiter 100

C

Castor 67
Chapman-Zyklus s. Ozonzyklus
Corioliskraft 27

D

Di-Chlormethan 135
Doha 135
Dosisleistung 147
Dosis-Risiko-Beziehung 55
Drehmoment 31
Druckschacht 35

E

Effektivdosis 54
Elementarladung 49
Emission 42
- Brandrodung 124
- indirekte Treibhausgase 126
- Stromverbrauch 124

Endlager 68
- ASSE II 68
- Gorleben 68
- Schacht Konrad 68

Energie 2
Energiedichte 86, 110
Energieeinheit 2
Energiespeicher 86
- Blei-Säure-Akkumulatoren 88
- Drehmassenspeicher 86
- Druckluftspeicherkraftwerk 91
- Eisspeicher 93
- elektrischer 86
- elektrochemischer 88
- Hochtemperatur-Akkumulatoren 89
- Kondensatoren 87
- Kurzzeitspeicher 86
- Latentwärmespeicher 93
- Lithium-Ionen Akkumulatoren 89
- nickelbasierte Akkumulatoren 88
- Pumpspeicherkraftwerke 91
- Redox-Flow-Systeme 90
- sensible Wärmespeicher 92
- supraleitender magnetischer 87
- thermischer Speicher 92
- thermochemische Speicher 94
- Wasserstoff 91

Energieträger, fossiler 6
Energieversorgung 96
Entropie 3
Erdbeben 143
Erde
- Oberflächentemperatur 113
- Strahlungshaushalt 114

Erdgas 6
Erdöl 6
Erntefaktor 109
Expositionspfade 150
Extinktion 16

F

Fallhöhe 34
Fermenter 40
Flowback 127
Fluorchlorkohlenwasserstoff 131, 137
Fracking 127
Freileitung 100
Freisetzungskategorie 150
Fukushima 141, 144, 147
Fusion
- laserinduzierte 82
- Myon katalytische 82
- Prozess Sonne 76

Fusionsbrennstoff 77

G

Gas- und Dampfkraftwerk 11
Gasturbine 10
Geothermie 45
Getriebe 31
Glassubstrat 24
Gleichspannung 97
Globalstrahlung 17
Grundlast 96

H

Halbleiter 23
Halbleiterdetektor 53
Halbwertszeit 51
Henry'sches Gesetz 120
Hochspannungs-Gleichstromübertragung 101
Hüllenelektron 52

I

International Panel on Climate Change 121
International Thermonuclear Experimental Reactor (ITER) 78

K

Kabel 100, 101
Katastrophenfall 142
Katastrophenschutz 146

Kernbrennstoffe
  Wiederaufbereitung 65
Kernenergie 49, 60, 72
Kernfusion 14, 74
- Sicherheit 81
- Umweltauswirkung 81
Kernreaktor 60
Kernspaltung 50, 57
Kettenreaktion 58
Klima 109
Klimaabkommen 136
Klimakonferenz Paris 135
Klimamodell 120
- Global Circulation Models 121
- Radiative Convection Model 121
Klimarahmenkonvention 135
Klimaschutzabkommen 137
Klimaschutzpläne 137
Klimaschutzziele 137
Kohle 6
Kohlekraftwerk 8
Kohlendioxid 115
- Abscheidung 11
Kohlendioxid-Abtrennung 128
Kohlevergasung 129
Kollektor 19
Kraftwerk
- Aufwind- 42
- Gasturbinen- 10
- geothermisches 46
- Gezeiten- 37
- Kohle- 7
- Meereswärme- 44
- Osmose- 45
- Photovoltaik 26
- solarthermisches 19
- Wasser- 34
- Wellen- 43
Kristallstruktur 24
Kumulierter Energieaufwand
  (KEA) 109
Kyoto 135
Kyoto-Protokoll 136

L

Lachgas 125
Lagerstätte 6
Lastspitze 96
Laufwasserkraft 34
Leistungsbeiwert 30
Luftverschmutzung 127

M

Mehrbarrierenprinzip 69
Methan 125
Methanogenese 41
Montrealer Protokoll 137

N

Nabenhöhe 28
Netzfrequenz 97
Netzinfrastruktur 104
Netzkonfiguration 102
Neutralteilcheninjektion 80
Neutron 57
Niederspannungsnetz 103
Notkühlsystem 142
Nutzungspfad 105

Ohmscher Widerstand 98
Ortsnetz 99
Ortstransformator 104
Ozon 130
Ozonabbau 130
Ozone
- Depletion Potential (ODP) 132
Ozonloch 133
Ozonschicht 113, 130, 137
Ozonzyklus 130

P

Partitionierung und Transmuta-
  tion 70
Photostrom 21
Photovoltaik 14, 21
Plasmaheizung 80
Pripjat 141
Pumpspeicherkraftwerk 36

R

Radioaktivität 51
- gegogener Backround 56
- kosmische Strahlung: 55
- zivilisatorische Quellen 56
Radionuklide 145
Rauchgaswäsche 129
Rauhigkeitslänge 28
Reaktor 60
- Druckwasser- 61
- Fussions- 75
- graphitmoderierter - 62
- Hochtemperatur- 63
- schneller Brüter 62
- Sicherheitselemente 65
- Siedewasser- 62
- Transmutations- 71
Reaktorgefäß 77
Reaktorkern 146
Reaktorschnellabschaltung 140
Redundanz 149
Relative biologische Wirksamkeit
  (RBW) 54
Reservoirgase 131
Restrisiko 112
Ringgenerator 31
Risiko 111
- Gesamt- 149
- Schaden- 151
Rotor 31
Rotorblatt 29, 32

S

Salzstock 68
Schilddrüsenkrebs 141
Schnelllaufzahl 30
Schwefelhexafluorid 126
Sektorenkopplung 105
Silizium 24
Smart Grid 104
Solarenergie 18
Solarkonstante 15
Solarstrahlung 18
Solarzelle 21
- organische 25
- Wirkungsgrad 22
Sonneneinstrahlung 15
Spaltprodukt 66
Spaltprozess 57
Speicherkraftwerk s. Energiespeicher
Speicherwasserkraftwerk 35
Stellarator 79
Störfall 150
- nuklearer 138
Strahlenkrankheit 140
Strahlenwirkung 53, 54
Strahlung
- α- 52
- β- 52
- γ- 52
Strahlungsdichte 19

Strahlungsfluss 117
Strahlungshaushalt 16
Strontium 146
Substrat 40
Synchrongenerator 31
Szintillationszähler 53

T

Temperaturanstieg 122
Temperaturerhöhung 119
TEPCO 143, 147
Thermodynamik 2
Three Miles Island 138
Tidenhub 37
Tokamak 77
Trägheitseinschluss 81
Trägheitsfusion 77
Transportnetz 99
Treibhauseffekt 113, 115
– anthropogener 118
– natürlicher 115
Triebstrang 31
Tschernobyl 138, 147
Tsunami 143

U

Übertragungsspannung 98
Umrichtertechnik 101
Uran 59
Uranspaltung 60

Ventingsystem 144
Verbundnetz 98
Verkehr 10
Versorgungsnetz 96
Verteilnetz 99
Volumenstrom 34
Voxel 121

Wärmepumpe 45
Wärmetauscher 44
Wasserkraftnutzung 36
Wechselstrom 98
Weizsäcker Massenformel 50
Wellenheizung 80
Widerstand s. Ohmscher ~
Wiederaufarbeitung s. Kernbrennstoff
Windgeschwindigkeit 26
Windkraftanlage 26
– Offshore 33
Windsystem 27
Wirkungsgrad
– Biogasanlage 42
– Gasturbine 10
– Geothermie 46
– Kohlekraftwerk 9
– Pumpenturbine 36
– Solarzelle 25
– Wasserkraft 34
– Windkraftanlage 26
Wirkungsquerschnitt 74
Wirtschaftlichkeit
– Reaktor 61
– Solaranlage 25
– Windkraftanlage 28
Wirtsgestein 68

Zerfallsprozess 60